자동차 기관의 구조와 기능

STRUCTURE AND FUNCTION OF AUTOMOBILE ENGINE

구민사

저자약력 | **이권일** 한국지엠 자동차 선임연구원
한국폴리텍 7대학 창원캠퍼스 겸임 교수

자동차 기관의 구조와 기능

초판 인쇄 | 2023년 3월 6일
초판 발행 | 2023년 3월 10일

저 자 | 이권일
발행인 | 조규백
발행처 | 도서출판 구민사
(07293) 서울특별시 영등포구 문래북로 116, 604호(문래동3가 46, 트리플렉스)
전화 | (02) 701-7421(~2)
팩스 | (02) 3273-9642
홈페이지 | www.kuhminsa.co.kr

신고번호 | 제2012-000055호 (1980년 2월 4일)
I S B N | 979-11-6875-218-4 93550

값 26,000원

PREFACE

머리말

자동차와 관련된 업무에 종사하거나 자동차에 대한 애착이나 관심이 많고 자동차를 공부하고자 하는 사람들을 위해 자동차의 심장인 엔진의 구조와 기능을 기본에 맞추어 전개한 자동차의 기본 도서이다.

자동차 기관의 기본 원리나 구조는 열역학적 사이클 이론을 기준으로 초기의 자동차에 비해 큰 차이가 없다. 하지만 성능향상 위주에서 연비 절감, 배출가스 저감, 소음감소 등을 충족시키려는 노력이 계속되므로 자동차의 각종 부품 센서류의 기능 역할 등 전체 시스템은 날로 발전하고 있다.

자동차의 메커니즘을 보다 안전하고 편리하게 발전하려는 노력과 변화로 인해 자동차는 모든 분야에 전자제어가 접목되었으며, 엔진은 연비 절감 및 배기가스 저감을 위해 전자제어화되면서 자동차의 성능이 급속도로 발전하며 구조가 매우 복잡해지고 있다.

정비 현장의 정비사, 자동차를 공부하는 학생, 자동차 분야에 관심 가지고 있는 모든 이가 쉽게 학습하고 이해할 수 있도록 저술하였으며 기본적인 메커니즘은 물론 가솔린 직접 분사방식, LPI 연료장치, COVEC, CRDI 등 최신차량의 구조와 기능도 함께 수록하였다.

30여 년 전 저자도 자동차를 처음 대하면서 어떻게 시작해야 할지 또 어떤 책을 사야 할지 몰랐다. 그래서 결국은 초보자도 쉽게 이해할 수 있는, 보기 쉬운 책을 선택하여 첫발을 내딛게 되었다.

그때 나도 열심히 수련하여 내 나이 50 즈음에는 자동차에 관심이 많은 사람 즉 자동차를 공부하고자 하나 어려워 망설이고 있는 사람들을 위해 자동차에 대하여 쉽게 이해하고 공부할 수 있는 교재를 반드시 만들 것이라는 작지만 큰 목표를 세웠었다. 그래서 이 책은 자동차를 공부하고자 하나 선뜻 나서지 못해 늘 그냥 그러려니 하고 지나쳐 온 분들이 쉽게 보고 이해할 수 있는 책이라고 생각한다.

끝으로 이 책의 출판을 위해 적극적으로 도움을 주신 도서출판 구민사 조규백 대표님과 직원 여러분께 깊은 감사를 드린다.

저자 씀

CONTENTS

차례

Chapter 11

디젤 엔진

Chapter 12

디젤 엔진의 시동 보조장치

Chapter 13

독립형 분사 펌프

Chapter 14

분배형 분사 펌프

Chapter 15

전자제어 디젤엔진

Chapter

1

엔진의 기본 원리

1. 열 기관(Heat Engine)의 분류
2. 엔진의 분류
3. 4행정 사이클 엔진의 작동원리 및 특징
4. 2행정 사이클 엔진의 작동원리 및 특징
5. 압축압력 시험

01 열 기관(Heat Engine)의 분류

열 기관은 가솔린, LPG, CNG, 경유 등의 연료를 연소시켜 발생된 열에너지를 기계적 에너지로 바꾸어 동력을 발생시키는 기계이며, 내연 기관과 외연 기관이 있다.

1.1 외연 기관

① 열에너지를 연소실 외에서 공급받아 기계적인 에너지로 바꾸는 엔진이다.

② **회전형** : 증기의 팽창을 직접 바퀴의 회전 운동으로 변화시키는 증기 터빈이 이에 속한다.

③ **왕복형** : 피스톤의 왕복 운동을 크랭크축에 의해서 회전 운동으로 바꾸는 증기 기관이 이에 속한다.

1.2 내연 기관

① 열에너지를 연소실 내에서 발생시켜 기계적인 에너지로 바꾸는 엔진이다.

② 왕복형 엔진(피스톤 엔진)
피스톤의 왕복 운동을 크랭크축에 의해 회전 운동으로 바꾸는 가솔린 엔진, 디젤 엔진, 석유 엔진 및 LPG 엔진, CNG 엔진 등이 이에 속한다.

③ 회전형 엔진(로터리 엔진)
폭발력을 로터에 의하여 직접 회전력으로 변환시켜 기계적인 에너지를 얻는 로터리 엔진이 이에 속한다.

④ 분사 추진형 엔진
배기가스를 고속으로 분출시킬 때 그 반작용으로 추진력을 얻는 제트 엔진이 이에 속한다.

02 엔진의 분류

2.1 기계적인 사이클에 의한 분류

① 4행정 사이클 엔진 : 피스톤이 4개 행정을 크랭크축이 2회전하여 1사이클을 완성하는 엔진이다.

② 2행정 사이클 엔진 : 크랭크축이 1회전으로 1 사이클을 완성하는 엔진이다(피스톤은 상승과 하강 2행정 뿐임)

2.2 열역학적 사이클에 의한 분류

① 정적 사이클(오토 사이클)
일정한 체적 하에서 연소하는 사이클로서 가솔린 엔진 및 가스 엔진에 이용된다.

② 정압 사이클(디젤 사이클)
일정한 압력 하에서 연소하는 사이클로서 유기 분사식 저속 디젤 엔진에 이용된다.

③ 합성 사이클(사바테 사이클)
일정한 압력 및 체적 하에서 연소하는 사이클로서 무기 분사식 또는 기계 분사식 고속 디젤 엔진에 이용된다.

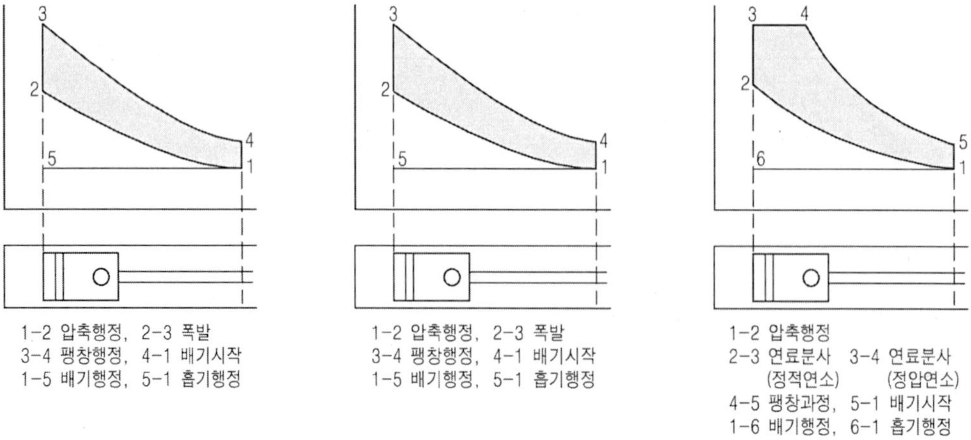

정적 사이클 정압 사이클 합성 사이클

[그림 1-1]

2.3 점화 방식에 따른 분류

① **전기 점화 방식** : 혼합 가스를 전기적 불꽃으로 점화 연소시키는 엔진. 가솔린 엔진 및 가스 엔진이 이에 속한다.

② **압축 점화 방식** : 공기만을 압축하여 500 ~ 550℃ 로 한 다음 연료를 안개 모양으로 분사하여 자기 착화시키는 엔진. 디젤 엔진이 이에 속한다.

2.4 사용 연료에 따른 분류

① **가솔린 엔진** : 혼합 가스를 실린더에 흡입하여 연소실에 압축한 다음 점화 플러그에서 발생되는 전기적인 불꽃으로 연소시키는 엔진으로서 고속, 경쾌하여 승용 자동차에 많이 사용된다.

② **디젤 엔진** : 순수한 공기만을 흡입하여 압축할 때 발생된 500 ~ 550℃ 의 열에 연료를 분사 노즐을 통하여 안개 모양으로 분사시켜 자기 착화하는 엔진으로 출력이 크다.

③ **LPG 엔진** : 액화 석유 가스를 실린더에 흡입하여 압축한 다음 점화 플러그에서 발생되는 전기적인 불꽃으로 연소시키는 엔진이다.

④ **CNG 엔진** : 천연 가스를 실린더에 흡입하여 압축한 다음 점화 플러그에서 발생되는 전기적인 불꽃으로 연소시키는 엔진이다.

2.5 밸브 배치에 따른 분류

(1) I 헤드 엔진

① 밸브 기구는 복잡하지만 연소실 체적은 작게 할 수 있다.

② 고 압축비에 의해 열효율이 증대된다.

③ 흡,배기 밸브를 실린더 헤드에 설치한 형식이며, 밸브는 캠축 및 로커 암에 의해서 개폐된다.

(2) F 헤드 엔진

① 밸브 기구가 복잡하고 고 압축비로 할 수 없다.

② 흡입 효율이 높으며, 혼합 가스를 균일하게 예열할 수 있다.

③ 실린더 헤드에 흡입 밸브, 실린더 블록에 배기 밸브를 설치한 형식이다.

(3) L 헤드 엔진

① 흡,배기 밸브를 실린더 블록에 설치한 형식이다.

② 캠축 및 밸브 리프터에 의해 밸브가 개폐된다.

③ 밸브 기구가 간단하고 연소 효율이 양호하다.

④ 열효율이 낮으며, 고 압축비로 할 수 없다.

(4) T 헤드 엔진

흡입 및 배기 밸브를 실린더 블록의 좌우에 설치한 형식이다.

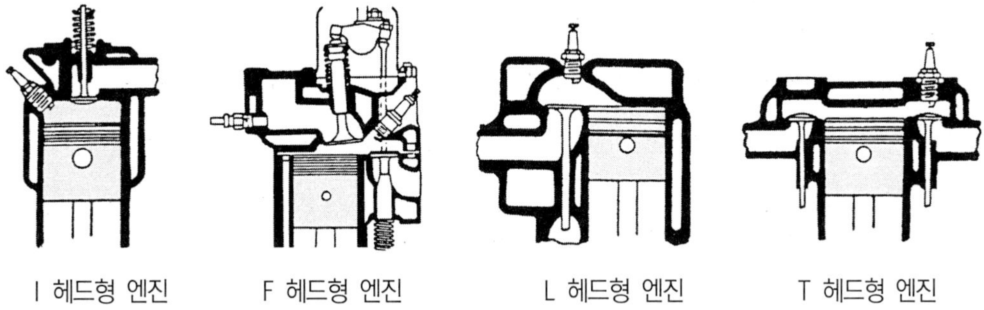

[그림 1-2]

♣ **엔진의 구비 조건 :** 열효율이 높으며, 소형 경량일 것.연료의 소비가 적고 정숙하며, 유해 배기가스 배출이 적을 것. 단위 중량 당 출력이 크고 출력의 변화에 대한 적응력이 양호할 것.

2.6 실린더 배열에 의한 분류

(1) 1 실린더 및 2 실린더 엔진

2 륜 자동차, 트랙터, 경운기 등에 사용된다.

(2) 3 실린더 직렬형 엔진

① 실린더 3개를 일렬 수직으로 배열한 형식의 엔진이다.

② 크랭크축의 위상차는 240° 이며, 점화 순서는 1 – 3 – 2 이다.

(3) 4 실린더 직렬형 엔진

① 실린더 4개를 일렬 수직으로 배열한 형식의 엔진이다.

② 크랭크축의 위상차는 180° 이며, 점화 순서는 1 – 3 – 4 – 2 또는 1 – 2 – 4 – 3 이다.

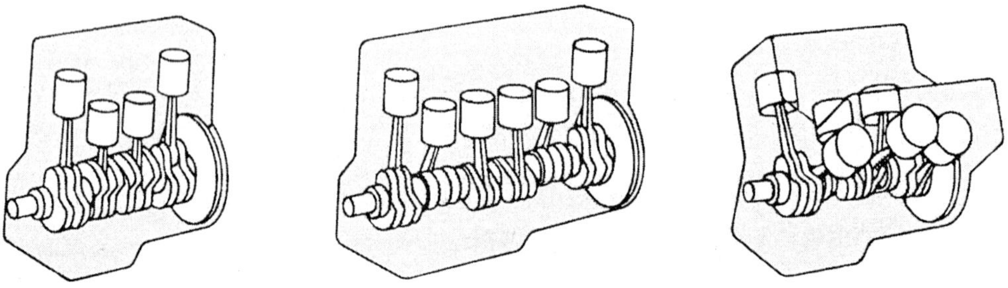

4실린더 직렬형 엔진　　6실린더 직렬형 엔진　　V-6실린더 엔진

[그림 1-3]

(4) 6 실린더 직렬형 엔진

① 실린더 6개를 일렬 수직으로 배열한 형식의 엔진이다.

② 크랭크축의 위상차는 120° 이며, 점화 순서는 우수식(right hand type) 1 – 5 – 3 – 6 – 2 – 4, 좌수식(left hand type)일 경우 1 – 4 – 2 – 6 – 3 – 5 이다.

♣ **좌, 우수식 구분 방법 :** 6 기통 엔진에서 1 번과 6 번 크랭크 핀을 상사점에 올려놓고 앞에서 보았을 때 3 번과 4 번의 크랭크 핀이 좌측에 있으면 좌수식, 3 번과 4 번의 크랭크 핀이 우측에 있으면 우수식이다.

(5) 6 실린더 경사형 엔진

① 흡기 다기관을 위한 충분한 공간을 위해서 6 실린더 직렬형 엔진을 한쪽으로 기울어지게 설치한 형식의 엔진이다.

② 크랭크축의 위상차는 120° 이며, 점화 순서는 우수식일 경우 1 – 5 – 3 – 6 – 2 – 4,

좌수식일 경우 1 – 4 – 2 – 6 – 3 – 5 이다.

(6) V – 6 엔진

① 3 실린더 직렬형 실린더를 2 조 V 형으로 배열한 형식의 엔진이다.

② V 의 각도는 90° 이며, 크랭크축의 위상차는 120° 이다.

③ 엔진의 전장이 짧고 중량이 가벼우며, 강성을 높일 수 있다.

④ 혼합 가스의 분배가 균일하고 흡입 효율이 좋다.

(7) 8 실린더 직렬형 엔진

① 실린더 8개를 일렬 수직으로 배열한 형식의 엔진이다.

② 크랭크축의 위상차는 90° 이고 점화 순서는 1 – 6 – 2 – 5 – 8 – 3 – 7 – 4 또는 1 – 5 – 7 – 3 – 8 – 4 – 2 – 6 이다.

(8) V – 8 엔진

① 4 실린더 직렬형의 실린더 2 조를 V 형으로 배열한 형식의 엔진이다.

② 크랭크축의 위상차는 90° 이다.

③ 엔진의 전장이 짧고 중량이 가벼우며, 강성을 높일 수 있다.

④ 혼합 가스의 분배가 균일하고 흡입 효율이 좋다.

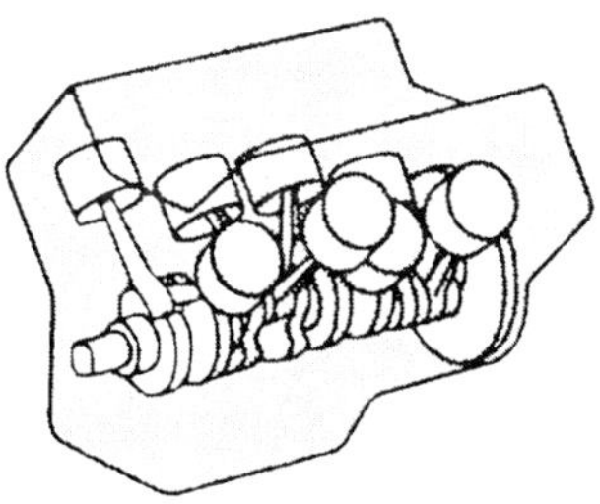

V-8기통 엔진

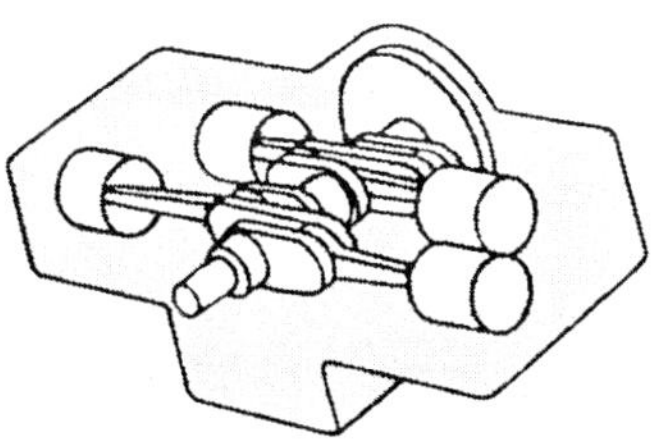

수평 대향형 엔진

성형 엔진

[그림 1-4]

(9) 수평 대향형 엔진

① V 형 엔진의 실린더를 수평면으로 배열한 형식의 엔진이다.

② 엔진의 전체 높이(全高)가 낮기 때문에 높이가 제한된 곳에 설치하기 쉽다.

(10) 성형 엔진(방사형 엔진)

① 주로 항공기에 성형엔진이 사용된다.

② 방사선 상으로 실린더가 배열되어 있는 형식의 엔진이다.

03 4행정 사이클 엔진의 작동원리 및 특징

피스톤이 흡입, 압축, 폭발, 배기의 4개 행정으로 크랭크축이 2 회전하여 1 사이클을 완성하는 엔진으로 가솔린 엔진은 캠축이 1 회전한다. 또한 디젤 엔진은 캠축 및 연료 분사 펌프의 캠축이 1 회전한다.

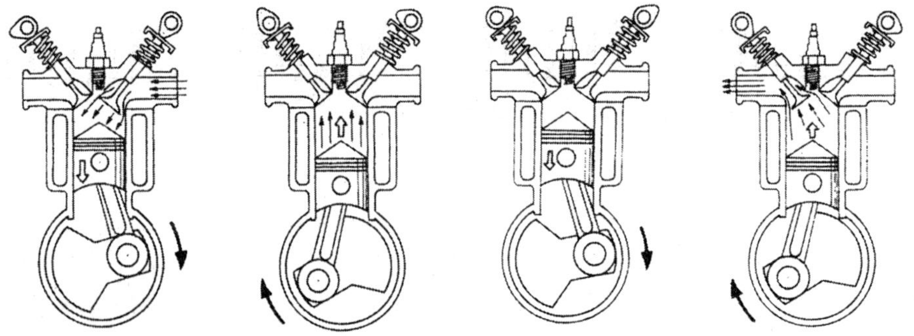

[그림 1-5] **4행정 사이클 엔진의 작동**

♣ **행정(stroke)** : 상사점(TDC) 와 하사점(BDC) 사이의 거리를 말한다.
♣ **상사점(TDC)** : 피스톤이 더 이상 상승하지 못하는 지점의 피스톤 헤드와 실린더 면이 일치되는 점.
♣ **하사점(BDC)** : 피스톤이 더 이하로 하강하지 못하는 지점의 피스톤 헤드와 실린더 면이 일치되는 점.

3.1 흡입 행정

① 피스톤이 상사점에서 하사점으로 하강한다.

② 실린더 내의 부압에 의해서 혼합 가스를 실린더에 흡입한다.

③ 흡입 밸브는 열리고 배기 밸브는 닫혀 있다. 피스톤은 1 행정을 완료하며, 크랭크축은 180° 회전을 한다.

3.2 압축 행정

① 피스톤이 상승하는 행정으로 혼합 가스를 연소실에 압축하며, 흡입 밸브 및 배기 밸브가 모두 닫혀 있다.

② 2 행정을 완료하며, 크랭크축은 360° 회전을 하여 1 회전하게 된다.

구 분	가솔린 엔진	디젤 엔진
압축비	7~11 : 1	15~22 : 1
압축 압력	7~11 kgf /cm²	30~45 kgf / cm²
압축 온도	120~140℃	500~550℃

♣ **압축비** : 압축 행정에서 연소실의 압축 전 최대 용적과 압축 후의 최소 용적비를 나타내는 것으로 가솔린 엔진에서는 압축비가 높을수록 출력이 증대되지만 노킹이 발생된다.

♣ **노킹** : 가솔린 엔진의 폭발 행정은 점화 플러그의 불꽃에 의해서 화염이 발생되며, 화염은 점화 플러그를 중심으로 하여 연소실 전체에 확산된다. 이 때 점화 플러그로부터 먼 곳은 혼합기가 연소되기 시작한 부분의 열과 압력에 의하여 자연 발화하여 연소실 전체의 혼합기가 순간적으로 연소하여 피스톤이 실린더 벽을 타격하는 현상을 말한다.

3.3 폭발 행정[동력 행정]

① 혼합 가스가 급격히 연소하여 실린더 내의 압력이 상승하며, 피스톤이 하강하는 행정으로 흡입 및 배기 밸브가 모두 닫혀 있다.

② 피스톤에 가해진 압력이 커넥팅 로드를 통하여 크랭크축에 전달되어 회전한다. 이 때 피스톤은 3 행정을 완료하며, 크랭크축은 540° 회전을 한다.

③ 최대 폭발 압력은 폭발(동력) 행정에서 TDC 후 10 ~ 15° 지점에서 발생된다.

구 분	가솔린 엔진	디젤 엔진
폭발 압력	35 ~ 45 kgf/cm²	55 ~ 65 kgf/cm²

3.4 배기 행정

① 피스톤이 상승하는 행정으로 연소 가스를 대기 중으로 배출한다.

② 흡입 밸브는 닫히고 배기 밸브는 열려 있다.

③ 피스톤은 4 행정을 완료하며, 크랭크축은 720° 회전한다.

④ 배기가스의 온도는 600 ~ 700℃ 이며, 배기가스의 압력은 3 ~ 4 kgf/cm² 이다.

3.5 4행정 사이클 엔진의 장점

① 저속에서 고속까지의 회전 속도 변화의 범위가 넓다.

② 실화의 발생이 적으며 냉각 효과로 각 부분의 열적 부하가 적다.

③ 행정이 완전히 구분되어 있기 때문에 불확실한 곳이 없다.

④ 흡입 행정의 기간이 길어 체적 효율이 높다.

⑤ 블로바이 현상이 적어 연료 소비율이 적다.

3.6 4 행정 사이클 엔진의 단점

① 폭발 횟수가 적어 회전력 변동이 크며, 실린더 수가 적을 경우 운전이 곤란하다.

② 밸브 기구의 부품수가 많아 충격이나 기계적 소음이 크다.

③ 밸브 기구가 복잡하고 가격이 비싸고 마력당 중량이 무겁다.

④ 탄화수소(HC)의 배출량은 적으나 질소산화물(NOx)의 배출량이 많다.

♣ 4 행정 사이클 엔진을 4 사이클 엔진이라고도 부르며, 4 사이클 엔진은 피스톤이 흡입, 압축, 폭발, 배기의 4 행정을 할 때 크랭크축이 2 회전하여 1 회의 동력을 발생한다.
흡입 행정 : 0° ~ 180°, 압축 행정 : 180° ~ 360°, 폭발 행정 : 360° ~ 540°, 배기 행정 : 540° ~ 720°

4 2행정 사이클 엔진의 작동원리 및 특징

크랭크축이 1회전할 때 피스톤이 흡입, 소기, 압축, 폭발, 배기의 과정을 피스톤의 2행정으로 1사이클을 완성하는 엔진으로 크랭크축이 1회전할 때 1회의 동력을 발생한다.

4.1 피스톤의 상승 행정

① 주 행정은 피스톤이 배기 포트를 닫은 다음부터 연소실 내에 혼합 가스를 압축시킨다.

② 피스톤이 상승하기 시작할 때 흡기 포트를 통하여 크랭크 케이스로 혼합 가스를 흡입한다.

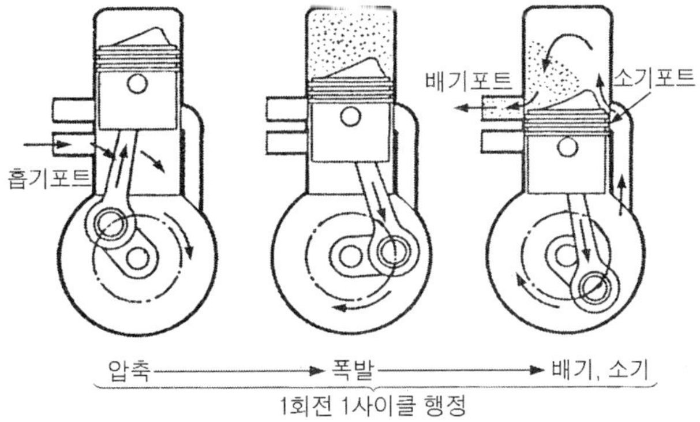

[그림 1-6] 2행정 사이클 엔진의 작동

4.2 피스톤의 하강 행정

① 연소실 내에 압축된 혼합 가스가 점화 플러그에서 발생된 불꽃에 의해서 연소된다.

② 피스톤이 배기 포트를 열면 배기가스 자체의 압력으로 배기가 이루어진다.

③ 크랭크 케이스 내의 혼합 가스는 피스톤의 하강 끝 무렵에 소기 포트를 통하여 실린더에 흡입된다.

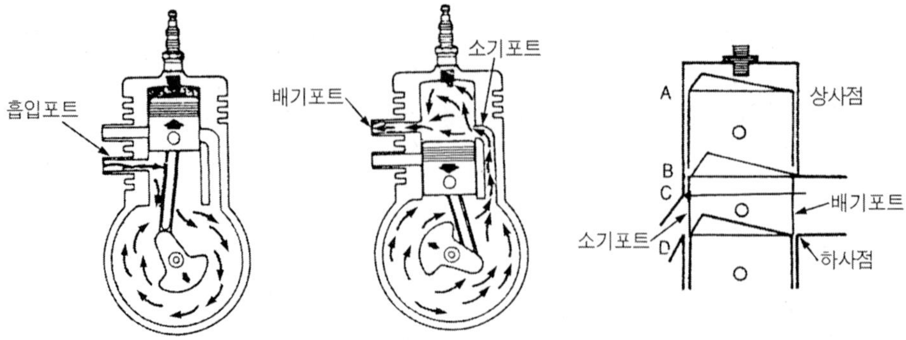

[그림 1-7] **소기, 배기 포트의 위치**

4.3 2행정 사이클 엔진의 장점

① 실린더 수가 적어도 회전이 원활하다.

② 4사이클 엔진에 비하여 1.6 ~ 1.7 배의 출력이 발생된다.

③ 크랭크축 1회전 당 1회의 폭발로 회전력의 변동이 적다.

④ 크랭크 케이스 소기형은 밸브 기구가 간단하여 소음이 적다.

4.4 2행정 사이클 엔진의 단점

① 저속 운전이 어려우며, 역화가 발생된다.

② 흡·배기가 불안전하여 열 손실이 크며, 탄화수소의 배출량이 많다.

③ 소기 및 배기 포트가 열려있는 시간이 길어 평균 유효 압력 및 효율이 저하된다.

④ 구멍으로 소기 하는 경우 피스톤이 손상되기 쉽다.

⑤ 4사이클 엔진에 비해 배기가 불완전하다.

⑥ 실린더 벽에 구멍이 있기 때문에 피스톤 링이 손상되기 쉽다.

⑦ 흡입 행정의 유효 행정이 짧아 흡입 효율이 저하된다.

⑧ 윤활유 및 연료 소모률이 많다.

♣ **디플렉터** : 2행정 사이클 엔진에서 혼합기에 와류를 촉진시키고 압축비를 높게 하며, 잔류 가스를 배출시키기 위해 피스톤 헤드에 설치된 돌출부를 말한다.

♣ **블로 다운** : 배기 행정 초기에 배기 포트가 열려 피스톤은 하강하나 연소 가스의 자체 압력으로 배출되는 현상을 말한다.

05 압축압력 시험

엔진 작동에 이상한 징후가 발견되거나 성능이 저하되었을 때 해체,수리 여부를 결정하기 위하여 실시하는 시험이다.

5.1 시험 준비

① 축전지 충전상태 및 케이블 접속상태를 점검한다.
② 엔진을 정상 온도로 한 후 정지한다.
③ 점화 플러그를 전부 제거한다.
④ 연료 공급을 차단하고 점화1차선을 분리한다.
⑤ 에어크리너와 구동벨트를 제거한다.

5.2 측정 순서

① 스로틀 밸브를 완전히 연 다음 점화플러그 구멍에 압력계를 밀착 시킨다.
② 4~6회 엔진을 크랭킹 시켜 압축행정을 만든다(200~300rpm).
③ 제일 처음과 마지막 압축압력을 기록한다.

5.3 엔진 해체 정비시기

① 압축압력이 규정값의 70% 이하일 때
② 연료 소비율이 표준 소비율의 60% 이상일 때
③ 윤활유 소비율이 표준 소비율의 50% 이상일 때

Chapter

2

엔진의 주요 부분

1. 실린더 헤드(cylinder head)
2. 실린더 블록(cylinder block)
3. 피스톤(Piston)
4. 커넥팅 로드(connecting rod)
5. 크랭크 축(crank shaft)
6. 플라이 휠(fly wheel)
7. 엔진 베어링
8. 밸브 기구(valve train)

01 실린더 헤드(cylinder head)

실린더 헤드는 실린더 블록의 상단에 볼트로 고정되어 피스톤, 실린더와 함께 연소실을 형성한다. 수냉식 엔진의 실린더 헤드는 냉각수의 순환을 원활하게 하기 위해서 전체 실린더의 헤드를 하나로 일체 주조한 일체식 실린더 헤드를 사용하고 공냉식 엔진의 실린더 헤드는 공기의 접촉 면적을 크게 하기 위하여 실린더 1개당 1개씩 분할되어 있는 분할식 실린더 헤드를 사용한다.

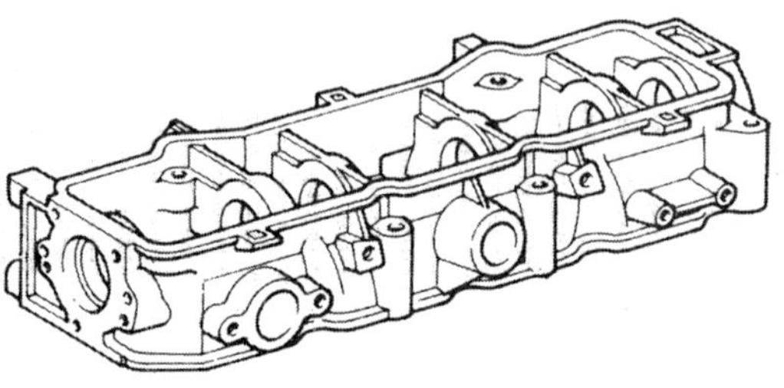

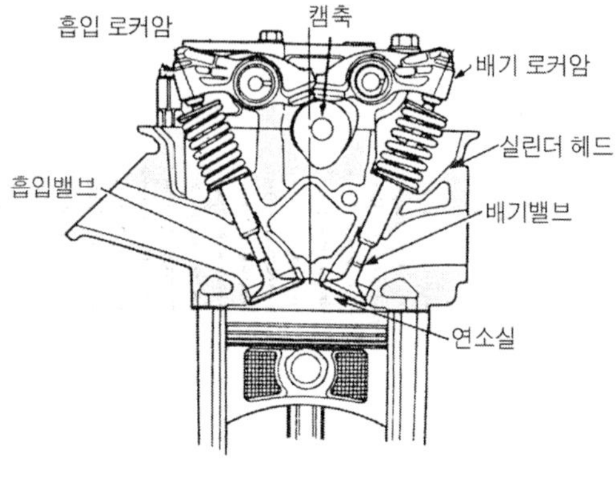

[그림 2-1] **일체식 실린더 헤드**

실린더 헤드의 안쪽에는 흡입 · 배기 밸브 및 점화 플러그가 설치되어 연소실을 형성하고 있으며, 수냉식 실린더의 헤드 내부에는 냉각수 통로인 물 재킷과 밸브의 개폐 작용을 위해서 캠축이 설치되어 있다.

실린더 헤드는 실린더와 함께 연소실을 형성하기 때문에 고온 고압의 연소 가스에 노출되므로 고온에서도 강도가 크고 열팽창이 적어야 한다. 또한 주조나 가공이 쉬워야 하며 열전도가 좋아야 하고 조기 점화를 방지하기 위하여 가열되기 쉬운 돌출부가 없어야 한다.

실린더 헤드의 재질로는 보통 주철과 알루미늄 합금으로 제작된다. 알루미늄 합금 실린더 헤드는 보통 주철의 실린더 헤드보다 열전도성이 좋기 때문에 연소실의 온도를 낮게 유지할 수 있고 압축비를 높일 수 있으며, 냉각 성능이 우수하기 때문에 조기 점화의 원인이 되는 열점이 잘 생기지 않고 중량이 가벼운 장점이 있으나 열팽창이 크기 때문에 변형이 쉽고 부식이나 내구성이 적은 단점도 있다.

♣ **주철** : 철광석을 용광로에서 제련하였을 때 나온 선철은 탄소 함유량(2.0~6.68%)이 많아서 부스러지는 성질을 가지므로 가공을 할 수 없으나 이것을 다시 용해시키면 여러 가지 주조품을 만드는 주조용 재료로 사용할 수 있다. 이 재료를 주철이라 하며, 일반적으로 주조가 가능한 탄소 함유량은 2.5~4.5% 정도이다.

♣ **알루미늄 합금** : 알루미늄은 유동성이 불량하고 수축률이 크므로 주조하기가 어렵다. 따라서 주조성을 향상시키기 위하여 구리나 아연 등을 합금하며, 알루미늄 합금의 종류는 다음 표와 같다.

1.1 실린더 헤드 개스킷[cylinder head gasket]

실린더 헤드 개스킷은 실린더 헤드와 실린더 블록 사이의 면을 밀착시켜 압축 및 폭발 행정을 할 때 기밀 작용과 냉각수의 누출 방지 및 오일의 누출을 방지하는 역할을 한다. 실린더 헤드 개스킷은 고온에 잘 견딜 수 있는 내열성과 고압에 잘 견디는 내압성 및 내마멸성이 만족되어야 한다. 종류에는 보통 개스킷, 스틸 베스토 개스킷, 스틸 개스킷등이 있다.

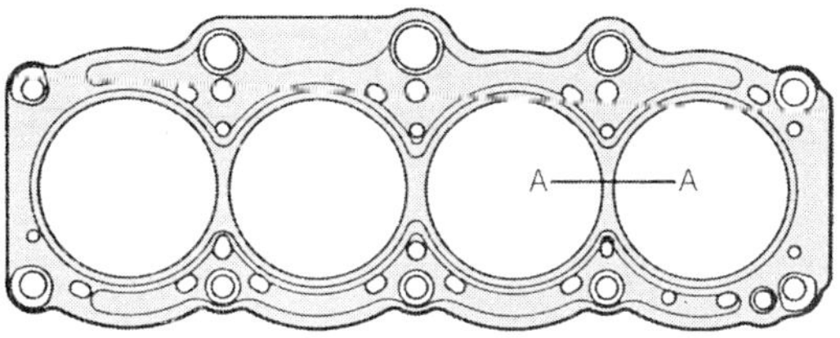

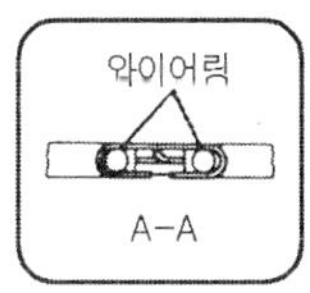

[그림 2-2] **실린더 헤드 개스킷**

(1) 보통 개스킷(common gasket)

보통 개스킷은 강판 또는 동판으로 석면을 싸서 만든 것으로서 초창기에 많이 사용하였으나 고압축비, 고부하, 고출력을 요구하는 엔진에서는 불합리하다.

(2) 스틸 베스토 개스킷(steel besto gasket)

스틸 베스토 개스킷은 강판 양쪽 면에 돌출부를 만들고 흑연을 혼합한 석면을 압착한 다음 표면에 흑연을 발라 만든 것으로 고열, 고부하, 고압축, 고출력 엔진에 많이 사용되며, 보통 개스킷보다는 두께가 얇다.

(3) 스틸 개스킷(steel gasket)

스틸 개스킷은 금속의 탄성을 이용하여 2개의 면을 연결하기 때문에 강판만으로 얇게 만든 것으로 압축 복원성이 양호하고 내열, 내압성, 고부하, 고출력 엔진에서 사용되고 있다. 그러나 개스킷의 두께가 얇기 때문에 접촉면에 요철(凹凸)이 발생되어 불순물이 실린더 헤드나 블록 면에 부착되어 있으면 가스의 누출이 발생된다.

1.2 연소실[combustion chamber]

연소실은 실린더 헤드, 실린더, 피스톤에 의해서 이루어지며, 혼합 가스를 연소하여 동력을 발생하는 곳으로 밸브 및 점화 플러그가 설치되어 있으며, 혼합 가스를 연소시킬 때 높은 효율을 얻을 수 있는 연소실의 형상으로 설계되어야 하며, 주의할 사항은 다음과 같다.

① 노킹을 일으키지 않는 형상일 것
② 밸브 면적을 크게 하여 흡배기 작용을 원활히 되도록 할 것
③ 화염 전파에 소요되는 시간을 가능한 짧게 할 것
④ 가열되기 쉬운 돌출부를 두지 말 것
⑤ 연소실 내의 표면적은 최소가 되도록 할 것
⑥ 출력을 높일 수 있을 것
⑦ 열효율이 높으며 배기가스에 유해한 성분이 적을 것
⑧ 압축 행정 끝에서 강한 와류를 일으키게 할 것

♣ **스퀴시부(squish area)** : 피스톤 헤드의 일부와 실린더 헤드 사이에 만들어지는 작은 간극을 말하며, 혼합 가스가 여기서 주 연소실로 밀려나가게 되므로 와류를 촉진시키는데 유효하다.

02 실린더 블록(cylinder block)

실린더 블록은 엔진의 기초 구조물로 상부에는 피스톤이 설치되어 상하 왕복 운동하는 실린더 및 엔진에서 발생된 연소열을 냉각시키기 위해 냉각수가 순환하는 물 재킷이 설치되어 있고 하부에는 크랭크축과 각 부품을 설치하기 위한 크랭크 케이스로 구성되어 있다.

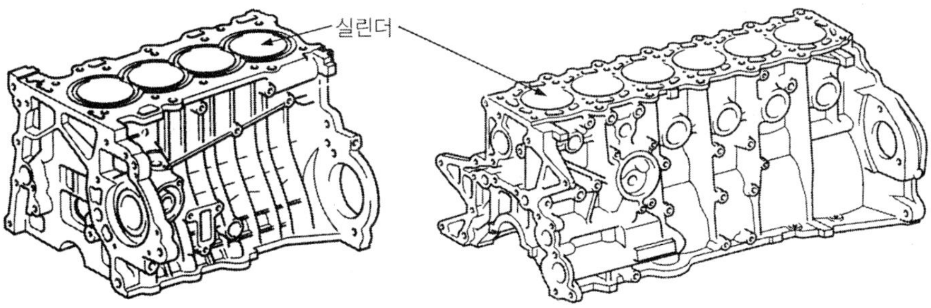

[그림 2-3] 실린더 블록의 구조

2.1 실린더 블록의 재질

실린더 블록의 재질로는 내마멸성이나 내식성이 좋고 주조와 기계 가공이 쉬운 알루미늄 합금, 보통 주철, 특수 주철이 사용되고 있다.

(1) 알루미늄 합금

알루미늄 합금 실린더 블록은 알루미늄(Al) - 규소(Si)계 합금으로 소량의 망간(Mn), 마그네슘(Mg), 구리(Cu), 철(Fe), 아연(Zn) 등을 첨가한 실루민(silumin)을 사용한다. 특징으로는 기계적 성질이 우수하고 비중이 적으며, 가볍다. 또한 수축이 비교적 적고 절삭성이 우수하며, 주조성이 우수하여 주물에 적합하지만 열팽창이 크고 내마모성, 강도, 부식성이 저하된다.

(2) 특수 주철

특수 주철은 보통 주철에 흑연화를 방지하며, 강도, 경도, 내마멸성을 증대시키는 몰리브덴(Mo), 흑연화를 촉진시키고 조직을 미세화 시키는 니켈(Ni), 흑연화의 방지 및 탄화물을 안정시키는 크롬(Cr), 강인성과 내열성을 크게 하는 망간(Mn) 등을 첨가한 것이다. 특징으로는 강도, 내열성, 내식성, 내마멸성 등이 우수하다.

(3) 보통 주철

보통 주철은 선철에 고철 등을 첨가하여 용해 주조한 것으로 탄소와 규소의 함유량에 따라서 조직과 성질이 달라진다. 일반적으로 형상이 간단하고 충격을 별로 받지 않는 주물에 사용되며, 실린더 블록의 재료로는 F25C가 많이 사용된다. 특징으로는 내마모성, 절삭성, 강도, 주조성이 양호하며, 인장 강도가 $10 \sim 20kgf/mm^2$ 정도이고 비중이 7.2 정도로 경량화에 부적합하다.

2.2 실린더[cylinder]

(1) 실린더의 기능

실린더는 피스톤이 상하 왕복 운동을 하는데 안내 역할과 피스톤의 기밀을 유지하면서 열에너지를 기계적 에너지로 바꾸어 동력을 발생시키는 역할을 한다. 실린더 내에서 발생된 열에너지로 큰 동력을 얻기 위해서는 혼합 가스 및 연소 가스가 실린더와 피스톤 사이로 누출되는 블로바이 현상이 발생되지 않도록 하여야 한다. 실린더는 엔진이 작동할 때 높은 연소 열에 노출되기 때문에 실린더 주위에 냉각수를 순환시켜 냉각시키는 수냉식과 실린더 바깥 둘레에 냉각 핀을 설치하여 공기로서 냉각시키는 공냉식이 있다. 실린더 벽은 정밀하게 다듬질되어 있으며, 피스톤의 마찰 및 마멸을 적게 하기 위해서 실린더 벽에 Cr 도금한 것도 있다. 크롬 도금의 두께는 약 0.1mm 정도이며, 크롬 도금한 피스톤 링은 크롬 도금한 실린더에 사용하지 않는다. 최근에는 경합금 실린더에 크롬 도금한 것도 생산된다.

(2) 실린더의 형태

실린더는 피스톤 행정의 약 2배의 길이가 되는 진원통형으로 실린더 블록과 동일 재료로 만든 일체식 실린더와 실린더 블록과 별개의 재료로 만든 라이너를 삽입한 라이너식으로 분류된다. 일체식 실린더는 마모가 되었을 때 보링을 하여야 하며, 라이너식은 실린더가 마모되었을 때 실린더 라이너만을 교환한다. 일체식 실린더는 실린더 수가 많을 경우 실린더간의 거리를 좁게 할 수 있으므로 소형화할 수 있으며, 부품수가 적고 중량이 가볍다. 또한 가스 및 냉각수의 누출이 적으며 가공성 및 강도, 강성이 양호하지만 정비성은 떨어진다.

2.3 실린더 라이너[cylinder liner]

(1) 실린더 라이너의 기능

실린더 라이너는 실린더 블록과 별개의 재질로 만든 실린더로 피스톤의 기밀을 유지하면서 열에너지를 기계적 에너지로 바꾸어 동력을 발생한다. 실린더 라이너에는 냉각수와 직접 접촉되어 냉각시키는 습식 라이너와 냉각수와 간접적으로 접촉되어 냉각시키는 건식 라이너로 분류된다.

(2) 실린더 라이너의 종류

① **습식 라이너**(wet liner) : 습식 라이너는 라이너의 바깥 둘레가 물 재킷으로 되어 냉

각수와 직접 접촉되어 연소할 때에 발생된 열을 냉각시키는 방식으로 상부는 플랜지가 있어 실린더 블록의 홈에 설치되며, 라이너의 두께는 5 ~ 8mm 로 실린더 헤드와의 기밀과 수밀을 유지하기 위해 실린더 블록의 윗면보다 라이너의 윗면이 약간 높게 되어있다. 습식 라이너가 마모되어 교환할 때에는 실린더 외주에 진한 비눗물을 바르고 삽입한다. 습식 라이너는 디젤 엔진에 많이 사용된다.

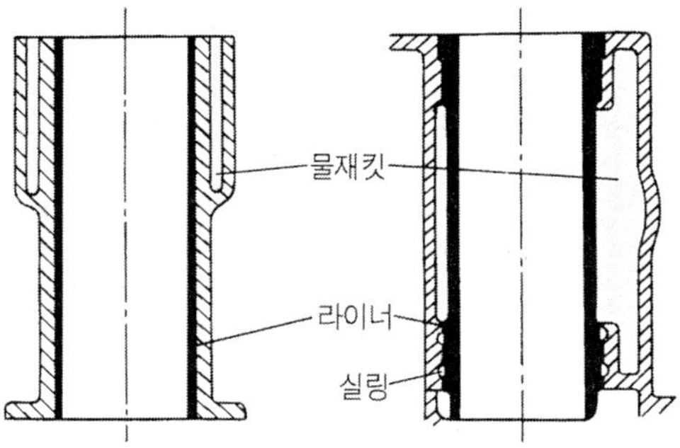

[그림 2-4] 실린더 라이너

② **건식 라이너**(dry liner) : 건식 라이너는 일체식 실린더의 경우 실린더의 마멸에 의해서 보링을 여러 번 하여 실린더 벽의 두께가 얇아졌을 때 실린더 라이너를 끼워서 사용한다. 라이너는 실린더 블록과 마찰력으로 고정되기 때문에 삽입할 때 내경 100mm 당 2 ~ 3ton 의 힘이 필요하며, 라이너의 두께는 보통 2 ~ 3mm 정도로 냉각수와 간접적으로 접촉된다. 건식 라이너는 가솔린 엔진에 많이 사용된다.

2.4 행정·내경비[stroke–bore ratio]

피스톤의 행정(L)과 실린더의 내경(D)은 엔진의 배기량이나 엔진의 출력이 정해진다. 행정·내경비는 피스톤의 행정과 실린더의 내경과의 비로 엔진의 성능이 동일한 배기량이라도 행정·내경비의 크기에 의해서 좌우된다. 행정·내경의 비가 1.0 이상인 엔진을 장행정 엔진, 행정·내경의 비가 1.0 인 엔진을 정방행정 엔진, 행정·내경의 비가 1.0 이하인 엔진을 단행정 엔진이라 부른다.

(1) 장행정 엔진(under square engine)

장 행정 엔진은 행정·내경비(L/D 〉 1.0)가 1.0 이상인 엔진으로 피스톤의 행정이 실린더 내경보다 크다. 엔진의 회전 속도가 느리고 회전력이 크며, 실린더에 가해지는 측압이 적다.

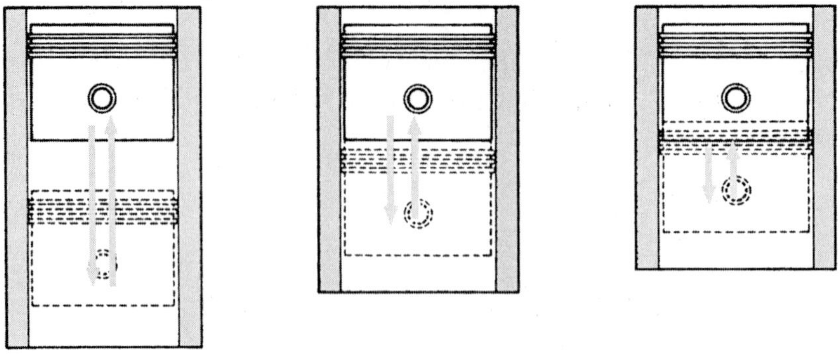

장행정 엔진　　　　　정방행정 엔진　　　　　단행정 엔진

[그림 2-5]

또한 피스톤의 행정이 실린더 내경보다 크기 때문에 내구성 및 유연성이 있으며, 엔진의 높이가 높아지는 경향이 있다. 배기가스 중 유해 성분인 탄화수소의 배출량이 적어 배기가스 대책으로 유리한 점이 있다.

(2) 정방 행정 엔진(square engine)

정방 행정 엔진은 행정·내경비(L/D = 1.0)가 1.0 인 엔진으로 피스톤의 행정과 실린더 내경이 동일하다.

(3) 단행정 엔진(over square engine)

단 행정 엔진은 행정·내경비(L/D < 1.0)가 1.0 이하인 엔진으로 피스톤의 행정이 실린더 내경보다 작다. 엔진의 회전 속도가 빠르고 회전력이 작다.

03 피스톤(Piston)

[1] 피스톤의 기능

피스톤은 실린더 내에 설치되어 12 ~ 13m/sec 정도의 고속으로 왕복 운동을 한다. 피스톤은 동력 행정에서의 고온·고압의 가스로부터 받은 압력을 커넥팅 로드를 통하여 크랭크축에 전달하며, 크랭크축은 피스톤에서 받은 압력으로 회전력을 발생시켜 외부에 출력으로 전달한다.

피스톤의 구비 조건은 다음과 같다.

① 고온·고압가스에 충분히 견딜 수 있는 강도가 있을 것
② 열팽창률이 적을 것
③ 피스톤 상호간의 무게 차이가 적을 것
④ 열전도율이 좋을 것
⑤ 블로바이(blow by)가 없을 것
⑥ 관성력의 증대를 방지하기 위해 무게가 가벼울 것

♣ **블로바이(blow by)** : 혼합 가스가 실린더와 피스톤 사이에서 미연소 가스로 크랭크 실로 누출되는 현상
♣ 피스톤의 무게 차이는 2%(7g)이내여야 한다.

[2] 피스톤의 구조

피스톤은 연소실의 일부를 형성하는 피스톤 헤드, 링 지대, 스커트, 보스 등으로 구성되어 있다. 피스톤의 형상은 외형상으로 보기에는 차이가 없지만 보스 부의 지름을 작게 하고, 스커트 부의 지름을 크게 되어 있다.

(1) 피스톤 헤드(piston head)

피스톤 헤드는 연소실의 일부를 형성하는 곳으로 혼합 가스가 연소될 때 고온·고압가스에 노출되므로 안쪽 면에 리브(rib)를 설치하여 피스톤을 보강한다.

(2) 피스톤 링 지대(ring belt)

링 지대는 피스톤 링을 끼우기 위한 링 홈과 홈 사이인 land가 있다. 압축 링의 홈은 보통 2~3개가 제작되어 있으며, 오일 링이 끼워지는 링 홈에는 링이 긁어내린 엔진 오일을 피스톤 안쪽으로 보내기 위한 오일 구멍이 일정한 간격으로 뚫려져 있다. 또 어떤 형식의 피스톤에서는 제1번 랜드에 좁은 홈을 여러 개 파서 피스톤 헤드 부의 높은 열이 스커트 부로 전달되는 것을 차단해주는 heat dam을 두기도 한다.

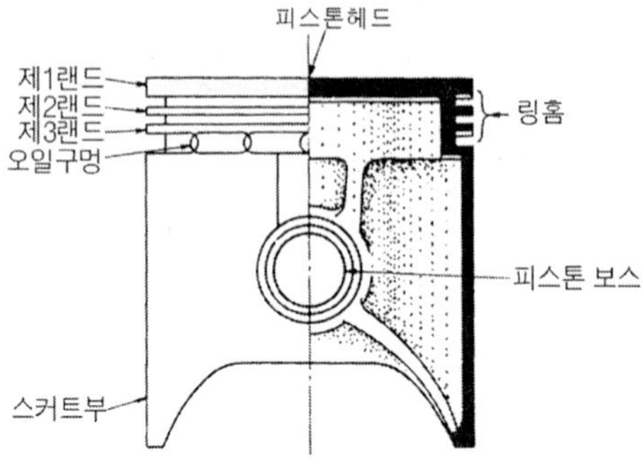

[그림 2-6] 피스톤의 구조

(3) 피스톤 보스부(boss)

피스톤 보스 부분은 강성을 증대시키기 위하여 비교적 두껍게 되어 있으며, 여기에는 피스톤 핀이 끼워지는 구멍이 마련되어 있다.

(4) 피스톤 스커트 부(skirt section)

피스톤 스커트 부분은 피스톤이 왕복 운동을 할 때 측압(thrust)을 받는 부분이며, 피스톤 지름은 이 스커트 부분의 지름으로 나타낸다.

[3] 피스톤의 재질

피스톤의 재질은 알루미늄 합금과 특수주철이 있으며 현재는 대부분 알루미늄 합금을 사용한다.

(1) 알루미늄 합금 피스톤

알루미늄 합금 피스톤은 주철 피스톤에 비하여 열전도성이 양호하며, 비중이 작다. 따라서 피스톤 헤드의 온도가 낮게 되므로 고속·고압축비 엔진에 적합하며, 출력을 증대시킬 수 있는 장점과 주철 피스톤에 비하여 강도가 적고 열팽창 계수가 큰 단점이 있으며, 이를 보완하기 위하여 구리(Cu), 마그네슘(Mg), 니켈(Ni), 규소(Si) 등을 첨가한 규리계의 Y 합금 피스톤과 규소계의 Lo – Ex 합금 피스톤 및 고규소 합금 피스톤으로 분류된다.

(2) 특수 주철 피스톤

특수 주철 피스톤은 알루미늄 합금 피스톤에 비해 열팽창이 적기 때문에 피스톤 간극을 적게 할 수 있으므로 피스톤의 슬랩 현상이나 블로바이 현상이 적으며, 피스톤의 강도가 크다. 피스톤의 비중이 크기 때문에 관성이 증대되어 고속용 엔진에는 적합하지 않다.

[4] 피스톤 간극[piston clearance]

피스톤 간극은 실린더 내경과 피스톤 최대 외경과의 차이로 엔진이 작동할 때 피스톤이 연소 열에 의해서 팽창하기 때문에 정상적인 작동을 하기 위해서는 엔진의 출력에 지장을 초래하지 않는 범위에서 최소의 간극을 유지하여야 한다.

피스톤 간극은 냉간 상태에서 열팽창을 고려하여 알루미늄 합금의 피스톤일 경우 실린더 내경의 0.05%를 피스톤 간극으로 설정한다.

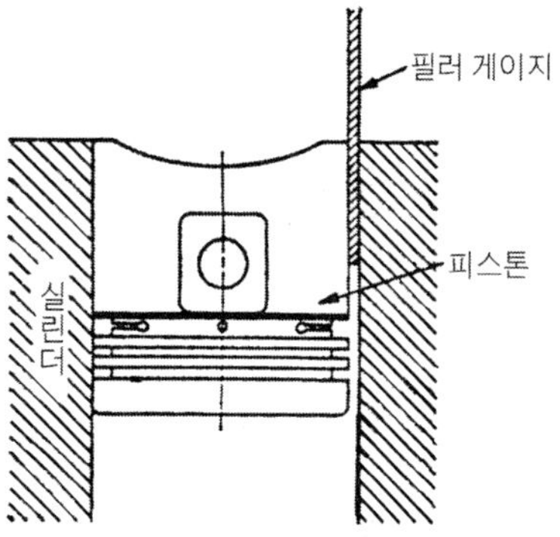

[그림 2-7] **피스톤 간극**

(1) 피스톤 간극이 클 때의 영향

피스톤과 실린더 사이의 간극이 너무 크면 압축 행정에서 블로바이 현상이 발생되어 압축 압력이 저하되고 폭발 행정에서는 엔진의 출력이 저하되며, 블로바이 가스에 의해서 엔진의 오일이 희석되거나 카본에 오염된다.

또한 피스톤 링의 기능이 저하되어 엔진의 오일이 연소실에 유입되므로 오일의 소비량이 증대되며, 엔진이 작동할 때 상사점과 하사점에서 행정을 바꾸는 순간 피스톤 슬랩 현상이 발생되어 피스톤 링과 링 홈의 마멸이 촉진된다.

(2) 피스톤 간극이 작을 때 영향

피스톤과 실린더 사이의 간극이 작으면 실린더 벽에 형성된 오일의 유막이 파괴되어 마찰이 증대되며, 마찰에 의한 고착(소결) 현상이 발생된다.

[5] 알루미늄 합금 피스톤의 종류

알루미늄 합금 피스톤은 작동 중 열에 의해서 팽창되는 양만큼 간극을 크게 두지만 작동 중에는 정상적인 간극을 유지하여야 한다.

(1) 캠연마 피스톤(cam ground piston)

캠연마 피스톤의 보스 부분은 피스톤 핀과 결합되기 때문에 두께가 두껍고, 스커트 부분은 얇게 제작되어 있다.

보스 부분은 피스톤 헤드에 작용하는 압력과 피스톤 핀의 마찰에 의해서 온도가 상승되므로 열팽창이 스커트 부분보다 크기 때문에 보스 부분은 지름(b)을 작게, 스커트 부분은 지름(a)을 크게 하여 제작된 타원형 피스톤이다.

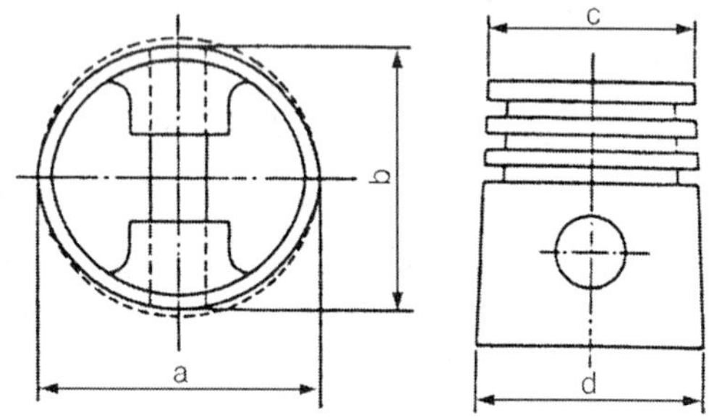

[그림 2-8] 캠연마 피스톤

보스 부분과 스커트 부분 지름의 차이는 대략 0.125 ~ 0.325mm 이다.

(2) 스플릿 피스톤(split piston)

스플릿 피스톤은 측압이 적은 부분의 스커트 윗 부분에 세로로 홈을 두어 스커트 부분으로 열이 전달되는 것을 제한하는 피스톤이다.

(3) 인바 스트럿 피스톤(invar strut piston)

인바 스트럿 피스톤은 열팽창 계수가 적은 Ni 35 ~ 36% + C 0.1 ~ 0.3% + Mn 0.4%의 니켈 합금의 스트럿을 피스톤 보스 부분 또는 인바제의 링을 스커트 윗부분에 넣고 일체 주조한 피스톤으로 현재 많이 사용되고 있다. 이 피스톤의 열팽창이 억제되어 항상 일정한 간극을 유지할 수 있기 때문에 일정 간극 피스톤이라고도 한다.

(4) 슬리퍼 피스톤(slipper piston)

슬리퍼 피스톤은 측압을 받지 않는 스커트 부분을 잘라 낸 피스톤이다. 무게와 피스톤 슬랩을 감소 시킬수 있으나 스커트를 잘라 낸 부분에 엔진오일이 고이기 쉽다.

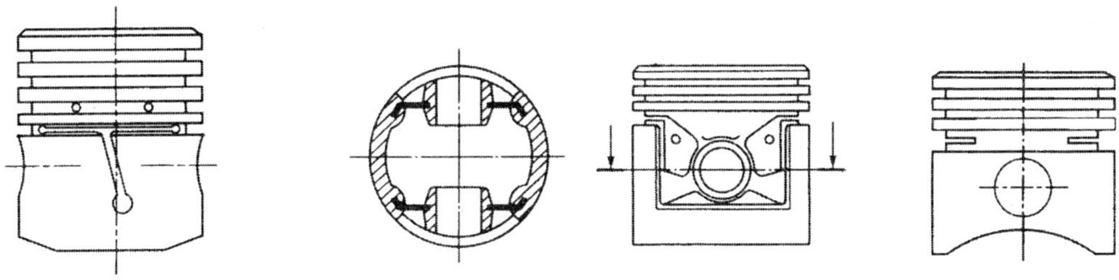

스플릿 피스톤 바 스트럿 피스톤 슬리퍼 피스톤

[그림 2-9]

(5) 오프셋 피스톤(off-set piston)

오프셋 피스톤은 피스톤의 중심과 피스톤 핀의 중심 위치를 약 1.5mm 정도 편심(off-set)시켜 상사점 부근에서 행정을 바꿀 때 피스톤 경사의 변환 시기를 늦어지게 하여 피스톤 슬랩을 감소시키는 피스톤이다.

(6) 솔리드 피스톤(solid piston)

솔리드 피스톤은 기계적인 강도가 높고 열팽창이 작은 재질을 사용하여 제작된 피스톤으로 스커트에 보상 장치가 없으며, 피스톤의 상·중·하의 지름이 동일한 피스톤이다.

오프셋피스톤 솔리드 피스톤

[그림 2-10]

♣ **인바(invar)란** : 니켈이 35%, 탄소가 0.1~0.3%, 망간이 0.4%, 함유된 니켈강이다.

♣ **피스톤 슬랩(piston slap)** : 피스톤 간극이 너무 크면 피스톤이 상·하사점에서 운동 방향을 바꿀 때 실린더 벽에 충격을 주는 현상이다. 저온에서 현저하게 발생하며, 오프셋 피스톤을 사용하여 방지한다.

♣ 피스톤 헤드 부분의 지름이 스커트 부분의 지름보다 작다. 피스톤 보스 부분의 지름이 스커트 부분의 지름보다 작다.

3.1 피스톤 링(piston ring)

[1] 피스톤 링의 기능

금속제 링의 일부를 잘라서 탄성을 유지하도록 하며, 2 ~ 3 개의 압축 링과 1 ~ 2 개의 오일 링이 피스톤 링 홈에 설치된다. 피스톤 링은 기밀 작용, 오일 제어 작용, 열전도 작용(냉각 작용) 등 3 대 작용을 한다.

압축 링은 압축 가스 및 연소 가스가 크랭크 케이스로 누출되는 것을 방지하는 기밀 작용과 피스톤 헤드에 받은 연소 열을 실린더 벽에 전달하여 피스톤의 냉각 작용을 하며, 오일 링은 실린더 벽에 비산되는 오일을 긁어내려 연소실로 유입되는 것을 방지하는 오일 제어 작용을 한다.

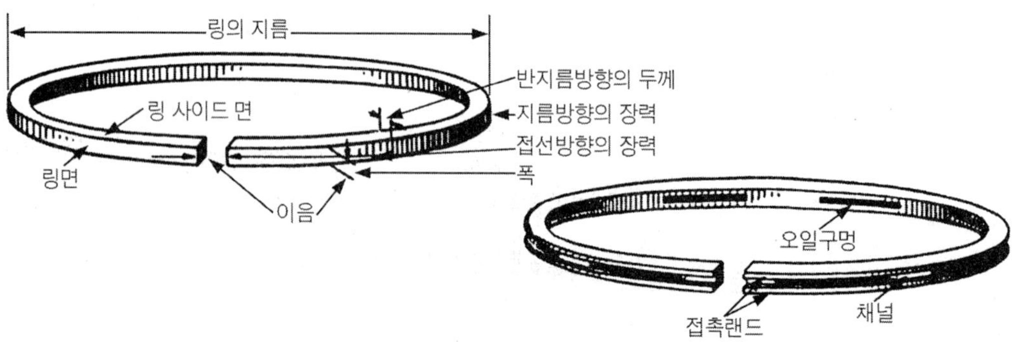

[그림 2-11] **피스톤 링의 형상**

[2] 피스톤 링의 구비 조건

피스톤 링은 고온·고압 하에서 실린더 벽과 빈번하게 접촉되고 피스톤 링 홈의 위, 아래 면과도 접촉하기 때문에 다음과 같은 구비 조건이 만족되어야 한다.

① 실린더 면에 가하는 압력이 일정할 것

② 고온 고압 하에서 작용하기 때문에 내열성일 것

③ 실린더 벽과 빈번하게 접촉하기 때문에 내마멸성일 것

④ 열전도가 양호하고 고온에서 장력의 변화가 적을 것

⑤ 피스톤 링의 제작이 용이하고 적절한 장력이 있을 것

[3] 피스톤 링의 작용

(1) 압축 링(compression ring)

압축 링은 피스톤 헤드에 가까운 쪽에 2 ~ 3개가 설치되어 압축 및 동력 행정에서 실린더 벽과 피스톤 사이의 기밀 작용과 피스톤 헤드의 열을 실린더 벽에 전달하는 열전도 작용을 한다.

(2) 오일 링(oil ring)

오일 링은 압축 링 밑에 1 ~ 2개가 설치되어 실린더 벽에 비산된 과잉의 오일을 긁어내리는 작용만 한다. 따라서 오일 링은 전 둘레에 걸쳐 홈이 설치되어 있기 때문에 긁어내린 오일로 피스톤 핀을 윤활한 다음 오일 팬으로 되돌아간다.

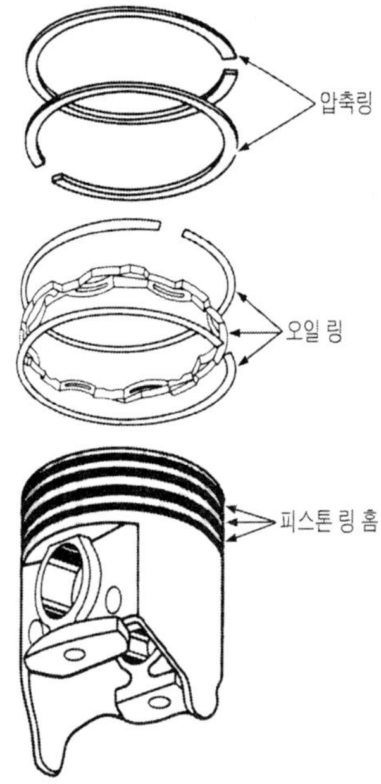

[그림 2-12]

3.2 피스톤 핀(piston pin)

[1] 기능 및 구비 조건

피스톤 핀은 피스톤 보스 부분에 설치되어 커넥팅 로드 소단부를 연결하는 핀으로 피스톤에 작용하는 폭발 압력을 커넥팅 로드에 전달하는 역할을 한다.

[2] 피스톤 핀의 재질

피스톤 핀의 재료로는 저탄소강이나 내식성 및 경도가 크고 내마멸성이 우수한 니켈-크롬강, 내식성 및 내마멸성이 우수하고 내열성이 양호한 니켈-몰리브덴 강 등이 사용되며, 표면은 내마멸성을 향상시키기 위하여 침탄법이나 고주파 경화법으로 표면을 경화시키고 내면은 그대로 두어 높은 인성을 유지하도록 한다.

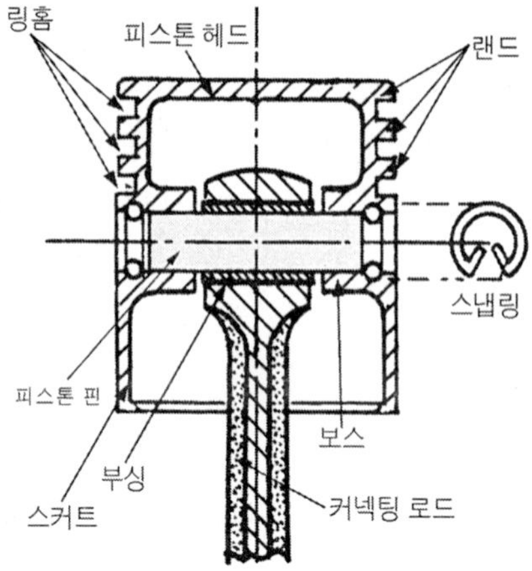

[그림 2-13]

♣ **침탄법(carbonizing)** : 침탄법은 저탄소강의 표면에 탄소를 침투시켜 고 탄소강으로 만든 후 담금질하는 것이다. 즉 표면은 경강(硬鋼)이 되고 내부는 연강(鍊鋼)이 된다. 밀폐된 노 속에서 800~900℃로 장시간 가열하면 탄소가 재료 표면에서 1mm 정도 침투한다.

♣ **고주파 경화법** : 고주파 경화법은 금속 표면에 코일을 감고 고주파 전류로 표면만 고온으로 가열 후 급랭시키는 방법이다.

♣ **인성(flexibility)** : 인성이란 파괴에 대한 재료의 저항력으로 질긴 성질, 즉 연성과 강도가 큰 성질을 말한다.

[3] 피스톤 핀의 설치 방법

피스톤 핀을 피스톤과 커넥팅 로드 소단부에 설치하는 방법으로는 고정식, 반부동식, 전부동식으로 분류된다.

(1) 고정식(stationary type)

고정식은 피스톤 핀을 피스톤 보스 부분에 볼트로 고정하고 커넥팅 로드 소단부에는 부싱이 설치되어 있으며, 커넥팅 로드는 고정 부분이 없기 때문에 자유롭게 움직일 수 있으므로 각(角) 운동을 할 수 있다.

(2) 반부동식(semi-floating type)

반부동식은 피스톤 핀을 커넥팅 로드 소단부에 클램프 볼트로 고정 또는 압입하여 설치한다.

피스톤 보스 부분에 고정 부분이 없기 때문에 자유롭게 움직일 수 있으므로 커넥팅 로드는 각 운동을 할 수 있다.

(3) 전부동식(full-floating type)

전부동식은 피스톤 핀을 피스톤 보스 부분이나 커넥팅 로드 소단부에 고정된 부분이 없이 자유롭게 움직일 수 있도록 되어 있으며, 피스톤 보스 부분의 양쪽에 스냅 링을 끼워 피스톤 핀이 축 방향으로 이동하는 것을 방지한다.

알루미늄 합금 피스톤의 경우 알루미늄 자체가 베어링의 재료이기 때문에 부싱을 사용하지 않지만 커넥팅 로드 소단부에는 부싱을 끼운다.

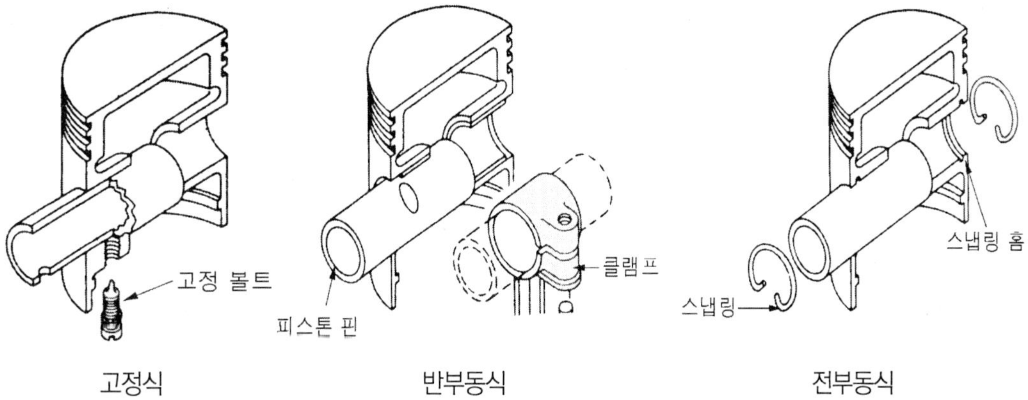

[그림 2-14]

핀을 피스톤에 끼울 때 알루미늄 합금 피스톤의 경우 열팽창을 고려하여 피스톤을 가열하여 끼운다. 이때 피스톤 히터를 이용하여 피스톤을 가열하는데 적당한 온도는 100℃ 정도가 알맞다.

04 커넥팅 로드(connecting rod)

4.1 커넥팅 로드의 기능

커넥팅 로드는 소단부, 대단부, 본체로 구성되어 소단부는 부싱을 통하여 피스톤 핀과 연결되고 대단부는 크랭크 핀과 연결되어 폭발 행정에서 피스톤 헤드에 받는 압력을 크랭크축에 전달하는 역할을 한다.

또한 커넥팅 로드는 피스톤의 상하 직선 운동을 각 운동으로 바꾸어 크랭크축이 회전 운동을 할 수 있도록 한다.

커넥팅 로드의 소단부는 피스톤 핀과 연결되는 부분으로 부싱이 압입 되어 있고 본체는 중량을 가볍게 하고 충분한 기계적 강도를 얻기 위하여 단면으로 되어 있으며, 실린더 벽을 윤활하기 위하여 부측압 쪽에 오일 구멍이 뚫어져 있어 피스톤이 상사점 부근에 이르렀을 때 오일이 실린더 벽에 분출된다.

또한 커넥팅 로드의 대단부는 크랭크 핀에 연결되는 부분으로 평면 분할 베어링을 사이에 두고 베어링 캡으로 조립되어 있다.

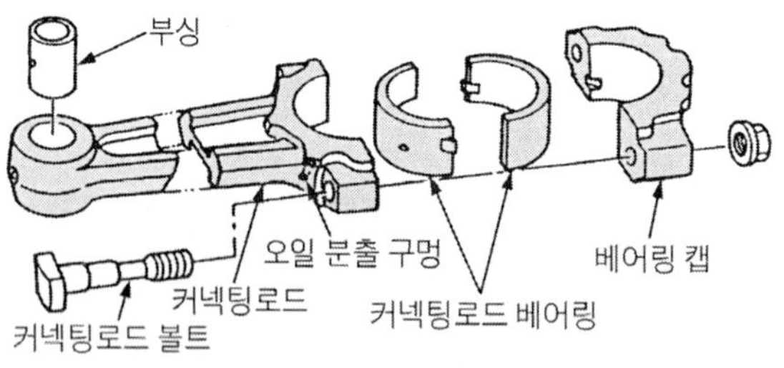

[그림 2-15] 커넥팅 로드 어셈블리

4.2 커넥팅 로드의 재질

커넥팅 로드의 재료는 경도가 큰 니켈－크롬강, 내열성의 크롬－몰리브덴강, 고탄소강 등의 특수강을 사용하며, 형타 단조하여 제작된다.

4.3 커넥팅 로드의 길이

커넥팅 로드의 길이는 소단부의 중심선과 대단부의 중심선 사이의 길이로 보통 피스톤 행정의 1.5 ~ 2.3 배 정도이다.

05 크랭크 축(crank shaft)

5.1 크랭크축의 기능

크랭크축은 크랭크 케이스에 베어링으로 지지되어 동력 행정에서 발생된 연소 압력에 의해서 피스톤의 직선 운동과 커넥팅 로드의 각 운동을 회전운동으로 바꾸어 엔진의 출력으로 외부에 전달하는 역할을 한다. 또한 흡입, 압축, 배기 행정에서는 크랭크축의 회전 운동을 커넥팅 로드와 피스톤에 전달한다.

5.2 크랭크축의 구조

크랭크축은 크랭크 핀, 크랭크 암, 메인 저널, 평형추(밸런스 웨이트), 플랜지 등으로 구성되어 있으며, 핀 저널과 메인 저널에 오일을 순환시키기 위한 오일 구멍이 핀 저널과 메인 저널에 연결되어 뚫어져 있다.

크랭크축의 앞쪽에는 캠축을 구동하기 위한 타이밍 기어나 타이밍 체인 스프로킷 또는 타이밍 벨트 스프로킷, 크랭크 케이스 내에서 외부로 오일이 누출되는 것을 방지하기 위하여 오일 실, 물 펌프와 발전기, 에어컨, 동력 조향 장치의 오일 펌프 등을 구동시키기 위한 크랭크축 풀리가 설치되어 있다. 크랭크축 뒤쪽에는 크랭크 케이스 내에서 외부로 오일이 누출되는 것을 방지하기 위하여 오일 실과 오일 실링거 등이 설치되어 있다.

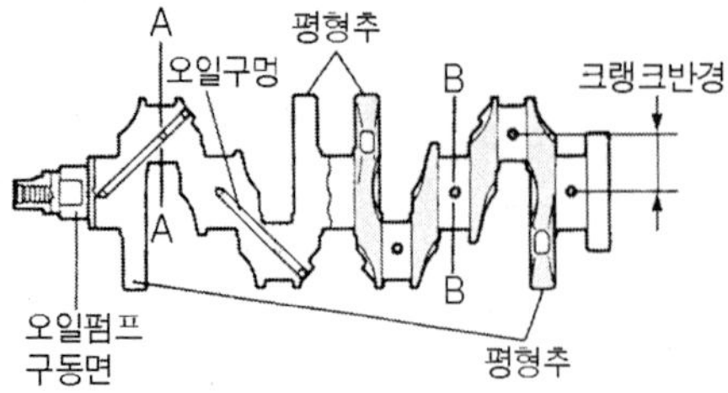

크랭크축의 구조

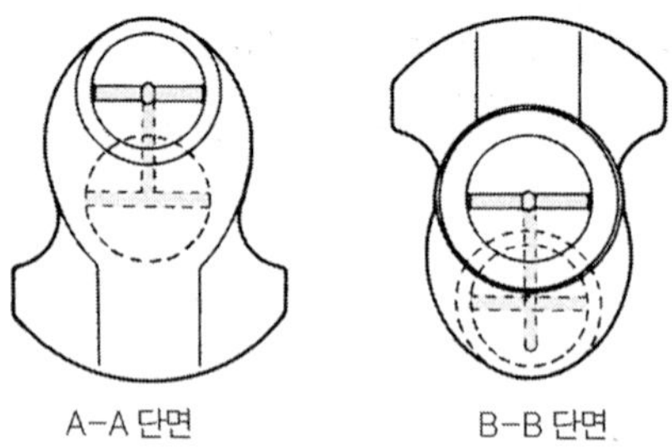

크랭크축의 오일 통로

[그림 2-16]

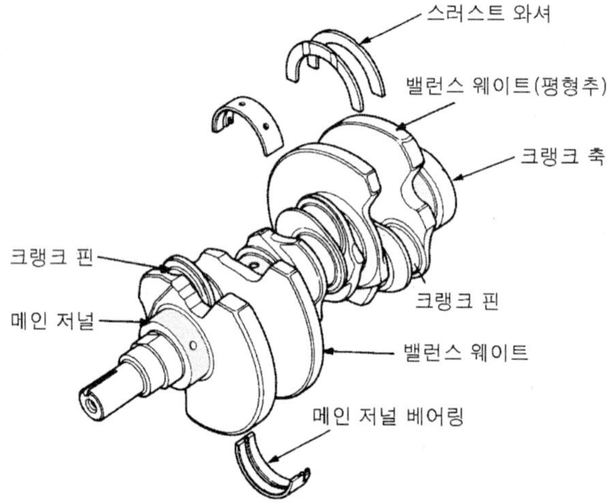

[그림 2-17] **크랭크축의 구조**

(1) 메인 저널(main journal)

메인 저널은 실린더 블록의 크랭크 케이스에 지지되는 부분이다. 엔진의 고속화 및 큰 출력을 요구하기 때문에 크랭크축을 지지하는 메인 저널의 수는 실린더 수보다 1개가 많게 되어 있다.

(2) 크랭크 핀 저널(crank pin journal)

크랭크 핀 저널은 커넥팅 로드 대단부와 결합되는 부분으로 엔진의 작동 중에 직접적으로 압축압력과 폭발압력이 전달되어 높은 압력과 마찰력이 작용하기 때문에 충분한 강도가 있어야 한다.

(3) 평형추(balancing weight)

피스톤 어셈블리의 중량 및 폭발압력에 의해 발생되는 관성력과, 크랭크축이 회전 운동을 할 때 발생되는 관성력의 균형을 유지하는 역할을 한다. 최근에는 크랭크축에서 발생되는 진동을 감소시키기 위하여 사일런트 축을 2 개 설치한 것도 있다.

(4) 사일런트 축(silent shaft)

사일런트 축은 엔진에서 발생되는 상하의 진동이나 좌우의 진동을 방지하는 역할을 한다. 크랭크축에 평행하게 사일런트 축 2 개를 설치하여 축의 중량 또는 좌우 축의 회전 방향을 서로 다르게 하거나, 크랭크축의 회전 속도보다 2 배의 회전 속도가 되도록 하여 엔진에서 발생되는 진동을 감소시킨다.

5.3 크랭크축의 재질

크랭크축은 단조에 의해서 성형된 크랭크축과 주조에 의해서 성형된 크랭크축으로 분류된다. 단조제의 크랭크축은 고탄소강(S45C~S55C), 크롬-몰리브덴강, 니켈-크롬강 등이 사용되며, 주조제의 크랭크축은 미하나이트 수철, 필리이드 가단 주철, 구상 흑연 주철 등이 사용된다.

5.4 크랭크축의 구비 조건

크랭크축의 구비 조건으로는 큰 하중을 받으면서 고속 회전을 하기 때문에 동적 평형 및 정적 평형을 유지하여야 하며, 강성 및 강도가 충분하고 내마멸성이 커야 한다. 또한 피스톤 행정을 작게 하여 엔진의 고속화 및 축의 강성을 증대시키기 위하여 메인 저널의 중심과 핀 저널의 중심간의 거리가 짧아야 한다.

5.5 크랭크축의 점화 순서

점화 순서는 크랭크 핀의 위치, 엔진의 내구성, 혼합 가스의 분배, 엔진의 회전을 원활하게 이루어지도록 1 번 실린더를 첫 번째로 하여 점화 순서를 정하게 된다.

(1) 점화 시기를 정할 때 고려할 사항

① 크랭크축에 비틀림 진동이 발생되지 않게 한다

② 메인 베어링에 연속해서 하중이 집중되지 않도록 인접한 실린더에 연이어 폭발되지 않게 한다.

③ 토크 변동을 적게 하기 위하여 연소가 같은 간격으로 일어나게 한다.
④ 혼합 가스가 각 실린더에 균일하게 분배되도록 흡기관에서 가스 흐름의 간섭을 피할 것

(2) 4 실린더 엔진의 점화 순서

4 행정 4 실린더 엔진은 크랭크축의 위상차가 180° 가 되므로 크랭크축이 180° 회전할 때마다 1 회의 폭발을 하기 때문에 크랭크축이 2 회전하면 4 회의 폭발을 하게 된다. 4 행정 실린더 엔진은 피스톤이 하강할 때는 흡입 행정과 동력 행정이 이루어지며, 상승할 때는 압축 행정과 배기 행정을 한다. 4 실린더 엔진에서 사용되는 크랭크축의 1 번 크랭크 핀과 4 번 크랭크 핀, 2 번 크랭크 핀과 3 번 크랭크 핀은 동일 평면상에 위치한다. 따라서 1 번, 4 번 피스톤이 하강 행정을 한다면 2 번, 3 번 피스톤은 상승 행정을 한다. 또한 1 번, 4 번 피스톤이 상승 행정을 하면 2 번, 3 번 피스톤은 하강 행정을 한다. 이때 4 개의 실린더에서는 각각 서로 다른 행정을 하기때문에 크랭크축이 180° 회전을 하게 되면 1 사이클이 완료되므로 크랭크축이 2 회전하게 되면 4 사이클이 완료된다.

예를 들어 1 번 실린더가 흡입 행정을 한다면 4번 실린더는 동력 행정을 한다. 또한 2 번 실린더가 압축 행정을 한다면 3 번 실린더는 배기 행정을 하게 된다.

점화 순서가 1-3-4-2 라고 가정할 때 1 번 실린더가 흡입 행정을 한다면 4 번 실린더는 동력 행정을 하게 된다. 이때 4 번 실린더 다음에 동력 행정은 점화 순서에 의하여 2 번 실린더에서 이루어지므로 압축 행정이 완료되어야 동력 행정을 할 수 있으므로 2 번 실린더는 압축 행정을 한다. 그러므로 3 번 실린더는 배기 행정을 하게 된다.

• 점화 순서가 1 - 3 - 4 - 2 일 때 각 실린더의 행정

회전각도 / 점화 순서	1/2 회전	1회전	1 1/2 회전	2회전
	0 ~ 180°	180 ~ 360°	360 ~ 540°	540 ~ 720°
1번 실린더	동력 행정	배기 행정	흡입 행정	압축 행정
3번 실린더	압축 행정	동력 행정	배기 행정	흡입 행정
4번 실린더	흡입 행정	압축 행정	동력 행정	배기 행정
2번 실린더	배기 행정	흡입 행정	압축 행정	동력 행정

• **점화 순서가 1 - 2 - 4 - 3 일 때 각 실린더의 행정**

회전각도 / 점화 순서	1/2 회전	1회전	1 1/2 회전	2회전
	0 ~ 180°	180 ~ 360°	360 ~ 540°	540 ~ 720°
1번 실린더	동력 행정	배기 행정	흡입 행정	압축 행정
2번 실린더	압축 행정	동력 행정	배기 행정	흡입 행정
4번 실린더	흡입 행정	압축 행정	동력 행정	배기 행정
3번 실린더	배기 행정	흡입 행정	압축 행정	동력 행정

(3) 6 실린더 엔진의 점화 순서

4 행정 6 실린더 엔진은 크랭크축의 위상차가 120° 가 되므로 크랭크축이 120° 회전할 때마다 1 회의 폭발을 하기 때문에 크랭크축이 2 회전하면 6 회의 폭발을 하게 된다. 4 행정 실린더 엔진은 피스톤이 하강할 때는 흡입 행정과 동력 행정이 이루어지며, 상승할 때는 압축 행정과 배기 행정을 한다. 6 실린더 엔진에서 사용되는 크랭크축의 1 번 크랭크 핀과 6 번 크랭크 핀, 2 번 크랭크 핀과 5 번 크랭크 핀, 3 번 크랭크 핀과 4 번 크랭크 핀은 동일 평면상에 위치한다. 따라시 1 번, 6 번의 피스톤이 하강 행정을 한다면 2 번, 5 번의 피스톤은 상승 행정을 한다. 또한 3 번, 4 번의 크랭크 핀은 실린더의 중간 위치에 이르게 된다. 이때 6 개의 실린더에서는 각각 서로 다른 행정을 하기 때문에 크랭크축이 120° 회전을 하게 되면 1 사이클이 완료되므로 크랭크축이 2 회전하게 되면 6 사이클이 완료된다.

예를 들어 1 번 실린더가 동력 행정을 시작한다면 6 번 실린더는 흡입 행정을 시작한다. 5 번 실린더가 압축 행정의 중간 정도이며, 2 번 실린더는 배기 행정의 중간이 된다. 이때 3 번 실린더는 흡입 행정의 끝 부분이며, 4 번 실린더는 동력 행정의 끝 부분으로 행정의 종료 60° 가 남아 있는 상태이다. 이와 같이 행정이 중복되는 것은 6 실린더 크랭크 핀의 위상차이가 120° 이고 1행정에서 크랭크축 회전 각도는 180° 이므로 행정의 60° 가 중복된다.

• 점화 순서가 1-5-3-6-2-4일 때 각 실린더의 행정

<table>
<tr><th rowspan="2">회전각도 / 점화 순서</th><th colspan="3">1/2 회전</th><th colspan="3">1 회전</th><th colspan="3">1 1/2 회전</th><th colspan="3">2 회전</th></tr>
<tr><th>0°</th><th>60°</th><th>120°</th><th>240°</th><th>300°</th><th>360°</th><th>420°</th><th>480°</th><th>540°</th><th>600°</th><th>660°</th><th>720°</th></tr>
<tr><td>1번 실린더</td><td colspan="3">동력 행정</td><td colspan="3">배기 행정</td><td colspan="3">흡입 행정</td><td colspan="3">압축 행정</td></tr>
<tr><td>5번 실린더</td><td colspan="2">압축 행정</td><td colspan="3">동력 행정</td><td colspan="3">배기 행정</td><td colspan="3">흡입 행정</td><td>압축</td></tr>
<tr><td>3번 실린더</td><td>흡입</td><td colspan="3">압축 행정</td><td colspan="3">동력 행정</td><td colspan="3">배기 행정</td><td colspan="2">흡입 행정</td></tr>
<tr><td>6번 실린더</td><td colspan="3">흡입 행정</td><td colspan="3">압축 행정</td><td colspan="3">동력 행정</td><td colspan="3">배기 행정</td></tr>
<tr><td>2번 실린더</td><td colspan="2">배기 행정</td><td colspan="3">흡입 행정</td><td colspan="3">압축 행정</td><td colspan="3">동력 행정</td><td>배기</td></tr>
<tr><td>4번 실린더</td><td>동력</td><td colspan="3">배기 행정</td><td colspan="3">흡입 행정</td><td colspan="3">압축 행정</td><td colspan="2">동력 행정</td></tr>
</table>

• 점화 순서가 1-4-2-6-3-5일 때 각 실린더의 행정

<table>
<tr><th rowspan="2">회전각도 / 점화 순서</th><th colspan="3">1/2 회전</th><th colspan="3">1 회전</th><th colspan="3">1 1/2 회전</th><th colspan="3">2 회전</th></tr>
<tr><th>0°</th><th>60°</th><th>120°</th><th>240°</th><th>300°</th><th>360°</th><th>420°</th><th>480°</th><th>540°</th><th>600°</th><th>660°</th><th>720°</th></tr>
<tr><td>1번 실린더</td><td colspan="3">동력 행정</td><td colspan="3">배기 행정</td><td colspan="3">흡입 행정</td><td colspan="3">압축 행정</td></tr>
<tr><td>4번 실린더</td><td colspan="2">압축 행정</td><td colspan="3">동력 행정</td><td colspan="3">배기 행정</td><td colspan="3">흡입 행정</td><td>압축</td></tr>
<tr><td>2번 실린더</td><td>흡입</td><td colspan="3">압축 행정</td><td colspan="3">동력 행정</td><td colspan="3">배기 행정</td><td colspan="2">흡입 행정</td></tr>
<tr><td>6번 실린더</td><td colspan="3">흡입 행정</td><td colspan="3">압축 행정</td><td colspan="3">동력 행정</td><td colspan="3">배기 행정</td></tr>
<tr><td>3번 실린더</td><td colspan="2">배기 행정</td><td colspan="3">흡입 행정</td><td colspan="3">압축 행정</td><td colspan="3">동력 행정</td><td>배기</td></tr>
<tr><td>5번 실린더</td><td>동력</td><td colspan="3">배기 행정</td><td colspan="3">흡입 행정</td><td colspan="3">압축 행정</td><td colspan="2">동력 행정</td></tr>
</table>

5.6 크랭크축의 비틀림 진동

크랭크축이 어떤 회전 속도에 도달하게 되면 크랭크축 자체의 고유 진동과 공진하여 격렬한 진동이 발생되며, 크랭크축의 회전력이 클수록, 길이가 길수록, 강성이 작을수록 진동이 크게 발생된다. 크랭크축의 길이가 긴 엔진에서는 크랭크축 앞 끝에 비틀림 진동 방지기를 크랭크축 풀리와 일체로 설치하여 진동을 흡수시킨다.

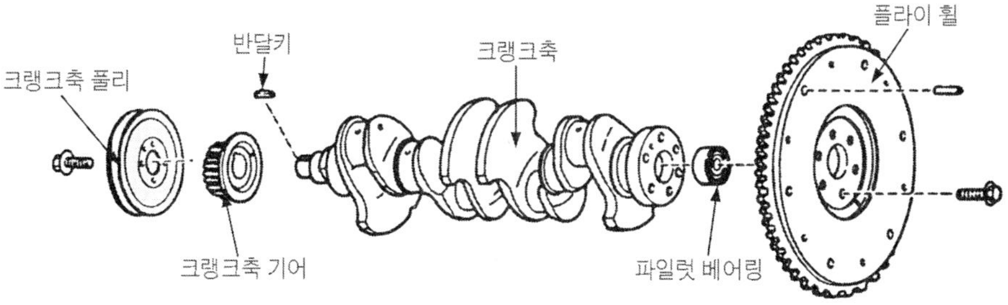

[그림 2-18] **크랭크축 풀리의 설치 위치**

5.7 토셔널 댐퍼[torsional damper ; 비틀림 진동 방지기]

크랭크축 풀리와 일체로 크랭크축 앞부분에 설치되어 축에서 발생되는 진동을 흡수한다.

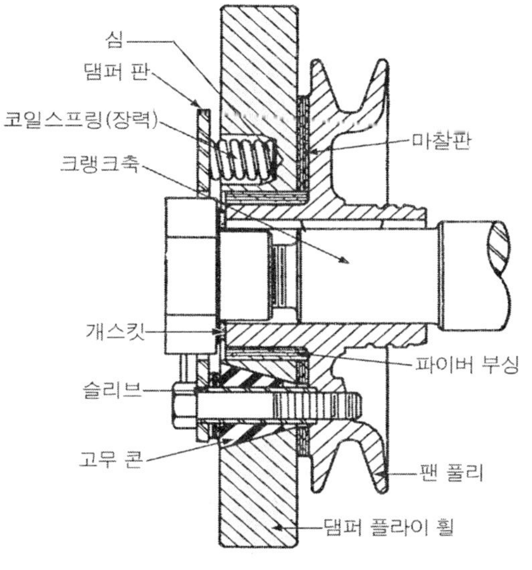

[그림 2-19] **토셔널 댐퍼의 구조**

06 플라이 휠(fly wheel)

6.1 플라이 휠의 기능

크랭크축의 회전력은 4 행정 사이클 엔진에서는 720° 마다 폭발력이 작용하기 때문에 회전력이 크고 흡입, 압축, 배기 행정에서는 점차로 감소되어 맥동적인 회전을 하게 된다.

이 맥동적인 회전을 균일한 회전으로 유지시키는 역할을 하는 것이 플라이 휠이다.

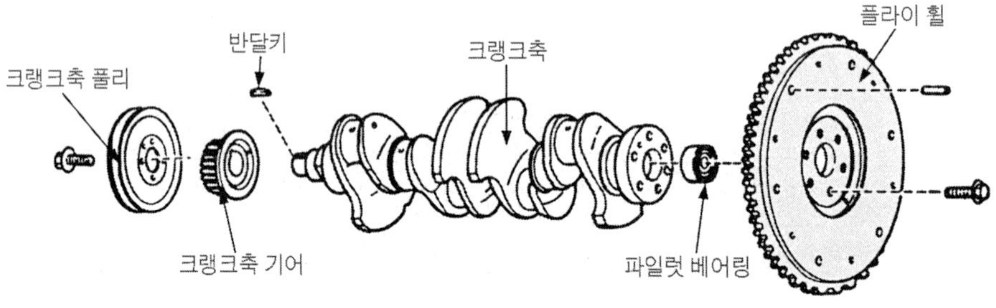

[그림 2-20] **플라이 휠**

6.2 구비 조건 및 구조

회전 중에 관성이 크고 중량은 가능한 한 가벼워야 하기 때문에 중앙 부분은 두께를 얇게 하고 그 주위는 두껍게 하여 구비 조건을 만족시키며, 원심력과 인장력이 작용하기 때문에 플라이 휠의 재질은 수동 변속기 차량에서는 원주 속도가 30 ~ 35m/sec 정도의 주철제 플라이 휠을 사용하고 자동변속기 차량에서는 40 ~ 50m/sec 정도의 강제의 플라이 휠이 사용된다.

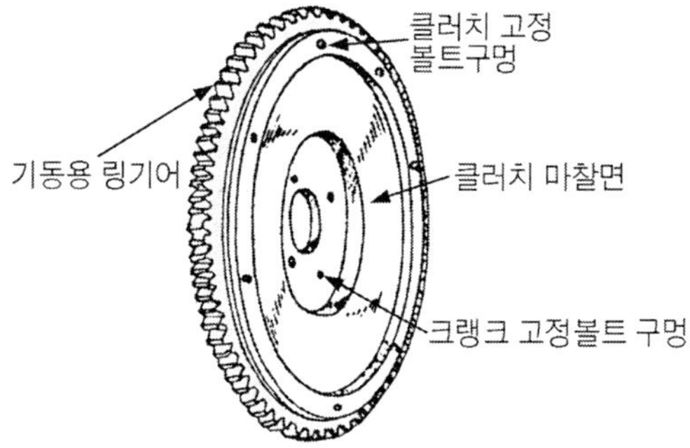

[그림 2-21] 플라이 휠의 구조

플라이 휠의 뒷면에는 엔진의 동력을 전달하거나 차단하는 클러치가 설치되고 바깥 둘레에는 엔진의 시동을 위하여 기동 전동기의 피니언과 맞물려 회전력을 전달받는 링 기어가 열 박음 되어 있다.

엔진은 압축행정이 겹쳐지거나 압축행정이 끝날 때 정지되므로 엔진은 항상 일정한 위치에서 정지된다. 따라서 링 기어는 4 실린더 엔진에서는 2 곳, 6 실린더 엔진은 3 곳, 8 실린더 엔진은 4 곳이 현저하게 마멸된다. 링 기어의 일부분이 마멸되었을 때는 링 기어를 120 ~ 150℃가 되도록 토치 램프로 가열하여 두들겨 빼내어 그 위치를 바꾸어 끼운다. 이때 링 기어를 약 200℃로 가열한 다음 가볍게 두들겨 끼운다. 이것을 열 박음이라 한다.

07 엔진 베어링

7.1 엔진 베어링의 기능

(a) 분할형 (b) 스러스트형과 부싱형

[그림 2-22] 크랭크축 베어링의 종류

베어링이란 회전 운동을 하는 축을 지지하는 부품으로 하중이 가해지는 방향에 따라서 축의 직각 방향에 가해지는 하중을 지지하는 레이디얼 베어링과 축 방향의 하중을 지지하는 스러스트 베어링으로 분류되며, 마찰 및 마멸을 방지하여 출력의 손실을 적게 하는 역할을 한다. 또한 엔진에서 사용되는 베어링은 평면 베어링으로서 크랭크축의 하중을 지지하는 메인 저널과 커넥팅 로드와 연결되어 동력 행정에서 가해지는 하중을 받는 크랭크 핀 저널에는 마찰 및 마멸을 감소시켜 엔진에서 발생되는 출력의 손실을 적게 하여야 한다.

베어링의 윤활은 윤활장치에서 공급되는 엔진오일에 의해 윤활되며, 베어링의 오일구멍과 실린더 블록의 오일구멍이 일치 되어 있어 이 구멍을 통해 공급된 오일이 홈을 따라 흐르면서 저널과 베어링 면 사이를 윤활한다. 베어링에서 흘러나온 오일은 오일팬에 다시 모인다.

오일은 금속과 금속면의 직접적인 접촉을 방지하고 윤활부에서 발생한 열을 흡수하므로 냉각작용도 한다. 또한 커넥팅 로드 베어링에서 밖으로 나오는 오일은 실린더 벽, 피스톤 링, 피스톤 핀 등에 공급된다.

7.2 베어링의 구조

엔진 베어링은 동합금 또는 강의 셀에 배빗메탈의 경우는 0.1 ~ 0.3 mm, 켈밋메탈의 경우는 0.2 ~ 0.5mm 두께로 베어링 합금을 융착시켜 전체의 두께가 1 ~ 3mm 의 치수로 만든 것으로 베어링 돌기, 베어링 크러시, 베어링 스프레드, 오일 홀, 오일 홈 등으로 구성되어 있다.

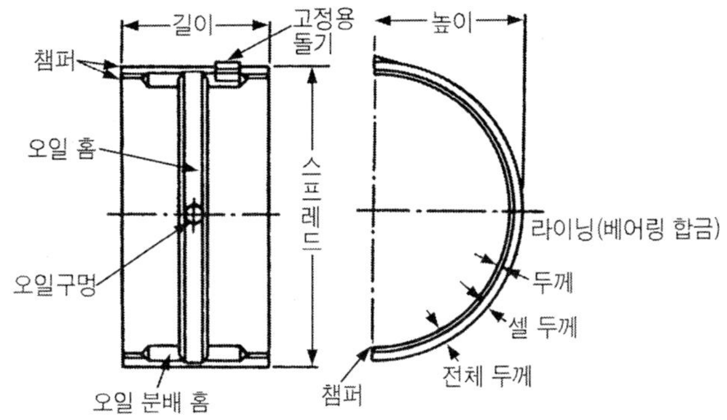

[그림 2-23] **베어링의 구조**

(1) 베어링 돌기(bearing lug)

베어링 돌기는 셀의 뒷면 한쪽 모서리 부분을 돌출 시켜 하우징에 만들어진 홈에 고정시키기 위한 것으로 크랭크축이 회전할 때 하우징에서 베어링이 축 방향이나 회전 방향으로 움직이지 않도록 한다.

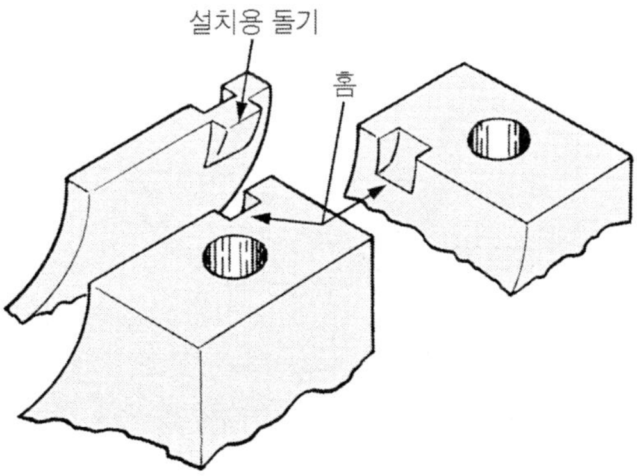

[그림 2-24] **베어링 돌기와 홈**

(2) 오일 홈과 오일 구멍

베어링과 저널 사이에는 마찰 및 마멸을 방지하기 위해서는 오일이 순환되어야 한다. 따라서 오일 구멍은 실린더 블록의 크랭크 케이스에 설치된 오일 통로와 하중을 가장 적게 받는 베어링의 중앙 부분에 설치된 구멍과 일치되어 베어링에 오일을 공급받는 역할을 하며, 오일 홈은 베어링의 둘레 방향으로 설치되어 오일 구멍을 통하여 공급된 오일이 베어링 면에 순환되도록 하는 역할을 한다.

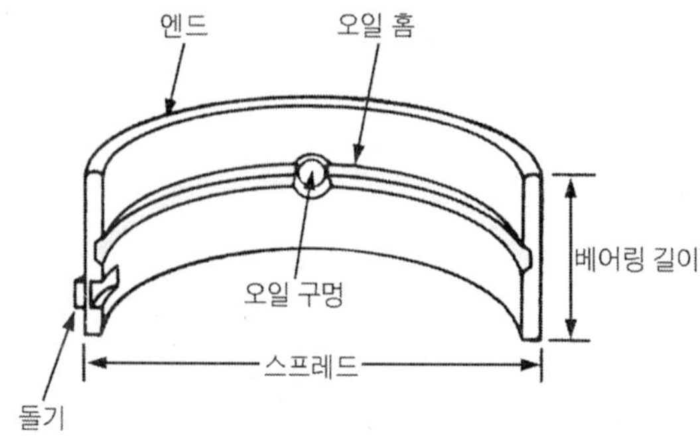

[그림 2-25] **오일 홈과 오일 구멍**

(3) 베어링 크러시(bearing crush)

베어링의 밀착이 잘 되고 열전도가 잘 되도록 하기 위해서는 베어링의 바깥 둘레를 하우징의 안 둘레보다 크게 하여야 한다.

이 베어링의 안 둘레와 하우징의 바깥 둘레와의 차이를 베어링 크러시라 한다. 베어링 크러시는 보통 0.025 ~ 0.075mm 이다. 크러시가 작으면 엔진의 작동 온도 변화에 의하여 헐겁게 되므로 베어링이 하우징에서 움직이게 되며, 크러시가 크면 조립할 때 베어링이 안쪽 면으로 변형되어 찌그러진다.

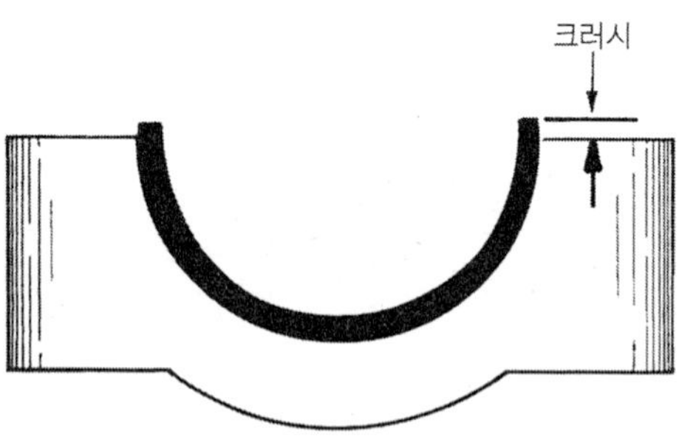

[그림 2-26] **베어링 크러시**

(4) 베어링 스프레드(bearing spread)

베어링 하우징의 내경과 베어링을 하우징에 끼우지 않았을 때의 베어링 외경과의 차이를 스프레드라 한다. 베어링을 조립할 때에 작은 힘으로 눌러 끼워도 하우징에 밀착되고 크러시에 의해서 압축됨에 따라 안쪽으로 찌그러짐을 방지하기 위해 하우징의 내경보다 베어링의 외경을 크게 한다.

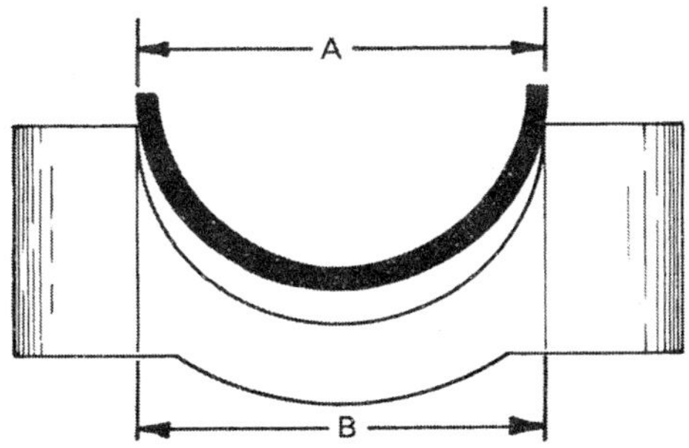

[그림 2-27] **베어링 스프레드**

7.3 베어링의 재질

베어링의 재질은 전·연성이 좋고 내식성이 큰 구리(Cu), 유연하고 가공이 쉬우며, 용융점이 낮은 납(Pb), 전성이 풍부하고 윤활성이 좋은 주석(Sn), 전·연성이 좋고 전기 및 열의 양도체인 알루미늄(Al) 등의 합금인 배빗 메탈, 켈밋 메탈, 알루미늄 합금, 트리 메탈 등이 사용된다.

♣ 연성(ductility) : 철사 등을 당길 때 가늘고 길게 늘어나는 성질을 말한다.

(1) 배빗메탈

주석 합금 배빗메탈은 주석(Sn) 80 ~ 90%, 납(Pb) 1% 이하, 안티몬(Sb) 3 ~ 12%, 구리(Cu) 3 ~ 7%로 조성되어 있으며, 납 합금 배빗메탈은 주석(Su) 1%, 납(Pb) 83%, 안티몬(Sb) 15%, 구리(Cu) 1%로 조성되어 있다.

배빗메탈은 길들임성, 내식성, 매입성은 양호하지만 고온 강도가 낮고 열전도율이 불량하며, 피로 강도가 좋지 않다. 따라서 켈밋 메탈이나 트리 메탈에 코팅제로 주로 사용되고 있다.

(2) 켈밋 메탈

켈밋 메탈은 구리(Cu) 67 ~ 70%, 납(Pb) 23 ~ 30%로 조성되어 있으며, 경도가 높기 때문에 내식성, 길들임성, 매입성이 작고 열팽창이 크기 때문에 베어링의 윤활 간극을 크게 설정해야 하는 단점이 있다.

(3) 트리 메탈(three metal)

트리 메탈은 켈밋 메탈의 내식성, 길들임성, 매입성이 적은 단점을 보완하기 위하여 동합금의 셀에 아연(Zn) 10%, 주석(Sn) 10%, 구리(Cu) 80%를 혼합한 연청동을 중간층에 융착하고 연청동 표면에 배빗을 0.02 ~ 0.03mm 정도로 코팅한 베어링으로 열적 및 기계적 강도가 크고 길들임성, 내식성, 매입성을 유지할 수 있기 때문에 현재 가장 많이 사용되고 있다.

(4) 포드 메탈(fourth metal)

알루미늄(Al)에 주석(Sn)을 혼합한 것으로 배빗메탈과 켈밋메탈의 장점을 가지는 우수한 베어링으로 최근에 널리 사용된다.

길들임성과 매입성은 켈밋 메탈과 배빗메탈의 중간 정도로 좋지 않기 때문에 배빗메탈로 알루미늄 합금 베어링의 표면을 처리하여 사용하며, 내피로성은 켈밋 메탈보다 우수하다.

7.4 베어링의 윤활

오일 펌프에서 공급되는 오일이 실린더 블록에 설치되어 있는 오일 통로를 통하여 공급되면 저널과 베어링 표면에 윤활 되어 유막을 형성하고 있으므로 금속 간에 마찰을 방지하고 동시에 마찰 부분에서 발생된 마찰열을 흡수하여 베어링의 냉각 작용도 한다.

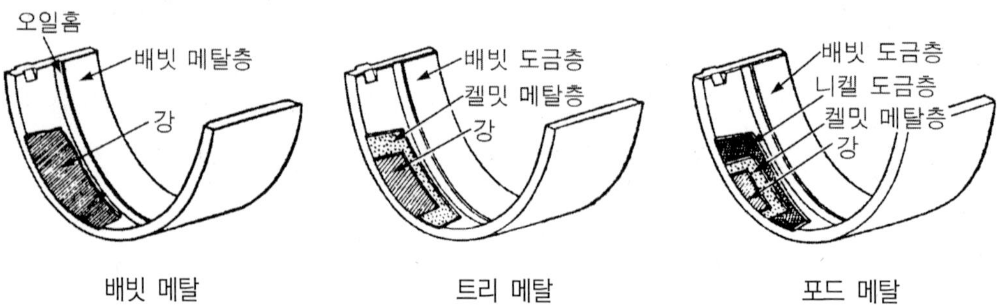

[그림 2-28]

7.5 베어링의 필요 조건

① 반복 하중에 견딜 수 있는 내피로성 일 것

② 고온에서 강도가 저하되지 않는 내마멸성이어야 한다.

③ 이물질을 자체에 흡수하는 매입성 일 것

④ 축의 얼라인먼트에 변화될 수 있는 금속적인 추종 유동성 일 것

⑤ 산화에 대해 저항할 수 있는 내식성 일 것

⑥ 열전도성이 우수하고 셀에 융착성이 좋을 것

⑦ 작동 온도에도 하중 부담 능력이 있을 것

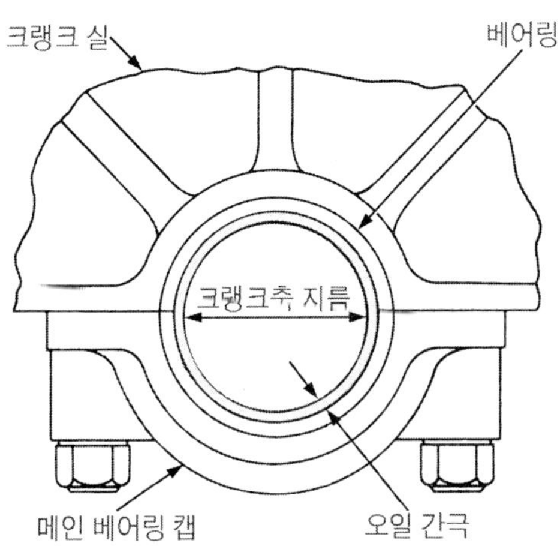

[그림 2-29] 오일 간극

윤활 작용이 완료된 오일은 베어링 측면으로 흘러나와 오일 팬으로 되돌아간다. 따라서 베어링과 저널 사이에는 유막을 항상 형성할 수 있도록 저널의 외경보다 베어링 내경을 조금 크게 하여 윤활 간극을 유지할 수 있도록 하여야 한다. 윤활 간극은 보통 0.038 ~ 0.1mm 정도이다.

♣ **전성(malleability)** : 압축하여 눌렀을 때 넓게 퍼지며 늘어나는 성질을 말한다.

08 밸브 기구(valve train)

밸브 기구는 각 실린더에 설치되어 있는 흡입 및 배기 밸브를 캠의 회전운동을 이용하여 개폐시키는 것으로 밸브의 설치 위치와 연소실의 형상에 따라서 오버헤드 캠축 밸브 기구(OHC), 오버헤드 밸브 기구(OHV)로 분류된다.

[1] 오버헤드 캠축 밸브 기구[OHC : over head cam shaft valve train]

실린더 헤드에 캠축이 1개 또는 2개가 설치되어 밸브를 개폐시키며, 다이렉트형, 스윙암형, 로커암형으로 분류된다.

(1) SOHC형 밸브 기구

캠축에 설치된 캠이 로커암을 통하여 밸브를 개폐시키는 형식으로 밸브의 배치가 직렬형인 경우 쐐기형 연소실이나 욕조형 연소실의 엔진에 사용한다. 구조가 복잡하지만 흡·배기 효율이 양호하며, 반구형 연소실 엔진에 사용된다.

[그림 2-30] SOHC 밸브 기구

(2) DOHC형 밸브 기구

실린더 헤드에 흡입 밸브 개폐용 캠축과 배기 밸브 개폐용 캠축을 각각 설치하고 밸브 스템 엔드 위에 설치된 리프터 또는 스윙암을 캠으로 직접 작동시켜 밸브를 개폐시키는 기구로서 엔진의 성능을 향상시키기 위하여 로커암을 사용하지 않는다. DOHC를 트윈 캠이라고도 한다.

엔진의 출력이 향상되며, 밸브의 양정을 작게 하고 흡입 효율을 향상시키기 위하여 4밸브를 사용한다. 캠축의 구동 방법 및 실린더 헤드의 구조가 복잡하다.

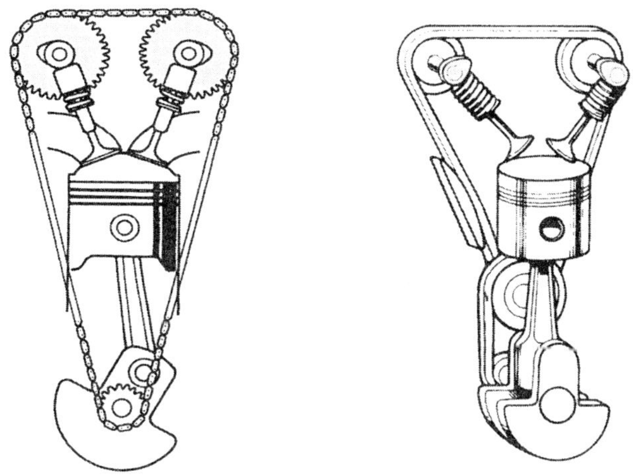

[그림 2-31] DOHC형 밸브기구

[2] 오버헤드 밸브 기구[OHV : over head valve train]

오버헤드 밸브 기구는 캠축이 실린더 블록에 설치되어 있고 흡입 밸브 및 배기 밸브는 실린더 헤드에 설치하여 캠축의 회전운동을 밸브 리프터와 푸시로드 및 로커암을 통하여 밸브를 개폐시키는 형식으로 엔진의 중량을 가볍게 하고 고속 성능을 향상시키기 위하여 캠축이 실린더 블록의 중간 부분에 설치되어 있다.

밸브 간극은 로커암과 밸브 스템 엔드 사이에 설정하며, 흡·배기의 흐름에 대한 저항이 적고 밸브의 크기와 양정을 크게 할 수 있어 흡·배기 효율이 좋다.

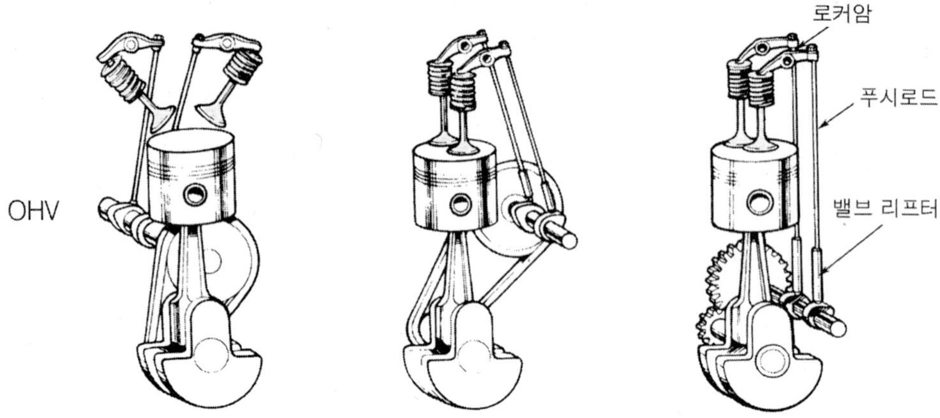

[그림 2-32] OHV형 밸브 기구

8.1 캠축(cam shaft)

[1] 캠축의 기능

캠축은 오버 헤드 밸브 기구(OHV) 엔진의 경우에는 실린더 블록의 측면에 오버 헤드 캠축 밸브 기구(OHC) 엔진의 경우에는 실린더 헤드에 설치되며, 크랭크축에서 전달되는 동력을 이용하여 밸브의 개폐 및 오일 펌프 등을 구동하는 역할을 한다.

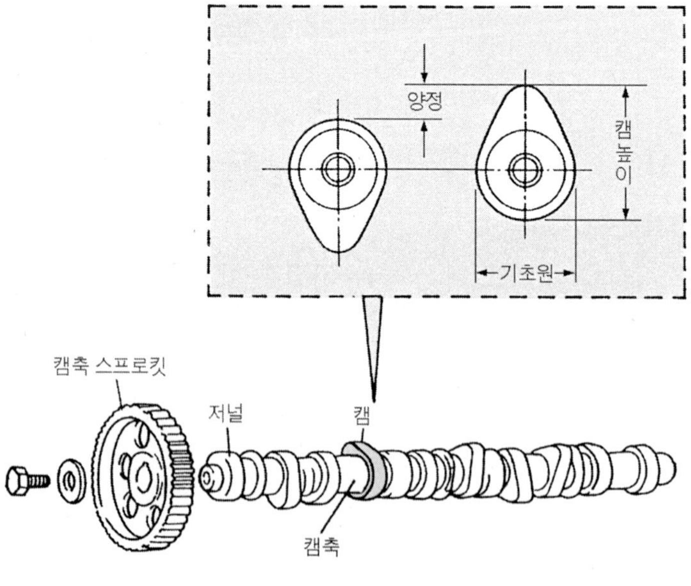

[그림 2-33] 캠축

캠축은 3 ~ 7 개의 베어링으로 지지되어 있으며, 앞부분에 크랭크축에서 전달되는 동력을 받기 위한 스프로킷이나 헬리컬 기어가 설치되어 있다.

[2] 캠축의 재질 및 캠의 구성

캠의 구성은 기초 원이 되는 베이스 서클, 밸브가 완전히 열리는 점으로 노즈, 밸브 리프터 또는 로커암과 접촉되는 플랭크, 밸브가 열려서 닫힐 때까지의 둥근 돌출차의 로브, 기초원과 노스원과의 거리로 밸브의 작동 거리가 결정되는 양정으로 구성되어 있다.

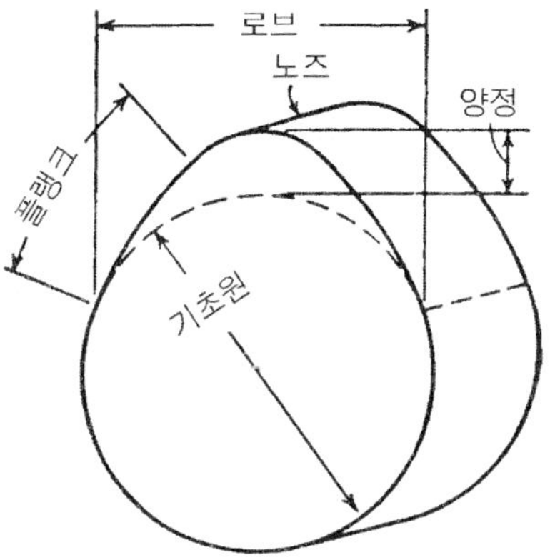

[그림 2-34] 캠의 구성

[3] 캠의 종류

캠의 곡선에 따라 접선 캠, 볼록 캠, 오목 캠으로 분류된다. 밸브 리프터나 로커암과 접촉되는 면은 내마모성을 향상시키기 위하여 표면 경화되어 있으며, 양정은 캠 높이에서 기초원을 뺀 값으로 일반적으로 OHC 형인 경우는 6.5 ~ 8.5mm 정도이고 OHV 형인 경우는 6.1 ~ 6.5mm 정도이다.

[4] 캠축의 구동 방식

캠축은 실린더 헤드 또는 실린더 블록에 설치되어 크랭크축에서 기어, 체인, 벨트 등을 이용하여 동력을 전달받아 크랭크축 회전의 1/2 로 회전한다. 밸브 개폐시기에 따라 흡입 밸브 및 배기 밸브를 개폐시킨다.

(1) 기어 구동식(gear drive type)

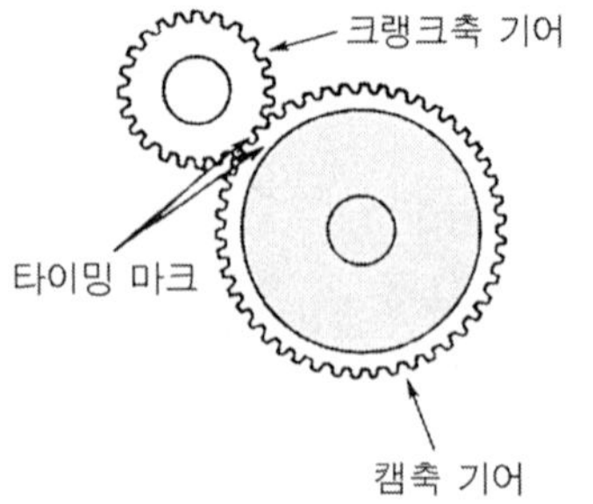

[그림 2-35] 기어 구동식

크랭크축 기어와 캠축 기어는 피스톤의 운동에 맞추어 밸브 개폐시기와 점화시기를 바르게 유지하기 때문에 타이밍 기어라 하며, 타이밍 기어에는 엔진을 분해 조립할 때 밸브 개폐시기를 맞추는 타이밍 마크가 표시되어 있다.

캠축은 크랭크축 회전의 1/2로 회전하여야 하므로 캠축 기어와 크랭크축 기어의 잇수비는 2 : 1이다.

(2) 체인 구동식(chain drive type)

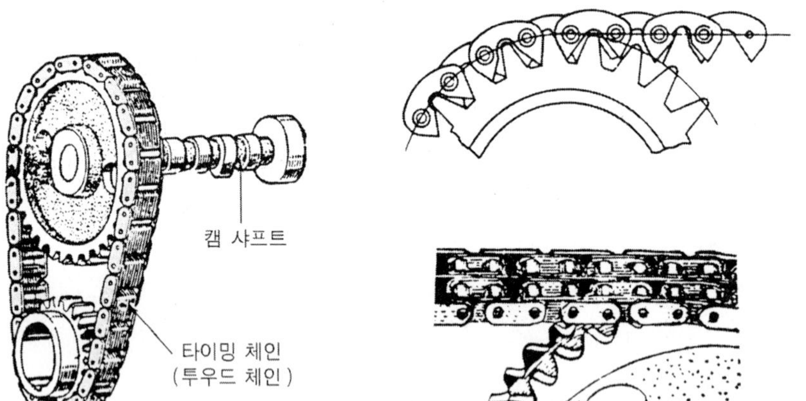

[그림 2-36] 체인 구동 방식

크랭크축과 캠축 앞 끝에 스프로킷을 설치하고 그 사이를 타이밍 기어 대신에 체인을 사용하여 캠축을 구동하는 방식으로 캠축과 크랭크축의 축간 거리가 긴 OHC 엔진에 사용된다. 스프로킷의 재질은 강 또는 주철이 사용되고 스프로킷의 잇수비는 타이밍 기어와 같이 2 : 1 이며, 롤러 체인이나 사일런트 체인이 사용된다.

(3) 벨트 구동식(belt drive type)

크랭크축과 캠축 앞 끝에 스프로킷을 설치하고 그 사이를 타이밍 벨트 사용하여 캠축을 구동하는 방식으로 캠축과 크랭크축의 축간 거리가 긴 OHC 엔진에 사용된다.

벨트의 장력을 조정하는 텐셔너와 아이들러가 설치되어 밸브 개폐시기가 틀려지지 않도록 한다. 벨트 구동식은 체인 구동식과 달리 소음이 발생되지 않고 윤활이 필요 없으며, 벨트를 빼거나 끼울 때에는 손으로 작업하여야 한다.

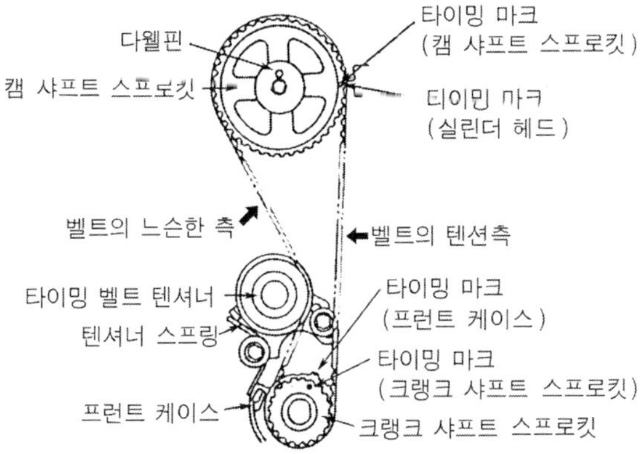

SOHC 벨트 구동식

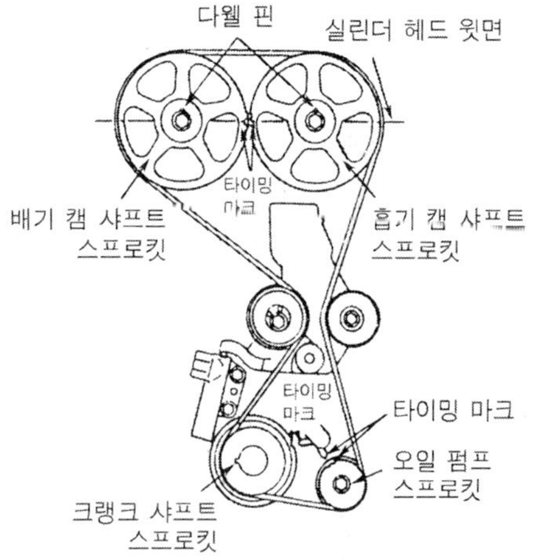

DOHC 벨트 구동식

[그림 2-37]

8.2 밸브 리프터(valve lifter)

[1] 유압식 리프터[hydraulic type lifter]

유압식 밸브 리프터는 개폐시기가 정확히 유지되도록 엔진의 윤활장치에서 공급되는 오일의 유압을 이용하여 온도 변화에 관계없이 항상 밸브 간극을 0 으로 유지시키는 역할을 한다.

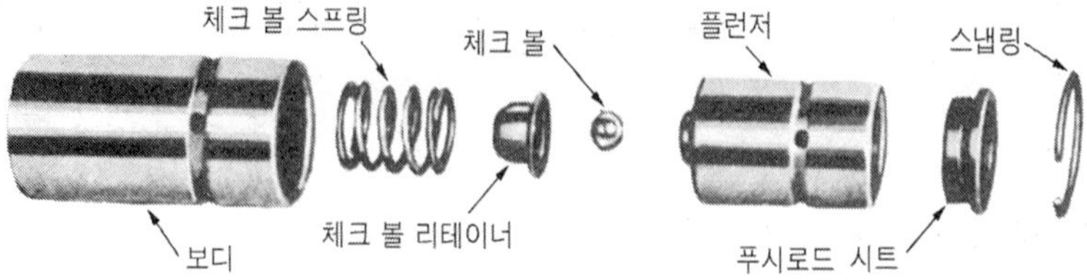

[그림 2-38] 유압식 리프터의 구조

특징으로는 밸브 간극의 점검이나 조정을 하지 않아도 되며, 밸브의 개폐시기가 정확하여 엔진의 성능이 향상된다. 또한 작동이 조용하고 오일에 의하여 충격을 흡수하기 때문에 밸브 기구의 내구성이 향상되지만 오일 펌프나 유압 회로에 고장이 발생되면 작동이 불량하고 구조가 복잡하다.

(1) 밸브가 닫혀 있을 때의 작동

밸브가 닫혀 있을 때는 윤활 장치의 오일 펌프에서 공급된 오일이 리프터 보디와 플런저에 설치된 오일 구멍을 통하여 내면의 보디와 플런저 사이 및 플런저 내면에 오일이 충만 되면 유압이 플런저를 밀어 올려 푸시로드와 로커암이 접촉되기 때문에 밸브 간극이 0으로 유지된다.

(2) 밸브가 열릴 때의 작동

캠의 회전에 의해서 밸브 리프터 보디가 상승하면 플런저 스프링이 압축되기 때문에 플런저와 보디 사이의 유압이 상승되어 체크 볼이 닫혀 진다. 이 때 리프터의 보디와 플런저는 일체가 되어 푸시로드를 밀어 올려 밸브가 열리게 되므로 밸브의 간극이 없는 상태로 작동되어 소음의 발생이 없다.

(3) 밸브가 닫힐 때의 작동

캠 로브가 밸브 리프터를 통과하면 밸브 스프링의 장력에 의하여 밸브가 닫혀짐과 동시에 푸시로드와 리프터가 하강한다. 이 때 플런저와 보디 사이에 설치된 체임버 내의 유압이 저하되어 체크 밸브가 열리므로 윤활장치의 오일이 플런저에 공급되어 작동 중에 누출된 오일 량을 다시 보충하여 플런저를 밀어 올리기 때문에 푸시로드와 로커암의 간극은 0 을 유지하게 된다.

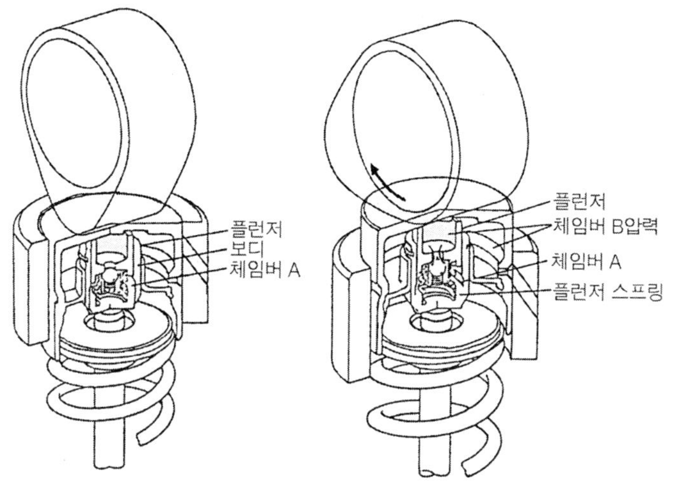

OHC 엔진용 유압식 리프터

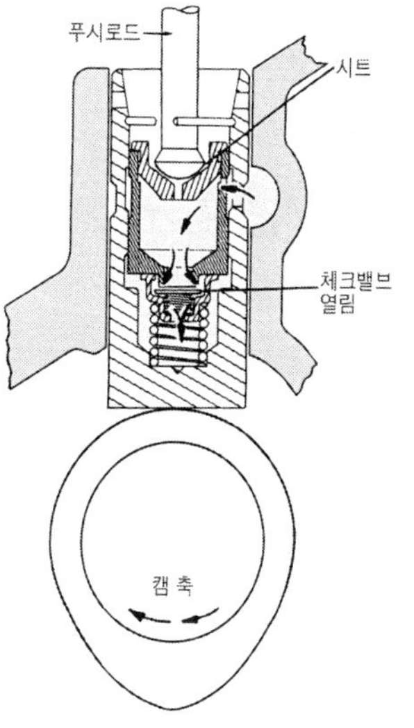

OHV 엔진용 유압식 리프터

[그림 2-39]

[2] 기계식 리프터[mechanical type lifter]

밸브 리프터와 캠이 접촉되는 면의 형상에 따라서 접선 캠에 사용되는 볼록면 리프터, 볼록 캠에 사용되는 평면 리프터, 오목 캠에 사용되는 롤러 리프터로 구분된다.

엔진의 작동 중에 밸브 리프터의 밑면이 편 마모되는 것을 방지하기 위하여 밸브 리프터와 캠을 편심시켜 접촉되도록 한다. 이는 작동 중에 밸브 리프터가 편심에 의해 회전하기 때문에 접촉 부분이 계속해서 바꾸어진다. 열팽창을 고려하여 밸브 간극을 두어야 한다.

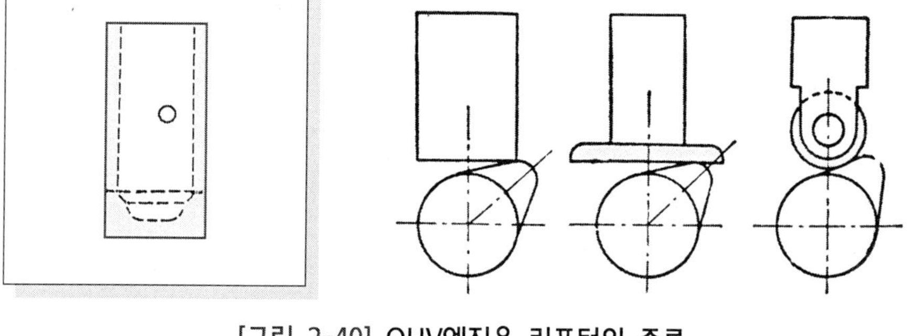

[그림 2-40] OHV엔진용 리프터의 종류

8.3 푸시 로드(push rod)

푸시 로드는 OHV 엔진에서 사용되는 부품으로 로커암과 밸브 리프터를 연결하는 긴 막대로 밸브 리프터의 상하 운동을 로커암에 전달하는 역할을 한다. 푸시 로드는 밸브 스프링의 장력과 운동부분의 관성력이 작용되므로 강성이 있어야 하며, 관성력의 증대를 방지하기 위하여 내부는 중공으로 되어 있다.

또한 로커 암 및 밸브 리프터와 접촉되는 부분은 내마멸성이 커야 하기 때문에 표면 경화되어 있다.

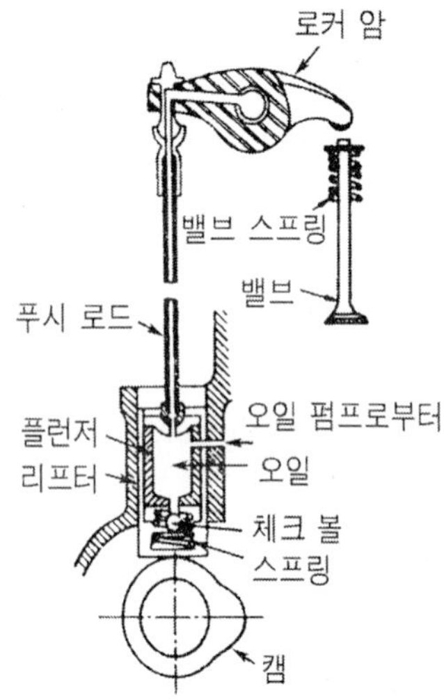

[그림 2-41] OHV 밸브기구

8.4 로커암 축 어셈블리(rocker arm shaft assembly)

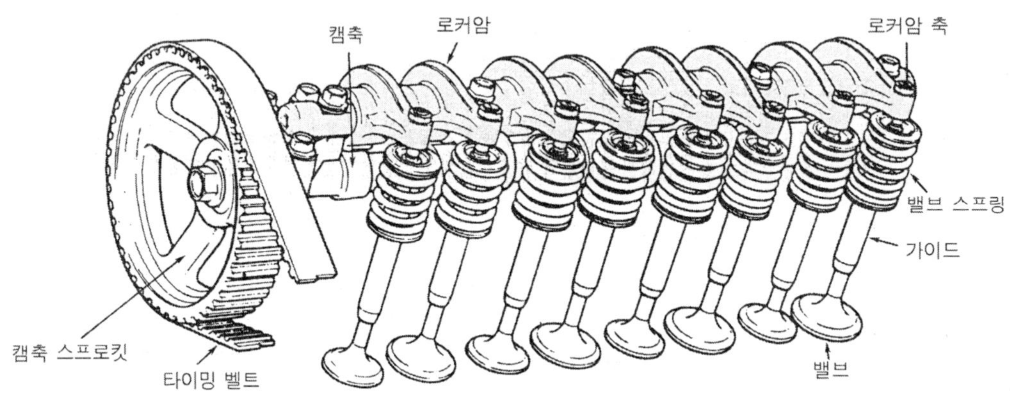

[그림 2-42] 로커암 축 어셈블리

로커암은 로커암 축을 중심으로 원호 운동을 하기 때문에 굽힘이 작용되므로 위쪽에 리브를 두어 강성을 크게 하며, 밸브 또는 캠축과 접촉되는 부분은 마찰이 발생되므로 크롬강이 사용된다. 또한 로커암은 밸브 쪽을 캠쪽 또는 푸시로드 쪽보다 OHV 엔진에서는 1.4 ~ 1.6배 정도, OHC 엔진에서는 1.3 ~ 1.6배 정도 길게 되어 있다.

8.5 밸브(valve)

[1] 밸브의 기능

밸브는 공기 또는 혼합 가스를 실린더에 유입하거나 연소 가스를 대기 중에 배출하는 동시에 압축 및 동력 행정에서는 밸브 시트에 밀착되어 가스의 누출을 방지하는 역할을 하며, 밸브가 열릴 때에는 캠 등의 밸브 기구에 의해서 이루어지고 닫힐 때는 스프링의 장력에 의해서 닫힌다. 포핏 밸브는 밸브 헤드, 마진, 밸브 페이스, 스템, 스템 엔드 등으로 구성되어 있다.

[2] 밸브의 구비 조건

① 충격과 항장력에 잘 견디고 내구력이 있어야 한다.
② 관성력이 증대되는 것을 방지하기 위하여 가능한 가벼워야 한다.
③ 고온 고압에 충분히 견딜 수 있는 강도가 있어야 한다.
④ 혼합 가스나 연소 가스에 접촉되어도 부식되지 않아야 한다.
⑤ 혼합 가스에 이상 연소가 발생되지 않도록 열전도가 양호하여야 한다.

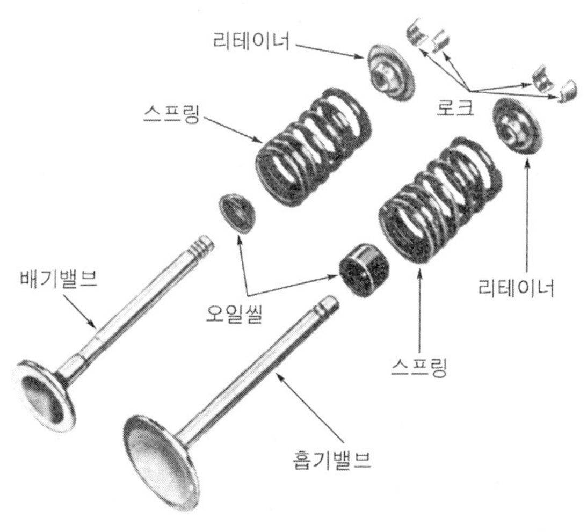

[그림 2-43] **밸브의 구성품**

[3] 밸브의 재질

밸브 스템은 윤활이 불량하기 때문에 작동 중에 밸브 스틱 현상을 방지하기 위하여 질화 처리나 크롬 도금을 하여 내식성, 윤활성, 내마멸성 등을 향상시키기도 하며, 밸브 스템 엔드는 코발트(Co 40 ~ 55%), 크롬(Cr 15 ~ 33%), 텅스텐(W 10 ~ 18%)을 혼합한 합금강으로 내마멸성, 내열성이 큰 스텔라이트를 융착시켜 사용한다.

엔진이 작동중 흡입 밸브는 450 ~ 500℃, 배기 밸브는 700 ~ 800℃ 의 온도를 유지하기 때문에 밸브 스템의 재질은 Cr 7.5 ~ 13%, Ni 2.5 ~ 3%를 혼합한 합금강으로 내마멸성과 내식성이 우수한 페라이트 계의 내열 강을 사용하고 밸브 헤드의 재질은 Cr 14 ~ 26%, Ni 13 ~ 22%, W 2 ~ 3%를 혼합한 합금강으로 내열성과 내식성은 우수하나 내마멸성이 작은 오스테나이트 계의 내열 강이 사용된다.

[4] 밸브의 주요부

(1) 밸브 헤드(valve head)

밸브 헤드는 고온 고압가스에 노출되어 작동중에 흡입 밸브는 450 ~ 500℃, 배기 밸브는 700 ~ 800℃를 항상 유지하고 있기 때문에 큰 하중에 견디고 변형을 일으키지 않아야 한다.

엔진의 출력을 증대시키기 위해서는 밸브 헤드의 지름을 크게 하여야 한다. 따라서 흡입 밸브 헤드의 지름은 흡입 효율을 증대시키기 위하여 배기 밸브 헤드의 지름보다 크며, 배기 밸브 헤드의 지름은 열 손실을 감소시키기 위하여 적게 제작한다.

내구력이 크고 열전도가 잘 되어야 하며, 관성이 증대되지 않도록 경량이어야 한다.

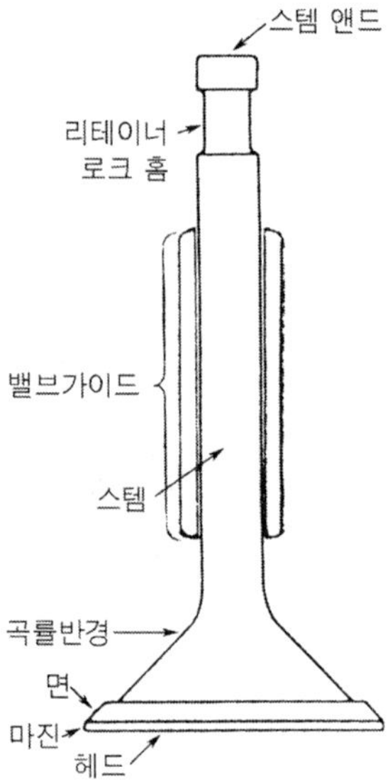

[그림 2-44] 밸브의 주요부

(2) 밸브 마진(valve margin)

밸브 마진은 기밀 유지를 위하여 고온과 충격에 대한 지탱력을 가져야 하므로 두께가 보통 1.2mm 정도이다. 두께가 얇으면 시트에 접촉되었을 때 고온, 고압에 의하여 마진이 변형되기 때문에 기밀 유지가 어렵게 된다. 그러므로 마진의 두께가 0.8mm 이하가 되면 교환한다.

(3) 밸브 스템(valve stem)

밸브 스템은 관성력이 증대되지 않도록 가벼워야 하며, 열의 전달 면적을 크게 하기 위하여 지름을 크게 해야 한다. 밸브 스템의 지름은 밸브 지름의 0.2 ~ 0.28% 정도이다. 흡입 밸브 스템의 지름은 혼합 가스의 압력도 낮고 흐름에 대한 유동 저항을 감소시키며 혼합 가스에 의해서 냉각되므로 배기 밸브 스템의 지름보다 작게 설계한다.

밸브 스템은 윤활이 불충분하기 때문에 마멸을 고려하여 경도가 커야 한다.

(4) 밸브 스템 엔드(valve stem end)

밸브 스템 엔드는 캠이나 로커암과 충격적으로 접촉되는 부분으로서 밸브의 열팽창을 고려하여 밸브 간극이 설정되는 곳이므로 스템 엔드는 평면으로 연마되어야 한다.

(5) 밸브 페이스(valve face)

밸브 페이스는 밸브 시트에 밀착되어 혼합 가스의 누출을 방지하는 기밀 작용과 밸브 헤드의 열을 시트에 전달하는 냉각 작용을 한다. 페이스와 시트의 접촉 폭은 1.5 ~ 2.0mm 이며 밸브 페이스 각은 30°, 45°, 60° 의 3가지 종류가 있으나 흡입 및 배기 밸브 모두 45° 로 통일하여 제작되고 있으며, 밸브 헤드의 열은 시트를 통하여 75% 냉각한다.

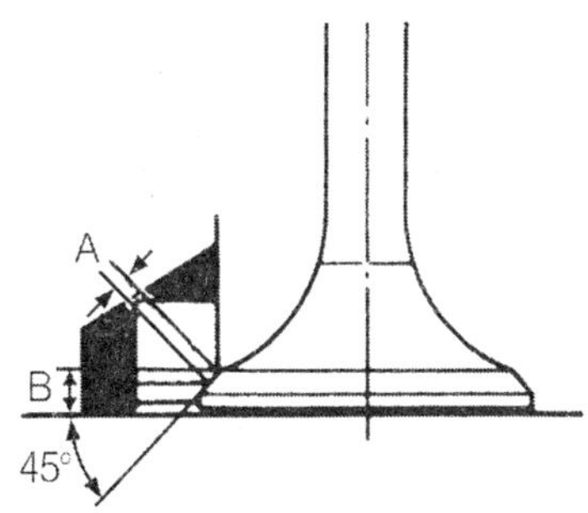

[그림 2-45] 밸브 페이스 각도

8.6 밸브 시트(valve seat)

밸브 시트는 밸브 페이스와 접촉되어 연소실의 기밀 작용과 연소시에 받는 밸브 헤드의 열을 실린더 헤드에 전달하는 작용을 하며, 밸브 시트의 각은 30°, 45° 의 것이 있으며, 작동 중에 열팽창을 고려하여 밸브 페이스와 밸브 시트 사이에 1/4 ~ 1° 정도의 간섭각을 두고 있다. 밸브의 간섭각을 두는 이유는 작동 중에 마진보다 페이스 부분이 열팽창이 크기 때문에 엔진이 정상적인 작동 온도에 이르면 밸브 시트와 페이스의 밀착이 원활하게 이루어지도록 하기 위함이다. 시트의 폭은 1.4 ~ 2.0mm 정도로서 배기 밸브의 시트 폭이 밸브 냉각을 위하여 조금 크게 되어 있다.

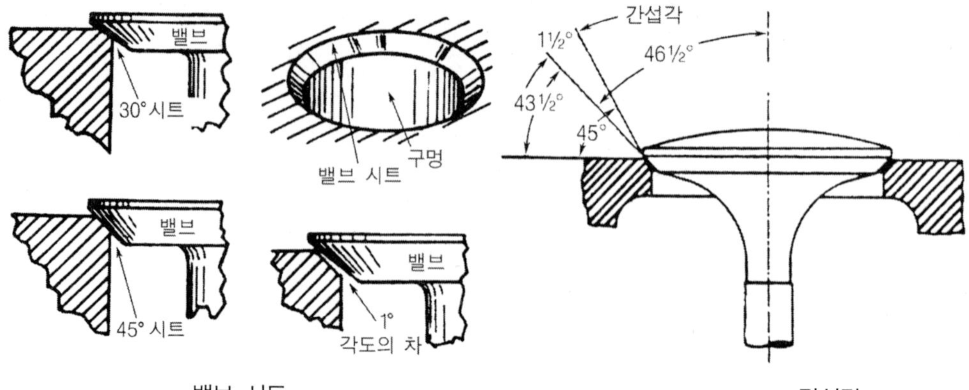

[그림 2-46]

8.7 밸브 가이드(valve guide)

밸브 가이드는 밸브가 작동할 때 밸브 페이스와 밸브 시트의 접촉이 바르게 되도록 밸브 스템을 안내하는 역할을 한다. 밸브 가이드와 스템의 간극은 보통 0.015 ~ 0.070mm 정도이다.

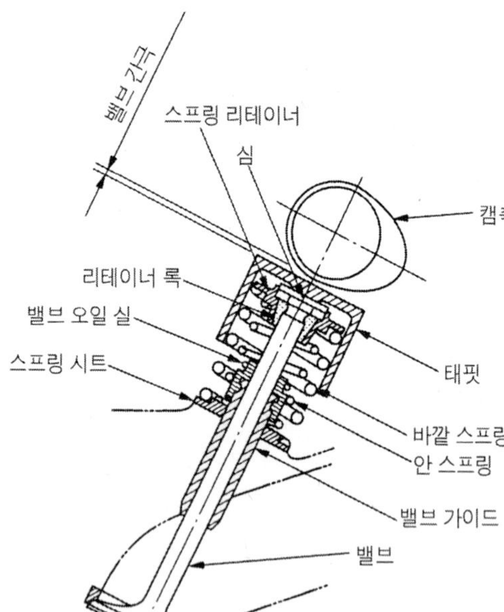

[그림 2-47] **밸브 가이드**

8.8 밸브 스프링(valve spring)

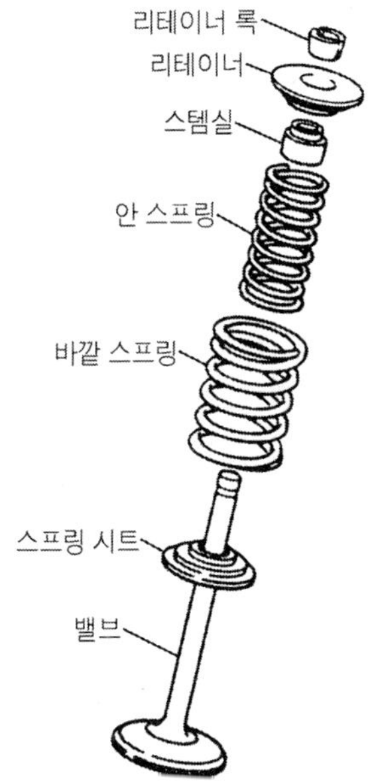

[그림 2-48] **밸브 스프링 구성품**

밸브 스프링은 엔진이 작동 중에 밸브가 캠의 형상에 따라서 정확하게 작동이 되도록 하며, 밸브가 닫혀 있는 동안 밸브 시트와 밸브 페이스를 밀착시켜 기밀을 유지하는 역할을 한다.

[1] 밸브 스프링의 구비 조건

① 밸브 스프링의 고유 진동인 서징을 일으키지 않을 것.

② 엔진의 최고 회전속도에서 견딜 수 있는 정도의 내구성이 있을 것.

③ 밸브 페이스와 밸브 시트가 접촉되어 기밀을 유지하도록 충분한 장력이 있을 것.

♣ **밸브 스프링 점검 항목 :**

① **스프링 장력** : 규정값의 15% 이내일 것

② **스프링 직각도** : 자유 높이 100mm 당 3mm 이내일 것

③ **스프링 자유 높이** : 규정값의 3% 이내일 것

③ 스프링 접촉면은 2/3 이상 수평일 것

[2] 밸브 스프링의 서징[surging]

서징이란 밸브가 캠에 의하여 7,000 회 이상 개폐될 때 밸브 스프링의 고유 진동과 같거나 또는 그 정수배가 되었을 때 밸브 스프링은 캠에 의한 강제 진동과 스프링 자체의 고유 진동이 공진하여 캠에 의한 작동과 관계없이 진동이 발생되는 것으로 서징이 발생되면 밸브의 개폐가 부정확하고 스프링의 일부에 큰 압축력과 변형이 발생되며, 이로 인하여 스프링이 파손된다.

(1) 밸브 스프링의 서징(surging)방지법

밸브 스프링의 서징 현상을 방지하기 위해서는 고유 진동수가 서로 다른 2중 스프링을 사용하여 공진을 상쇄시키고 정해진 양정 내에서 충분한 스프링 정수를 얻도록 하거나 부등 피치의 스프링을 사용한다. 또한 밸브 스프링의 고유 진동수를 높게 하거나 부등 피치의 원뿔형 스프링을 사용하여 서징을 방지한다.

[그림 2-49] 밸브 스프링의 종류

8.9 밸브 스프링 리테이너(valve spring retainer) 및 리테이너 록

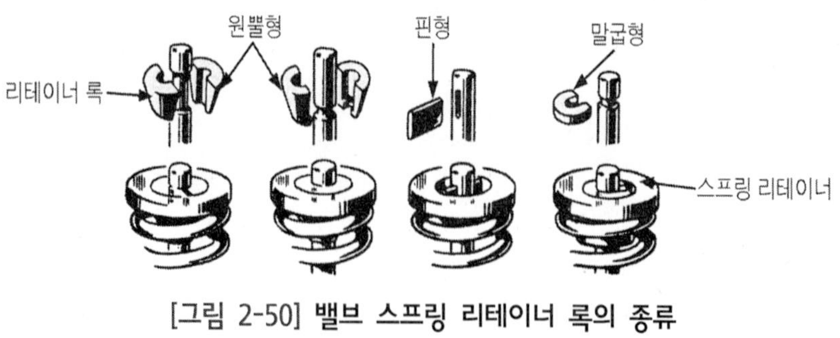

[그림 2-50] 밸브 스프링 리테이너 록의 종류

밸브 스프링 리테이너와 리테이너 록은 밸브 스프링을 밸브 스템에 고정시키는 부품으로 밸브 스프링의 하단부는 실린더 헤드에 고정되고 상단부는 리테이너와 리테이너 록에 의하여 밸브 스템에 고정된다. 리테이너 록은 말굽형, 핀형, 원뿔형 등으로 분류되며, 현재는 원뿔형이 가장 많이 사용된다.

8.10 밸브 개폐 시기(valve timing)

엔진에 사용되는 밸브는 정확히 상사점이나 하사점에서 열리지 않고 가스 흐름의 관성을 이용하기 위해서 상사점 전후 또는 하사점 전후에서 열리고 닫힌다. 밸브의 열림 각도는 SOHC 엔진의 경우 236° 이고 DOHC 엔진의 경우는 256 ~ 312° 이며, 밸브 개폐시기를 표시하는 그림을 밸브 개폐 시기 선도라 한다.

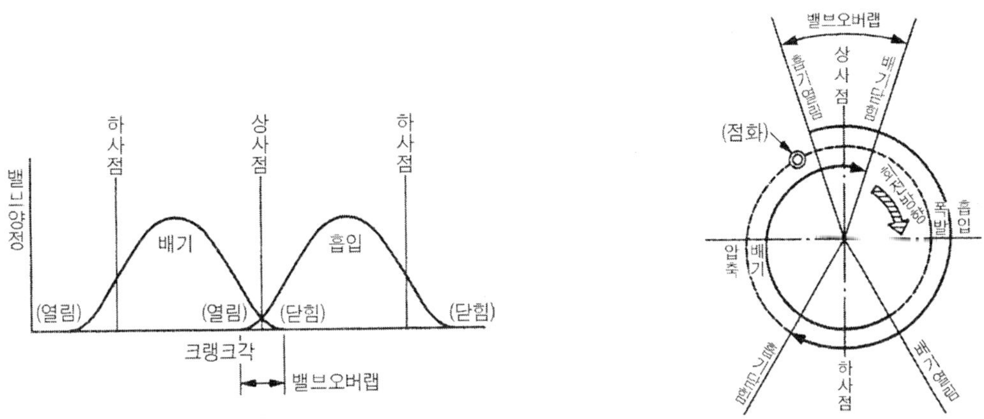

[그림 2-51] **밸브 개폐 시기 선도**

흡입 밸브의 개폐 시기는 초기에 가스 흐름의 관성이 늦어지기 때문에 상사점 전 10 ~ 30° 에서 열리며, 가스 흐름의 관성을 충분히 이용하고 체적 효율을 향상시키기 위하여 하사점 후 45 ~ 60° 에서 닫힌다.

배기 밸브의 개폐 시기는 배기 효율을 향상시키기 위하여 동력 행정에서의 잔압으로 배출시키기 때문에 하사점 전 45 ~ 60° 에서 열리며, 상사점 부근에서는 배기 통로가 좁아짐과 동시에 배기가스의 관성을 이용하고 배기 효율을 향상시키기 위하여 상사점 후 10 ~ 30° 에서 닫힌다.

흡입 밸브는 상사점 전 10 ~ 30° 에서 열리고 배기 밸브는 상사점 후 10 ~ 30° 에서 닫히기 때문에 흡입 밸브와 배기 밸브가 동시에 열려 있게 되는데 이것을 밸브 오버랩이라 한다.

밸브 오버랩을 두는 이유는 공기나 혼합 가스가 흐름의 관성이 있으므로 배기가스 흐름의 관성을 충분히 이용하여 흡입 및 배기 효율을 향상시키기 위함이다.

8.11 밸브 회전 기구(valve swivel train)

밸브는 엔진이 작동할 때 스프링의 압축 및 신장에 의하여 어느 방향이던 회전하지만 밸브 회전 기구를 설치하여 회전시키는 엔진도 있다. 밸브 회전 기구는 밸브가 완전히 열린 상태에서 엔진의 진동에 의하여 회전하는 릴리스 형식과 밸브가 열릴 때 강제적으로 회전시키는 포지티브 형식이 있다.

[1] 밸브 회전 기구를 두는 목적

밸브를 개폐시킬 때마다 조금씩 회전시키는 것은 밸브 시트에 쌓이는 카본을 밀어내어 퇴적이 되는 것을 방지하므로 밸브 페이스와 시트의 밀착을 양호하게 하여 밸브의 마멸을 방지한다. 또한 밸브 스템과 가이드에도 카본이 퇴적되는 것을 방지하여 밸브의 스틱 현상을 방지한다. 밸브 스프링의 장력은 중심에 대하여 평행하게 작용하지 않기 때문에 밸브 페이스와 밸브 시트의 전 둘레에 걸쳐 접촉력이 가해지지 않는다.

따라서 밸브 스템과 가이드, 밸브 페이스와 밸브 시트도 편심 접촉이 되므로 편 마멸이 된다. 그러므로 밸브를 회전시켜 편마멸을 방지하며, 밸브를 회전시키므로 밸브 헤드의 온도를 균일하게 유지할 수 있다.

8.12 밸브 간극(valve clearance)

밸브 간극은 엔진이 작동 온도에 이르렀을 때 밸브 기구가 열팽창 되는 양만큼 냉간시에 밸브 스템과 로커암 사이의 간극으로서 조정 스크루로 조정하게 되어 있다.

흡입 밸브는 흡입되는 새로운 공기 및 혼합 가스에 의해서 냉각되므로 배기 밸브보다 열팽창이 작아 0.15 ~ 0.35mm 이고 배기 밸브는 열을 수반하는 배기가스와 접촉되어 열팽창이 크므로 0.25 ~ 0.4mm 정도이다.

밸브 간극이 크면 밸브가 충분히 열리지 못하기 때문에 흡·배기 효율이 저하되고 로커암이 밸브 스템 엔드와의 접촉이 충격적으로 이루어지기 때문에 마멸 및 소음이 발생된다. 밸브 간극이 작으면 열팽창으로 밸브 페이스와 시트의 접촉이 불량하게 되므로 블로백(blow back)현상이 발생되어 엔진의 출력이 저하된다.

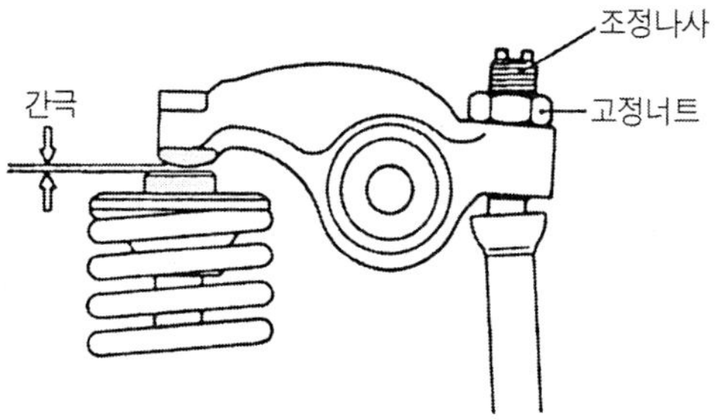

[그림 2-52] **밸브 간극**

Chapter

3

냉각장치

1. 냉각장치의 필요성 및 냉각 방식
2. 수냉식의 주요 구조와 기능
3. 냉각수와 부동액

01 냉각장치의 필요성 및 냉각 방식

작동중인 엔진의 동력 행정에서 발생되는 1,500~2,000℃열을 냉각시켜 엔진의 온도를 알맞게 유지시키는 장치이며, 엔진의 실린더 헤드 물 재킷에서 나오는 냉각수의 정상적인 작동 온도는 75~85℃()이다.

♣ **엔진이 과열되었을 때의 영향**

㉮ 조기 점화(早期點火) 또는 노크가 발생한다.
㉯ 작동 부분의 고착 및 변형이 발생한다.
㉰ 윤활 불충분으로 각 부품이 손상된다.
㉱ 냉각수 순환이 불량해지고, 금속의 산화가 촉진된다.

♣ **엔진이 과냉되었을 때의 영향**

㉮ 연료가 쉽게 기화하지 못한다.
㉯ 엔진 오일의 점도가 높아져 시동할 때 회전 저항이 커진다.
㉰ 연료 소비율이 증가한다.
㉱ 연료의 응결로 연소가 불량해진다.

1.1 엔진의 냉각 방식

엔진을 냉각시키는 방법에는 공기로 엔진의 외부(外部)를 냉각시키는 공냉식(空冷式)과 냉각수를 사용하여 엔진의 내부(內部)를 냉각시키는 수냉식(水冷式)이 있다.

[1] 공냉식[air cooling type]

공냉식은 엔진을 대기(大氣)와 직접 접촉시켜서 냉각시키는 방법으로 냉각수의 보충, 누출, 동결(凍結) 등의 염려가 없고 구조가 간단하여 취급이 쉬운 장점이 있으나 기후, 운전 상태 등에 따라 엔진의 온도가 변화하기 쉽고 냉각이 균일하지 못한 단점이 있다. 공냉식에는 강제 통풍식과 자연 통풍식이 있다.

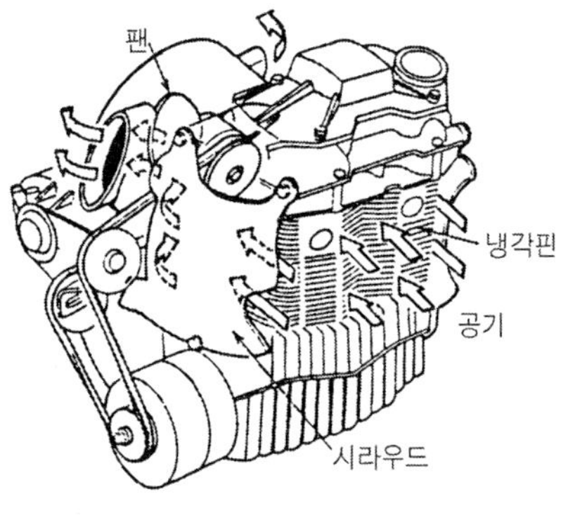

(a) 강제 통풍식

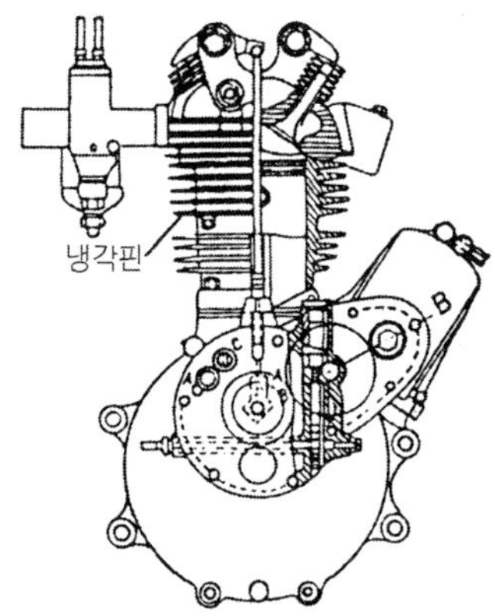

(b) 자연 통풍식

[그림 3-1] 공냉식 엔진

(1) 강제 통풍식(强制通風式)

강제 통풍식은 냉각 팬(cooling fan)을 사용하여 강제로 많은 양(多量)의 공기를 엔진으로 보내어 냉각하는 것이다. 냉각 팬은 크랭크축에 벨트로 연결되어 있으며 엔진을 균일하게 냉각시키기 위하여 엔진 주위를 덮개(shroud)로 감싸고 이곳을 냉각 공기가 통과하도록 되어 있다.

(2) 자연 통풍식(自然通風式)

자연 통풍식은 자동차가 주행할 때 받는 공기로 냉각시키는 것으로, 실린더 헤드와 블록과 같이 과열되기 쉬운 부분에 냉각 핀(cooling fin)을 두고 있다.

[2] 수냉식[water cooling type]

수냉식은 냉각수를 사용하여 엔진을 냉각시키는 방식이며, 냉각수로는 연수(軟水)를 사용하여야 한다. 수냉식은 냉각수를 순환시키는 방식에 따라 압력 순환식, 강제 순환식, 자연 순환식, 밀봉 압력식 등이 있다.

(1) 압력 순환식(壓力循環式)

압력 순환식은 냉각 계통을 밀폐시키고, 냉각수가 가열되어 팽창할 때의 압력이 냉각수에 압력을 가하여 냉각수의 비등점(沸騰點)을 높여 비등에 의한 손실을 감소시킬 수 있는 방식이다. 압력의 조절은 라디에이터 캡의 압력 밸브로 하며, 특징은 라디에이터의 크기를 작게 제작할 수 있고, 냉각수 보충 횟수를 줄일 수 있으며 엔진의 열효율도 높일 수 있다.

(2) 강제 순환식(强制循環式)

강제 순환식은 물 펌프로 실린더 헤드와 블록에 설치된 물 재킷 내에 냉각수를 순환시켜 냉각시키는 것이다.

(3) 자연 순환식(自然循環式)

자연 순환식은 냉각수를 대류(對流)에 의해 순환시키는 것이며, 현재의 고성능 엔진에서는 부적합하다.

(4) 밀봉 압력식(密封壓力式)

밀봉 압력식은 라디에이터 캡으로 압력이 조절되지만 냉각수가 가열 팽창하였을 때 오버 플로 파이프(over flow pipe)로 팽창된 냉각수가 배출된다. 이러한 결점을 보완하여 냉각수의 팽창과 맞먹는 크기의 보조 물탱크를 설치하여 냉각수가 팽창하였을 때 외부로 배출되지 않도록 한 방식이다. 특징은 장시간 냉각수 량을 보충하지 않아도 된다.

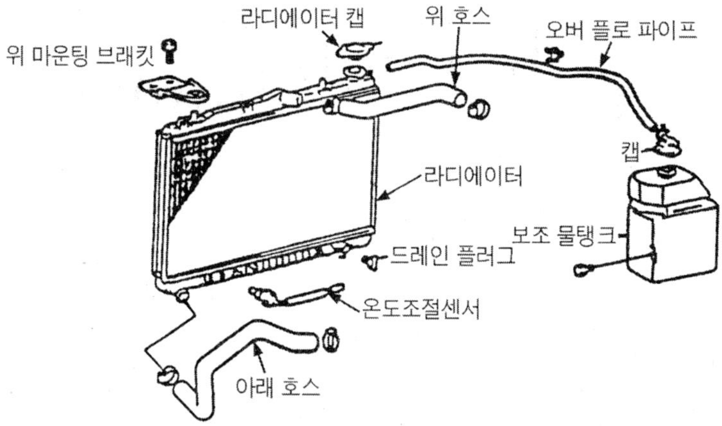

[그림 3-2] 밀봉 압력 방식의 구조

02 수냉식의 주요 구조와 기능

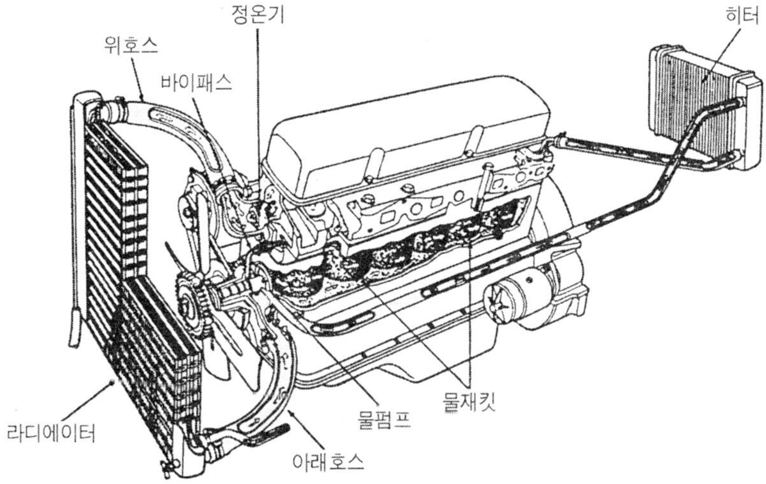

[그림 3-3] **수냉식의 주요 구조**

[1] 물 재킷[water jacket]

물 재킷은 실린더 헤드 및 블록에 연결된 구조로 된 냉각수가 순환하는 물 통로이다. 이 물 재킷을 지나는 냉각수가 실린더 벽과 밸브 및 연소실 등의 열을 냉각시킨다.

[2] 물 펌프[water pump]

물 펌프는 구동 벨트를 통하여 크랭크축에 의해 구동되며, 실린더 헤드 및 블록의 물 재킷 내로 냉각수를 순환시키는 원심력(遠心力)펌프이다.

♣ **원심력 펌프의 원리 :** 밀폐된 용기 내에 냉각수를 가득 채우고 그 안에서 날개(impeller)를 회전시키면 용기 주위의 압력은 높아지고, 중앙의 압력은 낮아지게 된다. 이러한 용기의 중앙에 파이프를 설치하면 냉각수가 흡입되어 주위의 파이프로 냉각수를 배출시킬 수 있다.

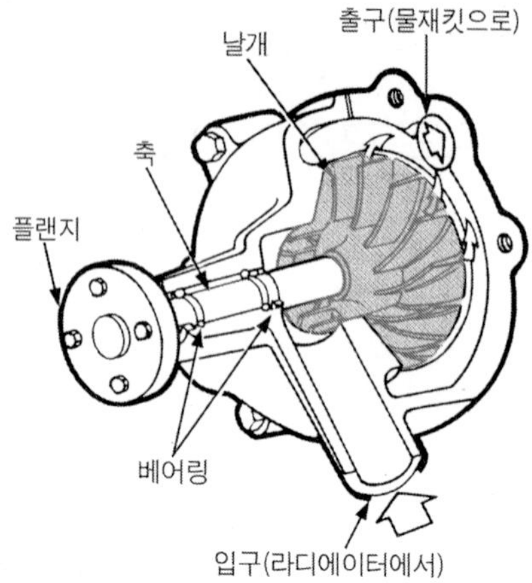

[그림 3-4] 물펌프의 구조

[3] 냉각 팬[cooling fan]

냉각 팬은 강철판이나 플라스틱으로 만든 4~6개의 날개로 되어 있고, 라디에이터 뒤쪽에 약간의 거리를 두고 설치되어 있다.

최근에는 냉각 팬의 회전을 자동적으로 조절하여 냉각 팬의 구동으로 소비되는 엔진의 출력을 최대한으로 감소시키고 엔진의 과다한 냉각이나 냉각 팬의 소음을 감소시키기 위해 팬 클러치 방식이나 전동기 방식이 사용된다.

(1) 팬 클러치 방식(fan clutch type)

팬 클러치 방식은 반자동 팬이라고도 하며, 냉각 팬의 회전을 엔진의 온도에 의해 자동적으로 회전을 조절하여 냉각 팬의 구동 손실을 가능한 감소시키고 엔진의 과다한 냉각이나 소음을 줄이기 위해 사용한다.

① **유체 커플링식**(fluid coupling type) : 이 방식은 물 펌프와 냉각 팬 사이에 실리콘 오일을 봉입한 유체 커플링을 설치한 것이며, 동력 전달은 실리콘 오일의 저항을 이용한다. 유체 커플링은 엔진이 저속으로 회전할 때는 냉각 팬이 물 펌프와 같은 속도로 회전을 하지만, 고속 회전에서 냉각 팬의 회전 저항이 증가하면 유체 커플링에 미끄럼이 발생하여 냉각 팬의 회전속도는 물 펌프의 회전속도보다 낮아지므로 소음이나 냉각 팬의 구동 손실을 감소시킬 수 있다.

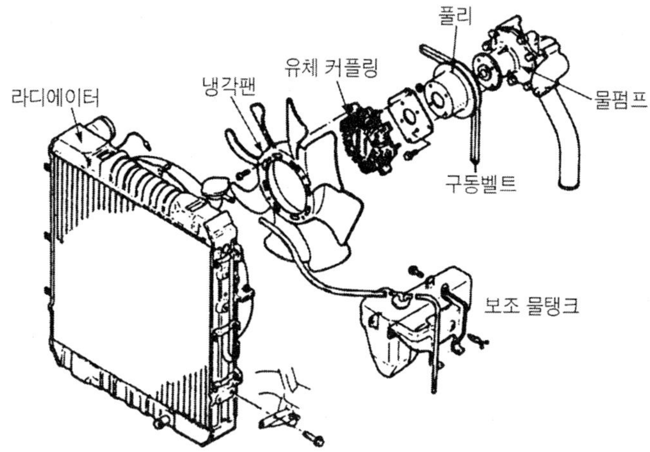

[그림 3-5] 유체 커플링식 냉각 팬

② **팬 클러치식**(fan clutch type) : 이 방식은 물 펌프와 냉각 팬 사이에 바이메탈에 의한 온도 조절기가 설치되며, 냉각 팬의 회전속도는 라디에이터를 통과하는 공기의 온도에 의해 결정된다. 그리고 냉각 팬의 작동은 분배판 조절 구멍으로 유동하는 실리콘의 오일량에 비례하는 회전력으로 결정되며, 오일량이 많아지면 회전력이 증가하여 냉각 팬의 회전속도가 빨라진다.

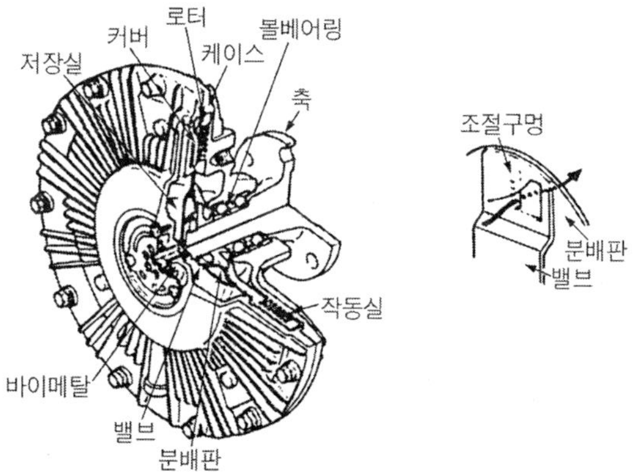

[그림 3-6] 팬 클러치의 구조

(2) 전동기 방식(Motor type)

이 방식은 전동기로 냉각 팬을 구동시키는 것이며, 배터리 전원으로 작동한다. 작동은 수온 센서로 냉각수 온도를 감지하여 어떤 온도에 도달하면 ON(냉각 팬 회전)되고, 어떤 온도 이하가 되면 OFF(냉각 팬 회전 정지)된다. 이 방식의 장점은 라디에이터의 설치 위치가 자유롭고, 난방이 빨라지며, 일정한 풍량(風量)을 확보할 수 있어 엔진이 공전하거나 복잡한 시내를 주행할 때에도 충분한 냉각 효과를 얻을 수 있다. 그러나 값이 비싸고 냉각 팬을 구동하는 소비 전력과 소음이 큰 단점이 있다. 전동기 방식은 일반적으로 냉각수 온도가 85℃이상 되면 전동기가 구동되고 75℃이하이면 전동기의 구동이 정지된다.

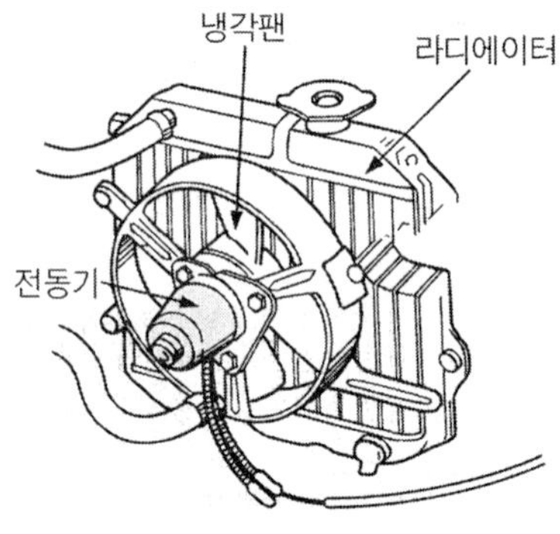

[그림 3-7] 전동기 방식 냉각 팬

[4] 구동 벨트[drive belt or fan belt]

(1) 구 조

이 벨트는 이음새가 없는 고무제 벨트를 사용하며 크랭크축 풀리, 발전기 풀리, 물 펌프 풀리 등을 연결 구동한다. V-벨트는 각 풀리의 양쪽 경사진 부분에 접촉되어야 하며 풀리 밑바닥에 닿으면 미끄러지며, 접촉면 V의 각도는 40° 이다. 최근에는 V-벨트 대신 안쪽에 돌기를 둔 벨트와 풀리를 사용하고 있다.

(2) 장력 점검·조정 방법

구동 벨트의 장력 점검은 발전기 풀리와 물 펌프 풀리 사이에서 점검하며 10kgf의 힘으로 눌렀을 때 6~10mm의 헐거움이면 양호하다. 그리고 장력 조정은 발전기 브래킷의 고정 볼트를 풀고 발전기를 이동시키면 된다.

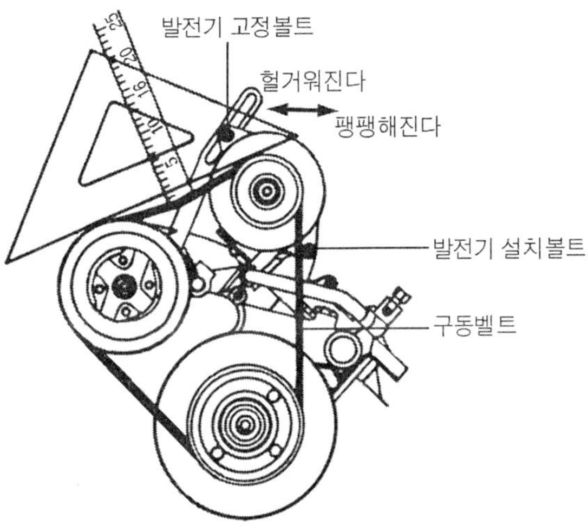

[그림 3-8] **구동 벨트 장력 점검·조정**

♣ **구동벨트 장력이 너무 팽팽하면**

① 물 펌프의 고속 회전으로 엔진이 과냉될 염려가 있다.

② 각 풀리의 베어링 마멸이 촉진된다.

♣ **구동벨트 장력이 너무 헐거우면**

① 물 펌프 회전속도가 느려 엔진이 과열되기 쉽다.

② 발전기의 출력이 저하된다.

③ 소음이 발생하며, 구동 벨트의 손상이 촉진된다.

[5] 라디에이터[radiator ; 放熱器]

(1) 라디에이터의 기능

라디에이터는 실린더 헤드 및 블록에서 뜨거워진 냉각수가 라디에이터 위 탱크로 들어오면 수관(튜브)을 통하여 아래 탱크로 흐르는 동안 자동차의 주행속도와 냉각 팬에 의하여 유입되는 대기와의 열 교환이 냉각핀에서 이루어져 냉각된다. 냉각 효과는 라디에이터와 냉각 팬, 물 펌프의 성능에 따라 좌우된다. 그리고 라디에이터의 구비 조건은 다음과 같다.

① 가볍고 작으며, 강도가 클 것

② 공기 흐름 저항이 적을 것

③ 냉각수 흐름 저항이 적을 것

④ 단위 면적 당 방열량이 클 것

(2) 라디에이터의 구조

라디에이터는 위쪽에 위 탱크, 라디에이터 캡, 오버플로 파이프, 입구 파이프 등이 있고, 중간에는 코어(수관과 냉각 핀)가 있으며 아래쪽에는 출구 파이프와 냉각수 배출용 드레인 플러그가 설치되어 있다.

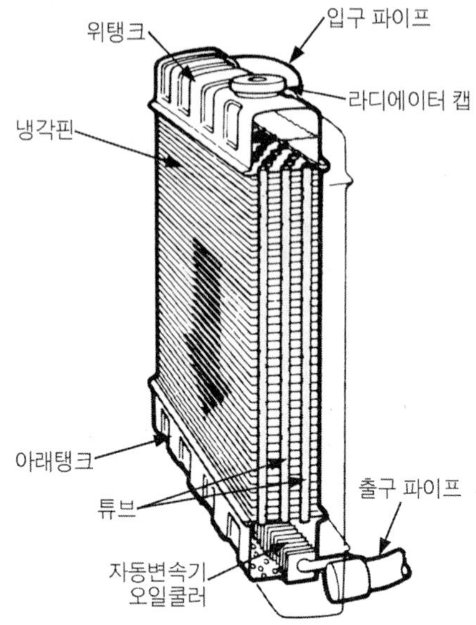

[그림 3-9] **라디에이터 구조**

① **코어의 재질 및 구조** : 코어는 냉각수가 흐르는 수관과 냉각핀으로 구성되어 있으며, 재질은 열전도성이 큰 얇은 판재의 구리나 황동이다. 최근에는 알루미늄을 주로 사용하며 냉각핀의 종류에는 평면 판을 일정한 간격으로 설치한 플레이트 핀(plate fin), 핀이 파도 모양으로 된 코루케이트 핀(corrugate fin), 그리고 수관이 벌집 모양으로 된 리본 셀룰러 핀(ribbon cellular fin) 등이 있다.

② **라디에이터 캡**(radiator cap) : 라디에이터 캡은 냉각수 주입구 뚜껑이며, 냉각장치 내의 비등점(비점)을 높이고, 냉각 범위를 넓히기 위하여 압력식 캡을 사용한다. 압력식 캡의 압력은 게이지 압력으로 0.2~0.9kgf/cm² 정도이며 이때 냉각수 비등점은 112℃정도이다.

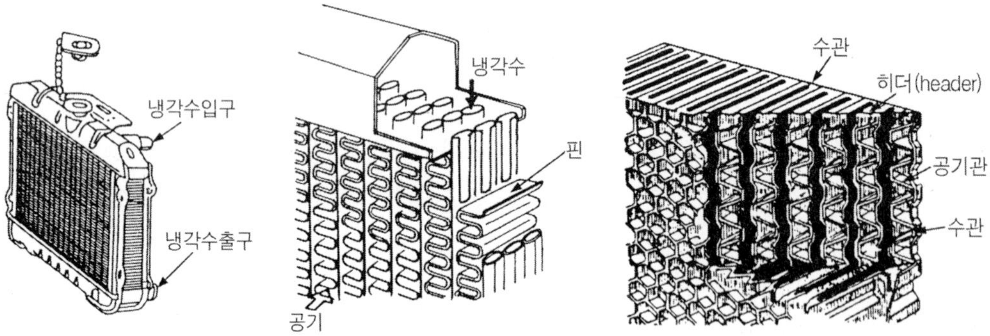

(a) 플레이트 핀 (b) 코루게이트 핀 (c) 리본 셀룰러 핀

[그림 3-10] **냉각 핀의 종류**

냉각수가 냉각된 상태에서는 압력 밸브와 진공(부압)밸브는 밸브 스프링의 장력으로 각각 시트에 밀착되어 냉각장치 내의 기밀(氣密)을 유지하고 엔진이 작동되어 냉각장치 내의 압력이 규정값 이상이 되면 압력 밸브가 스프링 장력을 이기고 열려 과잉 압력의 수증기가 오버 플로 파이프(over flow pipe)를 거쳐 배출된다. 냉각수의 냉각으로 냉각장치 내의 압력이 부압(負壓)으로 되면 부압에 의해 진공 밸브가 그 스프링을 누르고 열려 압력 순환식의 경우에는 라디에이터 내로 대기(大氣)가 유입되고, 밀봉 압력식의 경우에는 보조 물탱크 내의 냉각수가 들어가 라디에이터 수관의 파손을 방지한다.

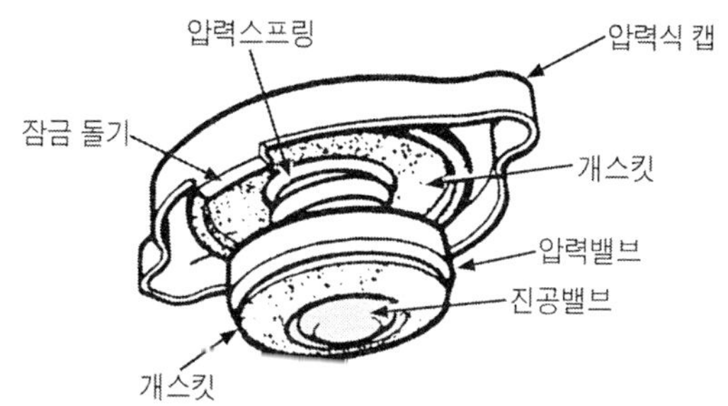

(a) 압력식 캡의 구조

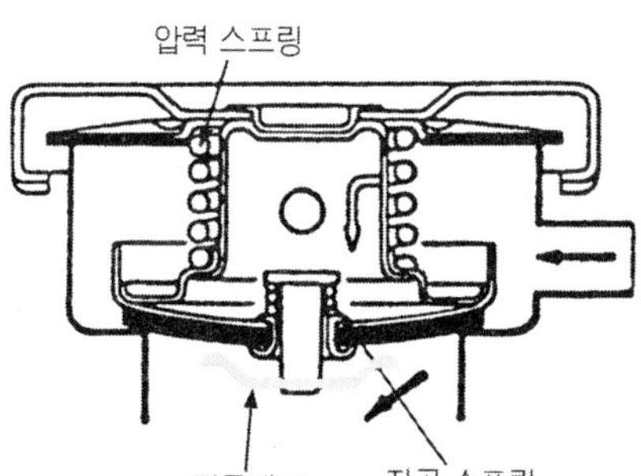

(b) 압력이 낮을 때

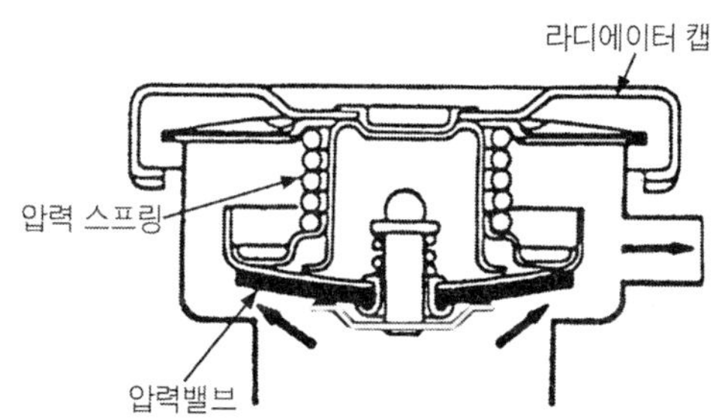

(c) 압력이 높을 때

[그림 3-11] 라디에이터 캡의 작동

♣ 액체를 가압(加壓)하면 냉각이 잘 되는 것은 액체의 비등 온도가 액면에 가하는 압력에 따라서 변화하며, 액체에 따라 다소 차이는 있으나 일반적으로 액체를 가압하면 비등점이 상승하고, 감압하면 비등이 내려가는 성질이 있다.

[6] 정온기[수온 조절기 : thermostat]

정온기는 실린더 헤드 물 재킷 출구 부분에 설치되어 냉각수의 온도에 따라 냉각수 통로를 개폐하여 엔진의 온도를 알맞게 유지하는 기구이다. 작동은 냉각수의 온도가 차가울 때는 정온기가 닫혀서 라디에이터쪽으로 냉각수가 흐르지 못하게 하고, 냉각수가 가열되면 점차 열리기 시작하여 정상 온도가 되면 완전히 열려서 냉각수가 라디에이터로 순환한다. 정온기의 종류에는 바이메탈형, 벨로즈형, 펠릿형 등이 있으며, 현재는 펠릿형 이외에는 사용하지 않고 있다.

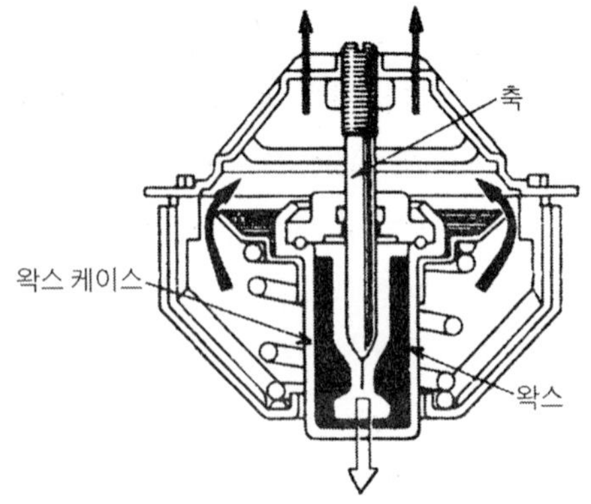

[그림 3-12] 펠릿형 정온기

2.1 수온계

수온계는 실린더 헤드 물 재킷 내의 냉각수 온도를 표시하는 것이며, 종류는 부든 튜브식, 전기식(밸런싱 코일식, 서모스탯 바이메탈식, 바이메탈 저항식)으로 분류된다. 현재 사용하고 있는 밸런싱 코일방식의 작동은 다음과 같다.

[1] 밸런싱 코일식[balancing coil type]

이 방식은 계기부와 엔진 유닛부로 구성되어 있으며, 엔진 유닛부에는 서미스터를 두고 있다. 서미스터는 전기 저항이 저온에서는 크고, 온도가 상승함에 따라 감소하는 성질이 있다.

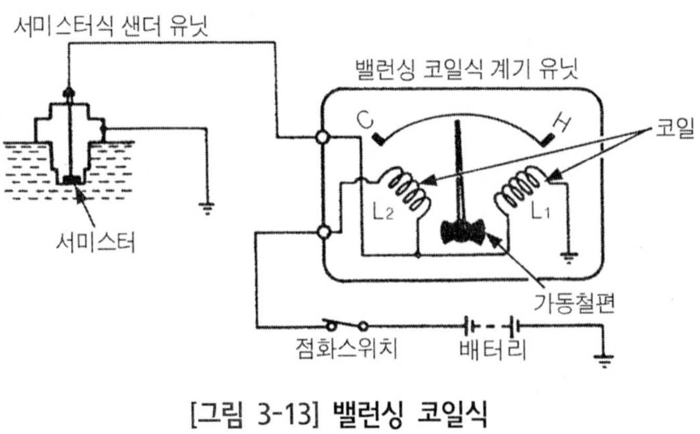

[그림 3-13] 밸런싱 코일식

밸런싱 코일식 그림에서 냉각수 온도가 낮을 때는 서미스터의 저항이 크기 때문에 코일 L_1 에 흐르는 전류가 증가하여 가동 철편은 코일 L_1 쪽이 만드는 자장의 방향으로 회전하여 온도계의 지침이 C(Cool)쪽에 머물게 된다. 냉각수의 온도가 상승하면 서미스터의 저항값이 감소하기 때문에 코일 L_1 쪽에 흐르는 전류가 감소하여 가동 철편은 코일 L_2 쪽이 만드는 자장의 방향으로 회전하여 지침이 H(High)쪽으로 움직여 L_1 과 L_2 의 자장이 평형을 이루는 지점에 머물게 된다.

03 냉각수와 부동액

3.1 냉각수[冷却水]

엔진에서 사용하는 냉각수는 연수(증류수, 수돗물, 빗물)를 사용하며 물은 구하기 쉽고, 열을 잘 흡수하는 장점이 있으나 100℃에서 비등하고, 0℃에서 얼며 스케일(scale)이 생기는 단점이 있다.

3.2 부동액[不凍液]

냉각수가 동결되는 것을 방지하기 위하여 냉각수와 혼합하여 사용하는 액체이며, 그 종류에는 에틸렌글리콜, 메탄올, 글리세린 등이 있으며 현재는 에틸렌글리콜이 주로 사용된다.

(1) 에틸렌글리콜의 특징

① 비등점이 197.2℃, 응고점이 최고 −50℃이다.
② 금속 부식성이 있으며, 팽창계수가 크다.
③ 도료를 침식하지 않는다.
④ 엔진 내부에 누출되면 교질 상태의 침전물이 생긴다.
⑤ 냄새가 없고 휘발하지 않으며, 불연성이다.

(2) 메탄올의 특징

① 비등점이 80℃정도이므로 휘발성이 크다.
② 알코올이 주성분이며, 응고점이 −30℃이다.
③ 가연성(可燃性)이며 도료(塗料)를 침식시킨다.

(3) 글리세린의 특징

① 비중이 커 혼합할 때 잘 저어야 한다.
② 금속에 대한 부식성이 있다.

3.3 부동액의 구비 조건

① 물과 혼합이 잘 될 것
② 내부식성이 크고, 팽창계수가 적을 것
③ 휘발성이 없고, 순환이 잘 될 것
④ 비등점이 물보다 높아야 하며 응고점은 물보다 낮을것
⑤ 침전물이 없을 것

3.4 부동액 혼합 비율

부동액의 혼합 비율은 그 지방 최저 온도보다 5~10℃ 더 낮은 기준으로 사용하며, 부동액의 농도(비중)는 비중계로 측정한다.

♣ 수냉식 엔진의 과열 원인

① 수온 조절기가 닫힌 채 고장이 났다.
② 물 펌프의 작동이 불량하다.
③ 구동 벨트의 장력이 너무 적거나 파손되었다.
④ 라디에타 코어, 라디에타 호스, 냉각 팬이 파손되었다.
⑤ 물 재킷 내에 스케일이 쌓여 코어가 20%이상 막혔다.

Chapter

4

윤활장치

1. 엔진 오일의 작용과 구비 조건
2. 엔진 오일의 분류
3. 엔진에 오일을 공급하는 방식
4. 오일 공급 장치

01 엔진 오일의 작용과 구비 조건

윤활 장치는 엔진 내부의 각 미끄럼 운동부에 오일을 공급하여 마찰열로 인한 베어링의 고착(固着) 등을 방지하기 위해 미끄럼 운동 면 사이에 유막(oil film)을 형성하여, 마찰력이 매우 큰 고체 마찰을 마찰력이 작은 액체 마찰로 바꾸어 주는 작용을 말한다.

여기에서 사용되는 오일을 엔진 오일이라 부르며, 유막을 유지하기 위해 지속적으로 오일을 공급해주는 장치를 윤활장치라 한다.

1.1 엔진 오일의 작용

(1) 마찰 감소 및 마멸 방지 작용

이 작용은 엔진 오일 기능의 기본이자 아주 중요한 기능중 하나이다. 미끄럼 운동 부분에 유막을 형성하여 마찰 부분 및 베어링에 윤활함으로써 마찰을 감소시켜 마멸을 방지하는 작용이다.

(2) 열전도 작용

이 작용은 각 미끄럼 운동부에서 마찰로 인하여 발생한 열을 오일 팬이나 오일 냉각기를 통하여 냉각시키는 작용이다.

(3) 실린더 내의 가스 누출 방지(밀봉, 기밀 유지)작용

이 작용은 실린더와 피스톤 사이에 유막을 형성하여 블로바이가 발생하지 않도록 기밀을 유지시키는 작용이다.

(4) 세척(청정)작용

이 작용은 엔진 각부를 순환하는 오일에 의해 먼지, 카본 및 금속 분말 등의 불순물을 흡수하여 오일 팬으로 운반한다. 오일 팬에서 다시 윤활 부분으로 공급될 때 펌프 스트레이너, 오일 여과기를 거쳐 공급되므로 깨끗한 오일이 공급된다.

(5) 부식 방지(방청)작용

이 작용은 유막을 형성하여 외부의 공기나 수분의 침투를 막아 금속이 부식(腐植)되는 것을 방지하는 작용이다.

(6) 완충(응력 분산)작용

이 작용은 동력행정 또는 노크 등으로 인해 순간적으로 큰 충격이 가해질 때 유막이 파손되어 고착을 일으키게 된다. 오일은 액체의 성질로서 부분적인 압력을 액(液) 전체에 분산시켜 평균화시키는 작용을 한다.

♣ 마찰(摩擦)이란 미끄럼 운동하는 두 물체 사이에 작용하는 저항력을 말하며 고체 마찰, 경계 마찰, 액체 마찰 등이 있다.

1.2 엔진 오일의 구비 조건

① 강인한 유막을 형성할 것(유성이 좋을 것)
② 점도지수가 커 온도와 점도와의 관계가 적당할 것
③ 인화점 및 자연 발화점이 높을 것
④ 응고점(凝固點)이 낮을 것
⑤ 기포 발생 및 카본 생성에 대한 저항력이 클 것
⑥ 비중과 점도가 적당할 것

02 엔진 오일의 분류

엔진 오일의 분류에는 점도에 따라 분류하는 SAE분류, 엔진의 사용 조건 및 온도에 따라 분류하는 API분류와 SAE 신 분류가 있다.

2.1 SAE 분류

이것은 SAE(Society of Automotive Engineers ; 미국자동차기술협회)에서 제정한 오일

로서 SAE 번호로 그 점도를 표시하며 번호가 클수록 점도가 높은 오일이다. SAE분류는 다음과 같다.

(1) 겨울철용 엔진 오일

겨울철에는 기온(氣溫)이 낮아서 오일의 유동성이 저하되기 때문에 낮은 점도의 오일이 필요하다. 만약, 점도가 너무 높은 오일을 사용하면 점도가 높아져 크랭크축의 회전 저항이 커져 기동이 어렵다. 겨울철에는 SAE 5W, 10W, 20W, 10, 20을 사용한다. 여기서 문자 W는 겨울철(winter)용을 의미하며, 점도 측정을 −17.78℃에서 한 것이다. 문자 W가 없는 경우는 100℃에서 점도를 측정한 것이다.

(2) 봄·가을철용 엔진 오일

봄, 가을철용은 겨울철용보다는 점도가 높고, 여름철용보다는 점도가 낮은 오일이며 SAE # 30을 주로 사용한다.

(3) 여름철용 엔진 오일

여름철용은 기온이 높기 때문에 오일의 점도가 높아야 하며 SAE # 40, 50을 주로 사용한다.

(4) 전 계절용 오일(multi grade oil)

이 오일은 저온에서 엔진이 시동될 수 있도록 점도가 낮고, 고온에서도 오일의 기능을 발휘할 수 있다. 전계절용 또는 다급 오일이라고도 부르며 SAE 5W-20, 10W-30, 20W-40 등이 있다.

2.2 API 분류

이것은 API(America Petroleum Institute ; 미국석유협회)에서 제정한 오일이며, 가솔린 엔진용(ML, MM, MS)과 디젤 엔진용(DG, DM, DS)으로 구분되어 있다.

(1) 가솔린 엔진용

① ML(Motor Light) : 경 부하용에서 사용한다.

② MM(Motor Moderate) : ML과 MS 사이에 해당하는 중 부하용 오일이다.

③ MS(Motor Severe) : 고온·고 부하로 인하여 오일의 온도가 높고, 산화가 격렬하게

일어나는 가혹한 조건에서 가솔린에 의해 희석(稀釋)이 많은 엔진에서 사용한다.

(2) 디젤 엔진용

① DG(Diesel General) : 황(S)분이 적은 경유를 사용하고, 알맞은 온도와 부하에서 사용되며 마멸이나 침전물에 문제가 없는 디젤 엔진에서 사용한다.

② DM(Diesel Moderate) : 침전물이나 마멸이 발생할 경향이 비교적 크며, 시판용(市販用) 경유를 사용하고 중 부하 운전 조건에서 사용된다.

③ DS(Diesel Severe) : 고온·고 부하 및 출발, 정지, 장시간 연속 운전 등의 가혹한 조건이며, 황 성분이 많은 저질 경유를 사용하거나 과급기가 부착된 디젤 엔진에서 사용한다.

2.3 SAE 신 분류

이것은 SAE가 ASTM(미국재료시험협회), API 등과 협력하여 새로 제정한 오일이며, 가솔린 엔신용은 S(Service), 디젤 엔진용은 C(Commercial)로 하여 다시 A, B, C, D …… 알파벳순으로 그 등급을 정하고 있다. SAE 신분류와 API 구분류의 관계는 다음과 같다.

(1) 가솔린 엔진용

SAE 신 분류	API구분류	비 고
SA	ML	경부하용, 광물성오일 사용
SB	MM	중부하용, 산화방지제 사용
SC SD SE	MS	1964년 MS, 고온, 고부하용 1968년 MS, 1972년 MS

(2) 디젤 엔진용

SAE 신 분류	API구분류	비 고
CA	DG	소형 디젤엔진용 오일
CB, CC	DM	소 · 중형 디젤엔진용, 경부하에서 중부하까지 운전하는 엔진용
CD, CE	DS	고속 · 고부하 및 과급기가 부착된 엔진용

♣ **점도 지수 :** 오일의 점도는 온도가 상승하면 점도가 낮아지고, 온도가 낮아지면 점도가 높아지는 성질이 있는데 이 변화 정도를 표시하는 것이며, 점도지수가 높은 오일일수록 점도변화가 작다. 엔진 오일의 점도지수는 120~140 정도이다.

♣ **점도(viscosity)란 :** 액체를 유동시킬 때 발생하는 액체의 내부저항 또는 마찰을 말하며, 오일의 가장 중요한 성질이다.

♣ **유성 :** 오일이 금속 마찰 면에 유막을 형성하는 성질을 말한다.

03 엔진에 오일을 공급하는 방식

엔진 오일을 각 윤활부에 공급하는 방법에는 비산식, 압송식, 비산 압송식 등이 있다.

3.1 비산식[飛散式]

이 방식은 오일펌프가 없으며 커넥팅 로드 대단부에 부착한 주걱(오일 디퍼)으로 오일 팬 내의 오일을 크랭크축이 회전할 때 원심력으로 퍼 올려 뿌려주는 방식이다. 구조는 간단하나 오일의 공급이 고르지 못하여 실린더 수가 많은 엔진에서는 부적합하다.

3.2 압송식[押送式]

이 방식은 오일펌프에 의해 흡입된 오일이 실린더 블록에 마련된 주 오일 통로로 들어가 크랭크축, 캠축 베어링 및 밸브 기구에 공급되고, 크랭크축에는 메인 저널과 크랭크 핀의 오일 구멍을 통하여 공급된다. 순환하는 유압은 2~3kgf/cm^2 정도이며 각 주유 부분에 급유를 골고루 할 수 있다, 베어링에 항상 완전한 급유가 가능하나 여과기나 관이 막히면 급유가 불가능해진다.

3.3 비산 압송식[飛散押送式]

이 방식은 비산식과 압송식을 조합한 형식이며, 크랭크축과 캠축 베어링, 밸브 기구 등에 압송 방식으로 공급하고, 실린더 벽, 피스톤 링과 핀 등에는 커넥팅 로드 대단부에서 뿌려지는 오일로 윤활하는 방식이다. 현재 가장 많이 사용되고 있다.

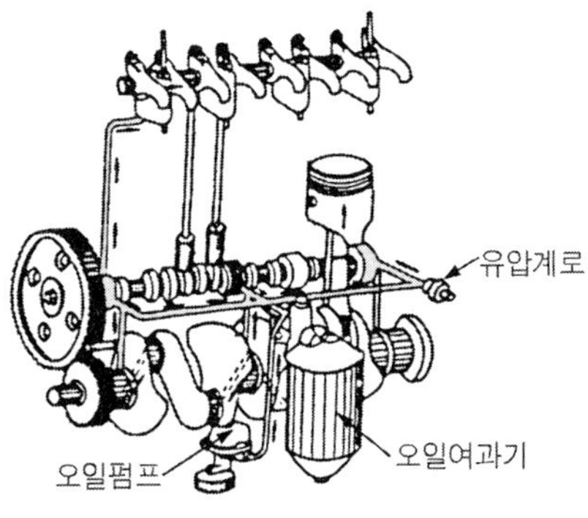

(a) 압송식

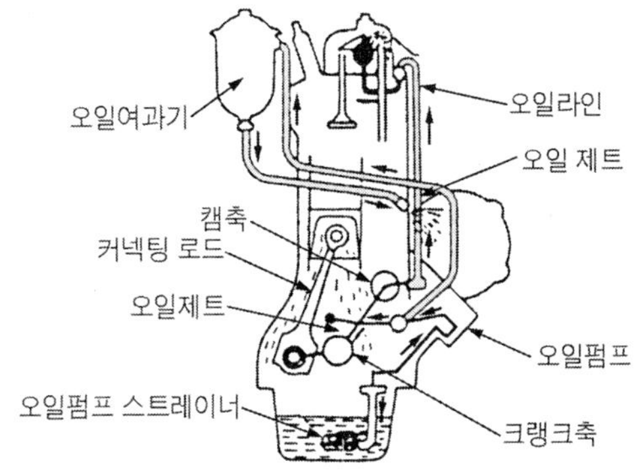

(b) 비산 압송식

[그림 4-1]

04 오일 공급 장치

4.1 오일 공급 장치의 구성 요소

① 오일 팬(아래 크랭크 실) ② 펌프 스트레이너 ③ 오일 펌프
④ 오일 여과기 ⑤ 유압 조절 밸브 ⑥ 유면 표시기
⑦ 유압계와 유압 경고등 ⑧ 오일 냉각기

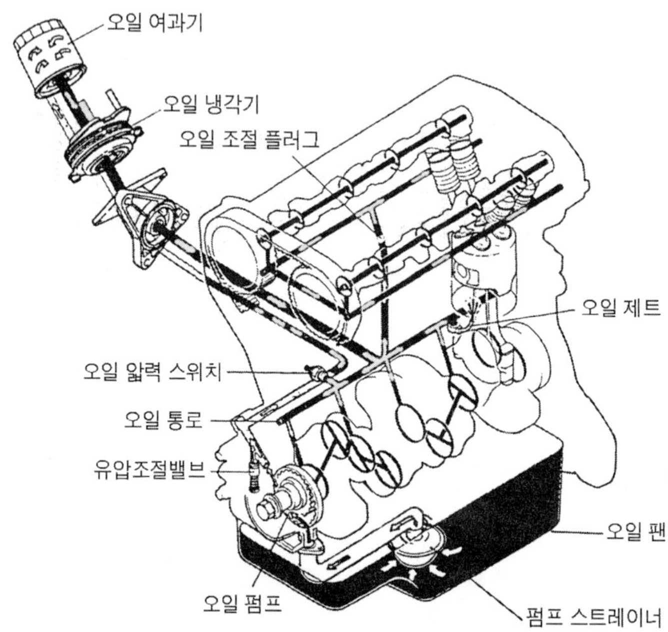

[그림 4-2] 엔진 오일 공급 장치

4.2 오일 공급 장치의 구조와 기능

(1) 오일 팬(oil pan)

오일 팬은 오일이 담겨지는 용기이며, 오일의 냉각작용도 한다. 재질은 강철판을 주로 사용하며 실린더 아래쪽에 개스킷을 사이에 두고 볼트로 고정되어 있다.

오일 팬에는 차량이 기울어졌을 때에도 오일이 충분히 고여 있도록 하는 섬프(sump)를 두며, 급제동할 때 오일의 유동으로 인해 오일이 한쪽으로 쏠리는 것을 방지하는 칸막이(baffle)를 설치하기도 한다. 또 아래쪽에는 오일을 교환할 때 오일을 배출시키기 위한 드레인 플러그(drain plug)가 있다.

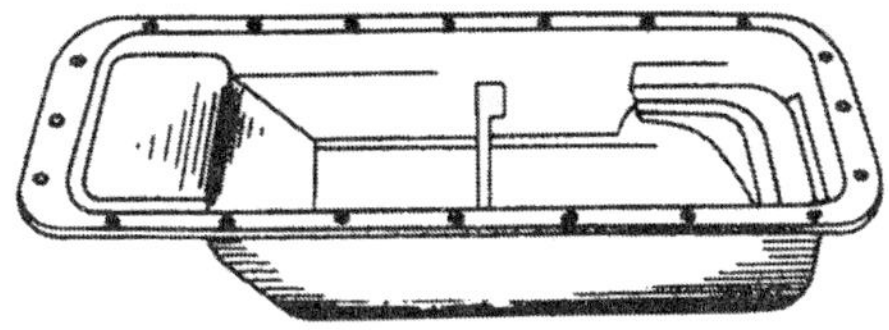

[그림 4-3] 오일 팬의 구조

(2) 펌프 스트레이너(pump strainer)

펌프 스트레이너는 오일 팬 섬프 내의 오일을 펌프로 유도해주는 것이며, 오일 속에 포함된 비교적 큰 불순물을 여과하는 스크린이다.

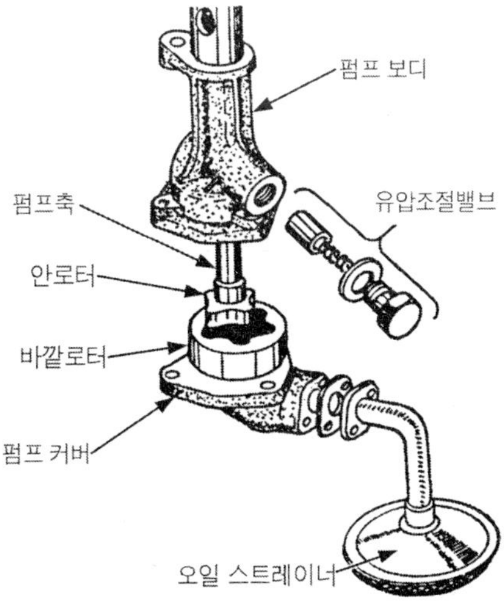

[그림 4-4] 펌프 스트레이너

(3) 오일펌프(oil pump)

오일펌프는 스트레이너를 거쳐 오일을 흡입한 후 압력을 가하여 각 윤활부에 압송하는 기구이며, 크랭크축이나 캠축으로 구동된다. 오일펌프의 능력은 송유량과 송유 압력으로 표시하며 그 종류에는 기어 펌프, 로터리 펌프, 플런저 펌프, 베인 펌프 등이 있다.

① **기어 펌프**(gear pump) : 기어 펌프는 펌프 보디에 구동 기어와 피동 기어가 조립되어 있다. 작동은 구동 기어가 회전하면 피동 기어는 역 방향으로 회전하여 펌프실 내에 진공이 발생한다. 이에 따라 오일이 흡입되고 기어 이 사이에 끼어 출구쪽으로 운반되어 송출된다. 기어 펌프에는 외접형(外接形)과 내접형(內接形)이 있다.

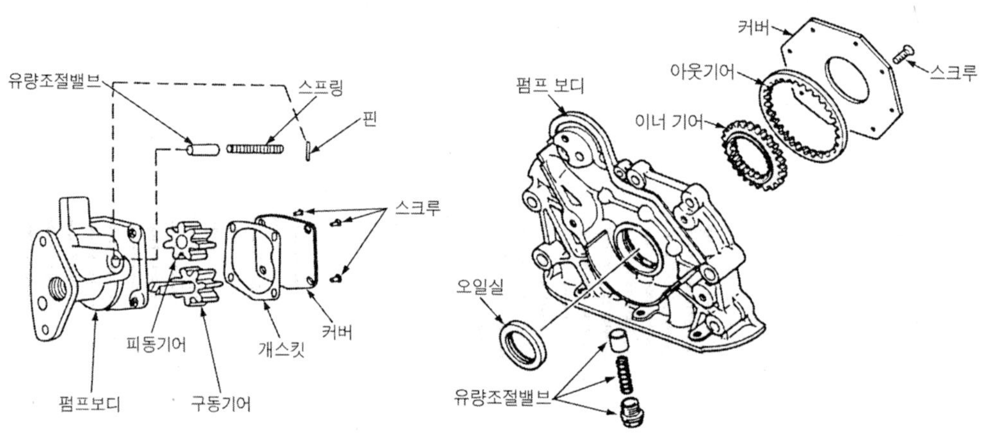

(a) 외접형 기어 펌프 (b) 내접형 기어 펌프

[그림 4-5] 기어 펌프

② **로터리 펌프**(rotary pump) : 로터리 펌프는 펌프 보디 안에 조립된 바깥 로터와 안 로터로 구성되어 있다. 작동은 안 로터가 회전하면 안 로터의 중심이 편심되어 있어 안 로터의 볼록 부분과 바깥 로터의 오목 부분이 차례로 물리면서 바깥 로터를 회전시킨다. 바깥 로터는 안 로터의 4 : 5의 속도로 회전한다. 펌프의 작용은 회전중 양쪽 로터의 물리는 부분의 체적 변화로 이루어진다. 즉, 공간 체적이 커지는 부분에는 오일이 흡입되고 반대쪽의 공간 체적이 작아지는 곳에서는 송출된다.

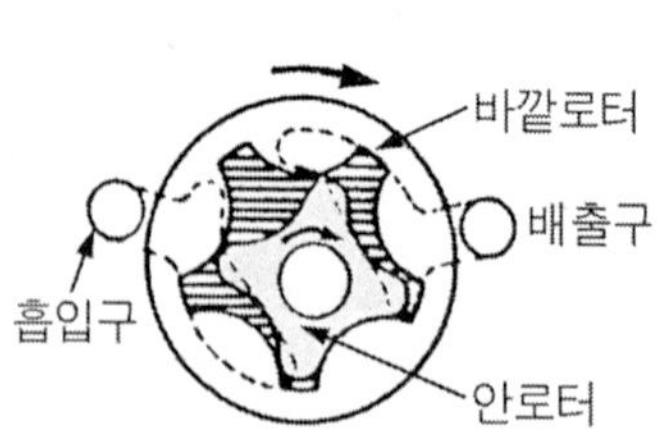

[그림 4-6] 로터리 펌프

③ 플런저 펌프(plunger pump) : 플런저 펌프는 펌프 보디 속에 플런저를 비롯하여 스프링, 입·출구 체크 볼(check ball) 등으로 구성되어 있으며 플런저는 캠축과 스프링에 의해 왕복 운동을 한다. 작동은 스프링이 플런저를 상승시키면 펌프실 내의 체적이 증가하여 진공이 발생한다. 이때 오일이 입구 체크 볼을 거쳐서 들어오고(흡입), 반대로 캠축이 플런저를 누르면 체적이 감소하면서 압력이 상승하여 출구 체크 볼을 열고 윤활 부분으로 공급된다.

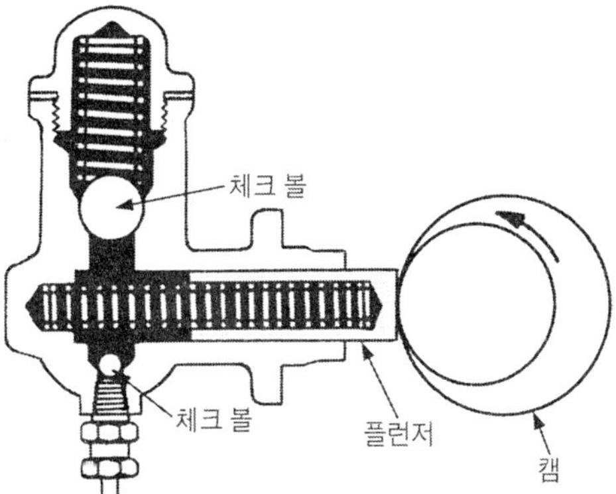

[그림 4-7] 플런저 펌프

④ 베인 펌프(vane pump) : 베인 펌프는 둥근 하우징과 그 속에 편심으로 설치된 로터(rotor)로 구성되어 있으며, 로터에는 2개 이상의 날개(vane)가 있고 로터에 있는 홈(slot)에 스프링을 사이에 두고 끼워져 있다. 작동은 펌프축이 회전하면 날개는 펌프실 안쪽면과 접촉을 유지하면서 로터와 같이 회전한다. 이에 따라 오일이 입구를 거쳐 펌프 실로 들어오고, 다음에 오는 날개에 의하여 출구쪽으로 운반되어 송출되며, 오일이 출구쪽으로 운반될 때 압력이 가해진다.

[그림 4-8] 베인 펌프

(4) 오일 여과기(oil filter)

① 오일 여과기의 기능(技能) : 윤활장치 내를 순환하는 오일은 점차로 수분, 카본, 금속 분말, 오일 슬러지 등을 함유하여 기능이 떨어지므로 오일 통로에 여과기를 두고 이 불순물을 제거하는 세정 작용을 한다. 여과 작용은 여과기로 들어온 오일이 엘리먼트를 거쳐 중앙으로 들어간 후 출구로 나가게 되며, 엘리먼트를 거칠 때 오일에 함유된 불순물이 여과된다. 제거된 불순물은 케이스 밑바닥에 침전되며, 엘리먼트는 여과지(濾過紙), 면사(綿絲) 등을 사용한다.

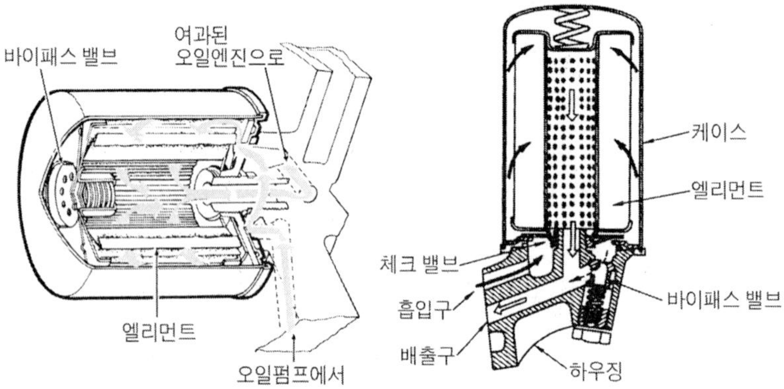

[그림 4-9] 오일 여과기의 구조

② 여과 방식(濾過方式) : 엔진 오일의 여과하는 방법에는 전류식, 분류식, 샨트식 등이 있다.

㉮ 전류식(full-flow filter) : 전류식은 오일펌프에서 나온 오일이 모두 여과기를 거쳐서 여과된 후 윤활부로 보내는 방식이다. 특징은 항상 여과된 오일을 윤활부로 보낼 수 있는 장점이 있으나, 여과 엘리먼트 등이 막히면 급유 부족이 되기 쉽다. 이러한 경우를 대비하여 여과기에 바이패스 밸브(by-pass valve)를 두고 있다.

㉯ 분류식(by-pass filter) : 분류식은 오일펌프에서 나온 오일의 일부만 여과하여 오일 팬으로 보내고, 나머지는 그대로 윤활부로 보내는 방식이다. 이 방식은 여과기를 거치지 않은 오일이 윤활부로 공급되므로 베어링이 손상될 염려가 있다.

㉰ 샨트식(shunt flow filter) : 샨트식은 오일펌프에서 나온 오일의 일부만 여과하는 방식이다. 그러나 이 방식은 여과된 오일이 오일 팬으로 되돌아오지 않고, 나머지 여과되지 않은 오일과 합세하여 윤활부에 공급된다.

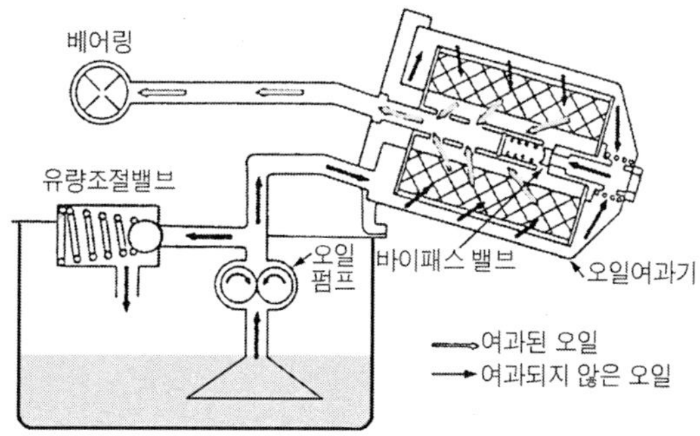

전류식

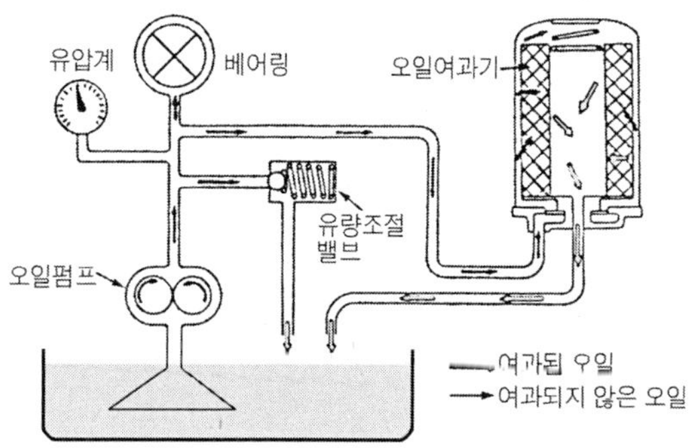

분류식

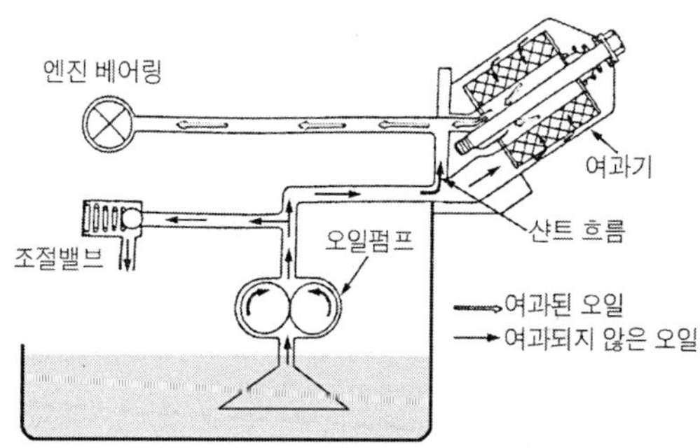

샨트식

[그림 4-10]

(5) 유압 조절 밸브(oil pressure relief valve)

이 밸브는 윤활회로 내를 순환하는 유압이 과도하게 상승하는 것을 방지하여 유압이 일정하게 유지되도록 하는 작용을 한다. 작동은 스프링의 장력을 받고 있는 유압 조절 체크 볼에 유압이 스프링의 장력 보다 커지면 유압 조절 체크 볼이 열려 과잉 압력을 오일 팬으로 되돌아가게 해 준다.

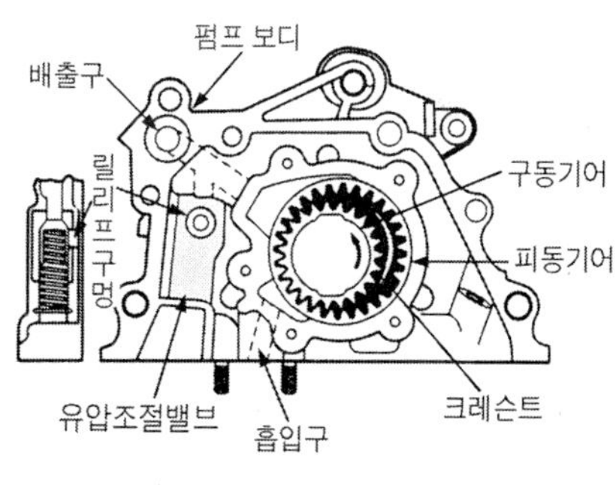

[그림 4-11] **유압 조절 밸브**

즉, 유압이 규정값 이상일 경우에는 체크 볼이 열리고, 규정값 이하로 유압이 내려가면 다시 닫히도록 되어 있다. 유압 조정은 조정 스크류를 조이면 유압이 상승한다.

♣ 유압이 상승하는 원인

① 엔진의 온도가 낮아 오일의 점도가 높다.
② 윤활 회로의 일부가 막혔다(특히 오일 여과기가 막히면 유압이 상승한다.)
③ 유압 조절 밸브 스프링의 장력이 과다하다.

♣ 유압이 낮아지는 원인

① 크랭크축 베어링의 과다 마멸로 오일 간극이 커졌다.
② 오일펌프의 마멸 또는 윤활 회로에서 오일이 누출된다.
③ 오일 팬의 오일량이 부족하다.
④ 유압 조절 밸브 스프링 장력이 약하거나 파손되었다.
⑤ 오일이 연료 등으로 현저하게 희석되었다.
⑥ 오일의 점도가 낮다.

(6) 유면 표시기(oil level gauge)

유면 표시기는 오일 팬 내의 오일량을 점검할 때 사용하는 금속 막대이며, 그 아래쪽에 F(Full or MAX)와 L(Low or MIN)의 눈금이 표시되어 있다. 오일량은 항상 "F" 선 가까이 있어야 하며 "F" 선보다 높으면 많은 양의 오일이 실린더 벽에 뿌려져 오일이 연소하고, "L" 선 보다 훨씬 낮으면 오일 공급량 부족으로 윤활이 불완전하게 된다.

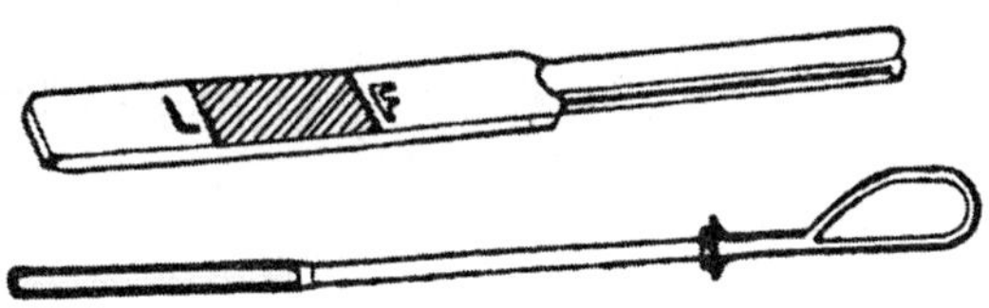

[그림 4-12] 유면 표시기

(7) 유압계 및 유압 경고등

유압계는 윤활장치 내를 순환하는 오일의 압력을 운전자에게 알려주는 계기이다. 그 종류로 계기식(計器式)은 부든 튜브식, 전기식(밸런싱 코일식, 바이메탈 서모스탯식)과 유압 경고등식이 있다.

① **부든 튜브식(압력 팽창식)** : 이 방식은 부든 튜브를 통하여 섹터 기어(sector gear)가 움직여 지침으로 유압을 지시하는 방식이다.

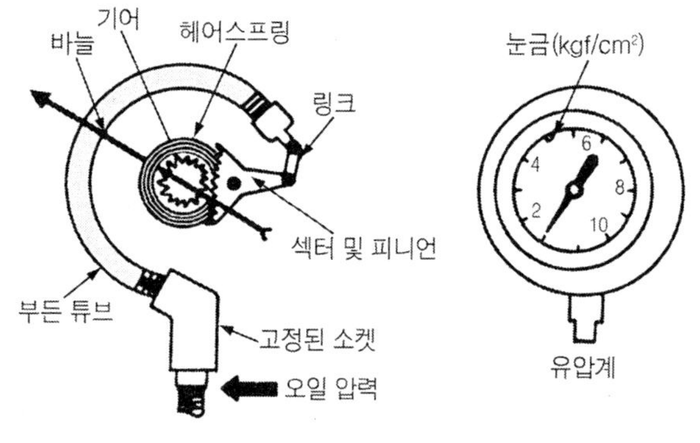

[그림 4-13] 부든 튜브식

② 밸런싱 코일식(평형 코일식) : 이 방식은 2개의 코일에 흐르는 전류의 크기를 저항에 의하여 가감하도록 하여 유압을 지시하는 방식이다.

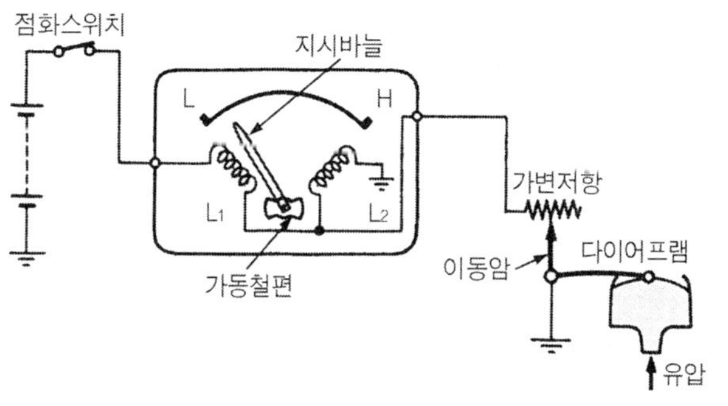

[그림 4-13] 밸런싱 코일식

③ 바이메탈 서모스탯식 : 이 방식은 엔진 유닛의 다이어프램이 서모스탯 블레이드를 움직이면 계기부의 서모스탯 블레이드도 움직여 지침을 움직이는 방식이다.

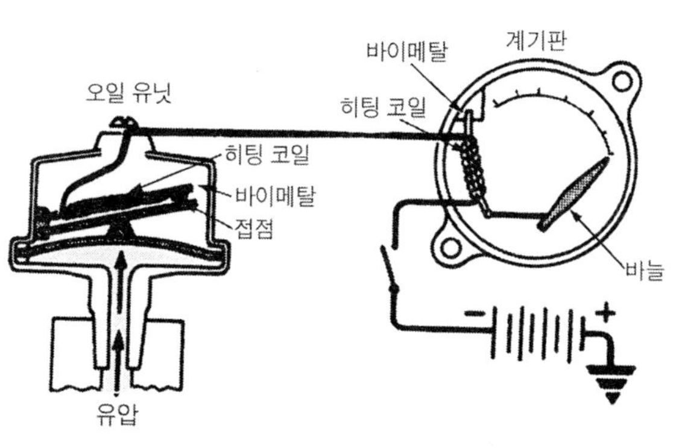

[그림 4-14] 바이메탈 서모스탯식

④ **유압 경고등**(oil warning lamp type) : 유압 경고등은 엔진이 작동되는 도중 유압이 규정값 이하로 떨어지면 경고등이 점등되는 방식이다. 유압이 규정값에 도달하였을 때는 유압이 다이어프램을 밀어 올려 접점이 열리게 되므로 경고등이 소등되고, 유압이 규정값 이하가 되면 스프링의 장력으로 접점이 닫혀 경고등이 점등된다.

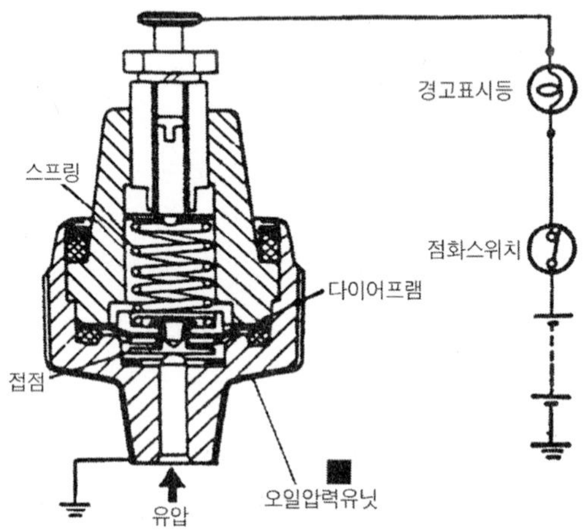

[그림 4-15] **유압 경고등**

Chapter

5

LPG 연료장치

1. LPG의 특성
2. LPG 공급 장치
3. LPG 전자제어 장치
4. LPG 엔진 컴퓨터(ECU)의 제어
5. 베르누이 정리

01 LPG의 특성

LPG는 액화 석유 가스(Liquefied Petroleum Gas)의 머리글자를 딴 약칭이다. LPG는 원유를 정제하는 도중에 나오는 부산물의 하나로서 프로판, 부탄을 주성분으로 하여 프로필렌, 부틸렌 등을 다소 포함하는 혼합물이다. LPG는 냉각이나 가압(加壓)에 의하여 쉽게 액화하고, 반대로 가열이나 감압에 의하여 기화하는 특성 있다. 기체 LPG는 공기의 약 1.5~2.0배 정도 무거우며, 일반적으로 LPG는 가압(액화)된 상태로 고압 용기에 저장되어 있다.

1.1 색과 냄새

순수한 LPG는 무색(無色), 무미(無味), 무취(無臭), 무독성(無毒性)이나, 많은 량을 흡입할 경우에는 마취성이 있다. 그러나 일반적으로 유기화합물, 질소화합물, 산소화합물 등 극소량(極少量)의 불순물 첨가에 의하여 특유의 냄새가 나도록 하는데 LPG의 누출량은 LPG의 밀도가 체적의 1/200을 초과하였을 때 냄새에 의하여 감지될 수 있어야 한다.

1.2 비중[比重]

(1) 액체와 기체에서의 비중

LPG의 비중은 액체와 기체의 2가지가 있다. 액체의 비중은 4℃의 물을, 기체의 비중은 0℃ 1기압의 공기를 각각 표준으로 하였을 때의 값이며, 액체 LPG는 물보다 가벼우나 기체 LPG는 공기보다 1.5~2.0배 무겁다. 이에 비해 도시가스(LNG)와 메탄가스는 공기보다 가벼워 이것이 누출될 때에는 대기(大氣)중으로 분산되나, LPG는 공기보다 무겁기 때문에 바닥에 가라앉게 되어 예기치 못한 폭발이 일어날 경우 매우 위험하게 된다.

(2) 비중(比重)과 온도(溫度)

온도에 의존하는 비중은 온도가 상승하면 팽창계수의 증가로 인하여 낮아진다. 따라서 봄베(Bombe ; LPG 용기) 등에 충전되는 LPG의 체적은 법령에 의해 명확하게 규정되어 있는데(최고 충전량은 봄베 체적의 85%) 이것은 다른 액체와 달리 LPG는 비중과 체적이 온도의 변화에 따라 크게 변화하기 때문이다. 예를 들면 15℃액체 LPG 1ℓ 는 50℃에서 약 1.15ℓ 로 팽창된다. 따라서 이러한 성질을 반드시 인식하여 여분의 LPG를 봄베에 충전하는 일은 피해야 한다.

(3) 비중과 체적

액체의 중량은 비중×체적이다. 예를 들면 액체 프로판의 비중이 0.51이고 노멀부탄이 0.58이면 LPG 1ℓ 는 0.5kgf(1kgf=약 2ℓ)이 되며, 노멀부탄 1ℓ 는 약 0.6kgf(1kgf=약 1.7ℓ)가 된다.

1.3 잠열[潛熱]

알코올이나 가솔린을 손으로 만지면 열을 빼앗기기 때문에 시원하게 느껴지는데 이처럼 모든 액체가 기화하기 위해서는 열이 필요하게 되는데, 이 열을 잠열 또는 기화열이라고 한다.

그러므로 LPG가 많은 양으로 기화하는 베이퍼라이저에서는 이 증발 잠열에 의해 주위로부터 열을 빼앗아 동결할 염려가 있으므로 엔진의 냉각수를 베이퍼라이저로 순환시키고 있다.

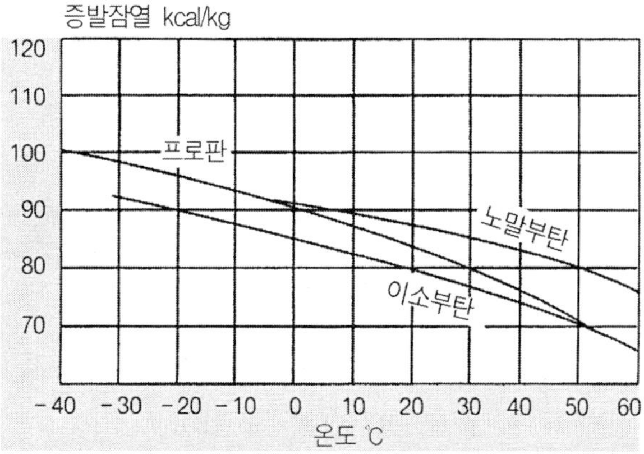

[그림 5-1] 증발 잠열 곡선

1.4 증기 압력[蒸氣壓力]

증기 압력은 연료를 압송하는 중요한 역할을 하므로, LPG엔진에서는 연료 펌프가 필요 없게 된다. LPG의 증기압은 프로판과 부탄의 혼합 비율 및 온도에 따라 변화한다. 증기 압력이 연료 펌프의 역할을 할 수 있는 것은 증기 압력에 의해서 LPG가 봄베 내에서 밀려나와 액면이 낮아지면 공간이 커지게 되어 증기 압력이 낮아지게 되고 이렇게 되면 또 다시 증기는 포화 증기로 되어 LPG를 밀어내게 된다. 이 현상이 끊임없이 반복되면서 LPG는 자체 증기 압력에 의해서 LPG를 자동적으로 압송하게 된다.

1.5 옥탄가

옥탄가란 연소실내의 연소에서 노크 방지성을 표시하는 수치를 말하며, LPG는 가솔린보다 약 10%정도 옥탄가가 높다. 옥탄가가 높다는 것은 노크를 일으키지 않고 높은 압축비의 엔진을 작동시킬 수 있다는 뜻으로 엔진의 열효율을 높여서 출력을 증가시킬 수 있다.

1.6 비등점[沸騰點]

LPG의 비등점은 760mmHg의 대기 압력에서 액체로부터 기체로 상태(phase)가 변화하는 온도를 말하며, 이 온도 이상이 되면 증기압이 760mmHg를 초과하게 되어 이 압력에 견디는 봄베(bombe)가 필요하게 된다.

프로판과 노멀부탄의 비등점은 −42.1℃와 −0.5℃로서 LPG의 비등점은 가솔린의 비등점(35~232℃)보다 훨씬 더 낮다. 액체 LPG가 기화할 때 약 240배 팽창한다. 따라서 적은 양의 LPG가 누출되더라도 큰 체적의 가스로 팽창하기 때문에 매우 위험하다. 이에 따라 봄베 등에 충전하는 경우 일정한 공간을 남겨둘 필요성이 있다.

1.7 자동차용 LPG

LPG 엔진은 봄베 내의 압력이 0.7kgf/cm² 정도면 시동이 가능하도록 설계되어 있어 겨울철 새벽에도 2kgf/cm² 정도의 압력만 있으면 시동에는 문제가 없다. 이 조건을 만족시키기 위해 겨울철에는 100% 부탄의 LPG를 사용하지 말고 부탄 70%에 프로판 30%를 혼합한 LPG를 사용하면 된다.

1.8 안전성[安全性]

현재 사용하고 있는 LPG 봄베를 비롯한 각종 기구의 품질이나 안전장치가 고압가스안전관리법에 의해 엄격히 규제되어 있으므로 안전장치가 고압가스 취급 여하에 따라 가스 누출을 충분히 방지할 수 있어 가솔린 보다 안전성이 높다고 할 수 있다.

02 LPG 공급 장치

2.1 개 요

LPG 엔진의 공급 계통은 봄베(bombe : 연료 탱크)에서 액체 LPG로 나와 여과기에서 여과된 후 솔레노이드 밸브(solenoid valve : 전자 밸브)를 거쳐 베이퍼라이저(vaporizer)로 들어간다. 여기서 감압(減壓)된 후 기체 LPG로 되어 가스 믹서(Mixer : 가스 혼합 가스)에서 공기와 혼합되어 실린더 내로 들어간다.

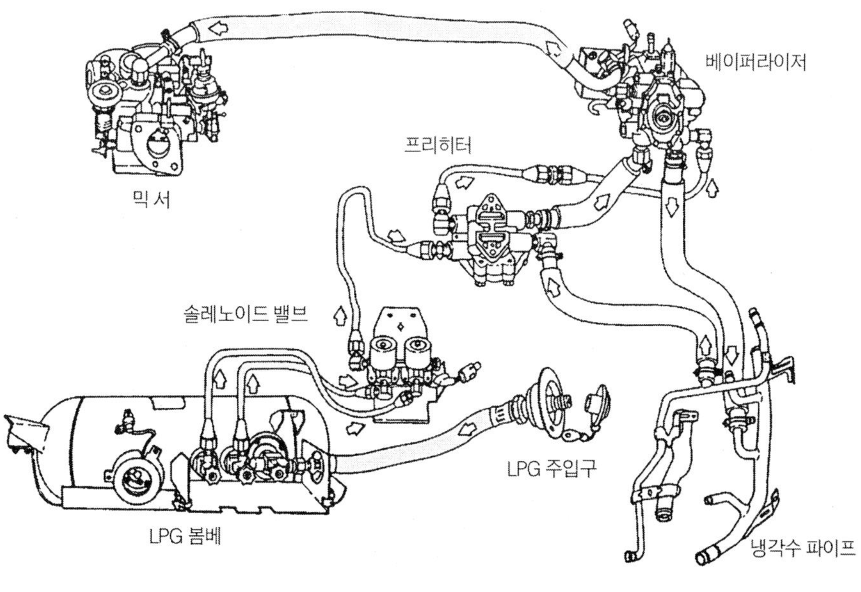

[그림 5-2] LPG 연료 공급 계통

2.2 LPG 엔진의 장점 및 단점

(1) LPG 엔진의 장점

① 가솔린보다 가격이 저렴하여 경제적이다.

② 옥탄가가 높아(90~120) 노크 현상이 일어나지 않는다.

③ 배기 상태에서 냄새가 없으며, 일산화탄소(CO) 함유량이 적고 매연이 없어 위생적이다.

④ 황(S)분이 매우 적어 연소 후 배기가스에 의한 금속의 부식 및 배기 다기관, 소음기 등의 손상이 적다.

⑤ 연소실에 카본의 부착이 없어 점화 플러그의 수명이 길어진다.

⑥ 윤활유의 소모가 적으므로 교환 기간이 길어진다.

⑦ 가솔린 엔진보다 분해·정비(오버 홀) 기간이 길어진다.

⑧ 가솔린에 비해 쉽게 기화하므로 연소가 균일하여 작동 소음이 적다.

⑨ 기체 연료이므로 열에 의한 베이퍼 록(vapor lock)이나 퍼컬레이션(percolation) 등이 발생하지 않는다.

(2) LPG 엔진의 단점

① 베이퍼라이저 내의 타르나 고무와 같은 물질을 수시로 배출하여야 한다.

② 연료의 취급과 절차가 복잡하고 보안상 다소 문제점이 있을 수 있다.

③ 증발 잠열로 인하여 겨울철에 엔진의 시동이 어렵다.

④ 장기간 정차한 경우에는 엔진 시동이 어렵다.

2.3 LPG 연료 계통

(1) LPG 봄베(bombe)

봄베는 LPG를 충전하기 위한 고압 용기이며, 기상(氣相) 밸브(황색), 액상(液相) 밸브(적색), 충전(充塡) 밸브(녹색) 등 3가지 기본 밸브와 체적 표시계, 액면 표시계, 용적 표시계 등의 지시장치가 부착되어 있다. 또한 과충전 방지 밸브와 긴급 차단 밸브 등을 갖추고 있다.

① **봄베 보디**(bombe body) : LPG 봄베는 고압가스안전관리법 및 동력자원부 고시에 의하여 31kgf/cm^2 의 내압(耐壓)시험과 18.6kgf/cm^2 의 기밀시험에 만족하여야 하며, 안전을 위하여 최고 충전량은 봄베 체적의 85%정도를 충전하도록 하고 있다.

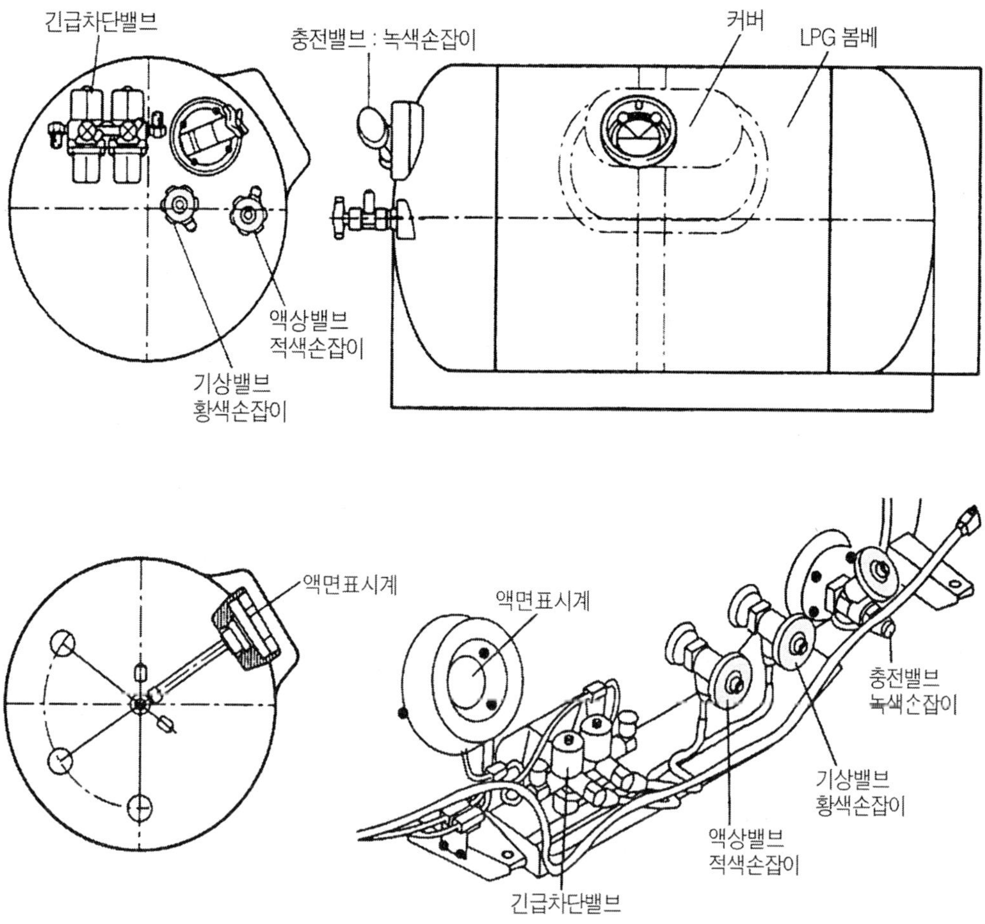

[그림 5-3] 봄베의 구조

② **충전 밸브와 안전 밸브** : 충전 밸브는 기체 상태 부분에 연결되어 있고 안전 밸브는 봄베의 바깥쪽에 충전 밸브와 일체로 조립되어 있다. 안전 밸브는 스프링의 장력에 의하여 닫혀 있으나 봄베 내의 압력이 상승하면 스프링 장력을 이기고 밸브가 열려 LPG가 봄베에 연결된 호스를 거쳐 대기 중으로 배출되며, 내부 압력이 감소하면 스프링의 장력으로 밸브가 다시 닫혀 외부 누출을 차단시키므로 봄베 내의 압력을 일정하게 유지하여 폭발 등의 위험을 방지시키는 기능을 한다.

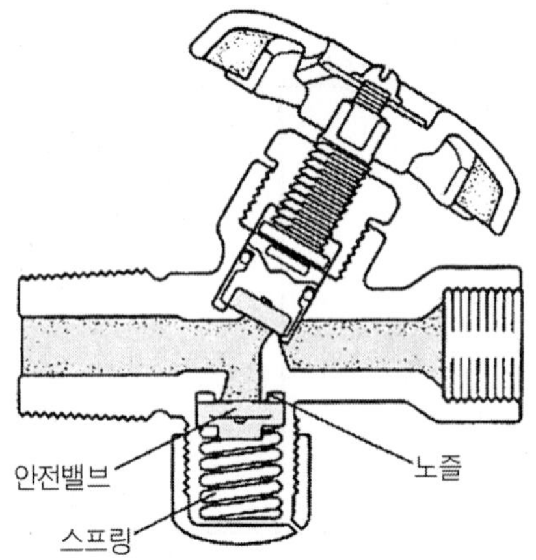

[그림 5-4] 충전 밸브와 안전 밸브

③ **과충전 방지 밸브**(Over Charge Valve) : 과충전 방지 밸브는 뜨개(float)와 함께 충전 밸브와 연속선상에 조립되어 봄베 속에 설치되어 있으며, LPG를 주입할 때 이 밸브를 통하여 유입되도록 하여 과충전 방지장치의 뜨개가 85%를 감지할 경우 LPG 유입을 차단한다.

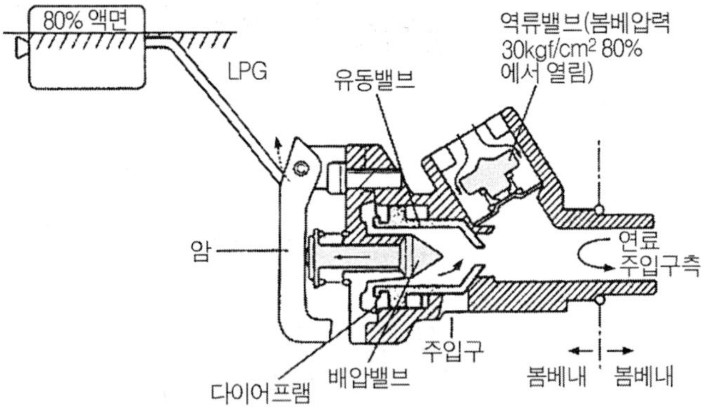

[그림 5-5] 충전 완료

④ **송출 밸브와 과류(過流)방지 밸브** : 인출 밸브, 액출 밸브, 송출 밸브 등은 엔진에 LPG를 공급하기 위한 밸브이며, 기상 송출 밸브 및 액상 송출 밸브가 각각 있고, 황색과 적색으로 도장이 되어있다. 기상 송출 밸브는 엔진을 시동할 때 시동 성능을 향상시키기 위한 것이다. 기상 송출 밸브는 베이퍼라이저의 냉각수 온도가 14℃이하(엔진 냉각수 약 20℃)에서만 송출이 가능하며, 과류 방지 밸브는 기상 송

출 밸브에는 없고 액상 송출 밸브에만 있다. 이 과류 방지 밸브는 사고에 의해서 엔진으로 공급되는 배관이 파손되었을 때 봄베 내의 LPG가 급격히 방출되어 발생할 수 있는 위험을 방지하는 장치이다.

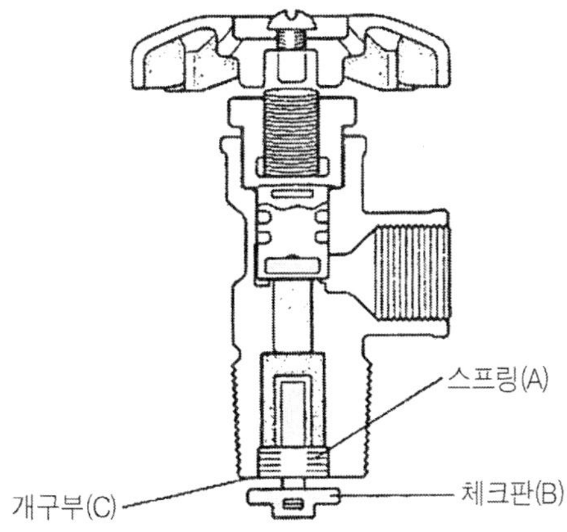

[그림 5-6] **송출 밸브와 과류 방지 밸브**

⑤ **액면 표시 장치** : 뜨개 게이지 방식은 액면에 따라 뜨개가 상하로 움직여 섹터 축이 회전하면 섹터 축 쪽의 자석에 의해 경합금제 플랜지를 사이에 두고 설치된 눈금판 쪽의 자석을 회전시켜 충전 지침을 가리키도록 되어 있다. 눈금판 쪽에는 저항선이 있어 운전석에서 항상 LPG량을 알 수 있다.

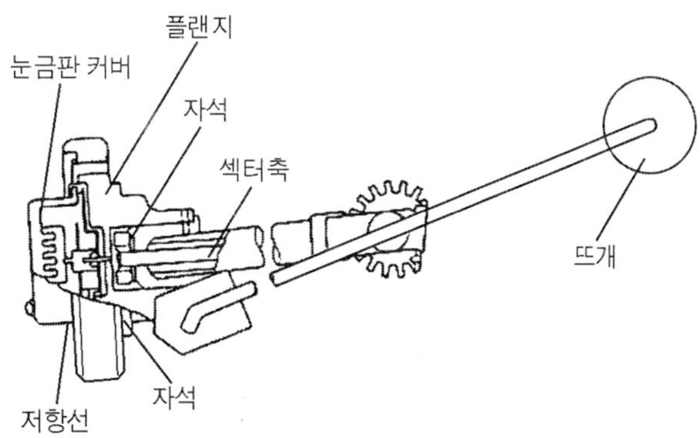

[그림 5-7] **뜨개 게이지 방식의 구조**

(2) 프리히터(pre heater)

프리히터는 베이퍼라이저 앞쪽에 설치되며, 겨울철에 필터를 거쳐 솔레노이드 밸브에서 나온 액체 LPG를 엔진 냉각수로 가열하여 LPG의 전부 또는 일부를 기화시켜 베이퍼라이저로 공급하는 기구이다.

(3) 솔레노이드 밸브(solenoid valve)와 필터(filter)

베이퍼라이저에 설치된 온도 스위치의 신호를 받아 액상 또는 기상용 솔레노이드가 작동하면 솔레노이드 코일이 여자되어 플런저는 위쪽으로 이동하여 밸브가 열린다. 필터 내에 공급되어 있던 LPG는 이 밸브를 통하여 프리 히터를 거쳐 베이퍼라이저로 공급된다.

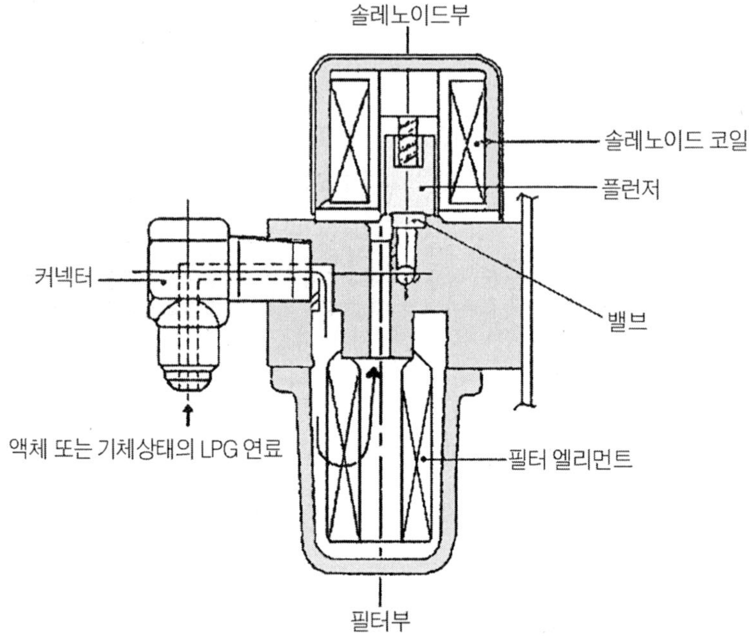

[그림 5-8] **솔레노이드 밸브& 필터**

① **기상·액상 전환 장치** : 엔진의 냉각수 온도가 14℃이하일 때 수온 센서 신호의 입력을 컴퓨터(ECM)에서 받아 출력을 기상용 솔레노이드에 작동시키면 봄베로부터 기상 파이프를 거친 LPG가 베이퍼라이저로 공급된다. 그리고 냉각수 온도가 20℃ 이상일 때에는 수온 센서의 입력을 컴퓨터가 받아 출력을 액상용 솔레노이드에 작동시켜 봄베로부터 액상 파이프를 거친 LPG가 베이퍼라이저로 공급된다.

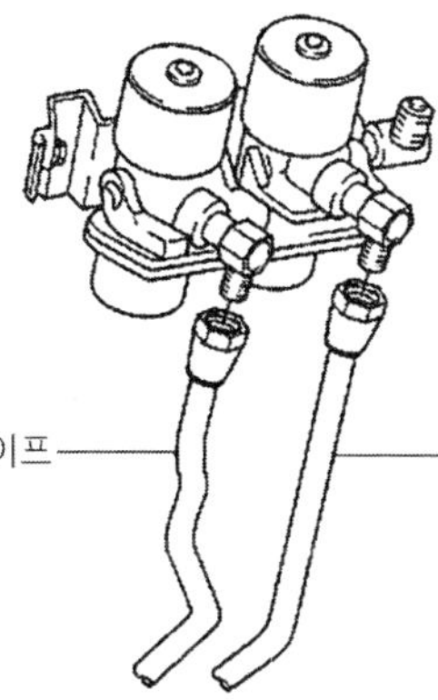

[그림 5-9] **기상 · 액상 파이프의 위치**

② 긴급 차단 솔레노이드 밸브(emergency cut solenoid valve) : 주행중 파이프 라인에 문제가 발생하여 엔진이 정지되면 ECM이 액·기상 솔레노이드 밸브와 긴급 차단 솔레노이드 밸브의 전원을 차단하여 LPG 누출을 방지함으로써 화재의 위험을 방지하는 기능을 한다.

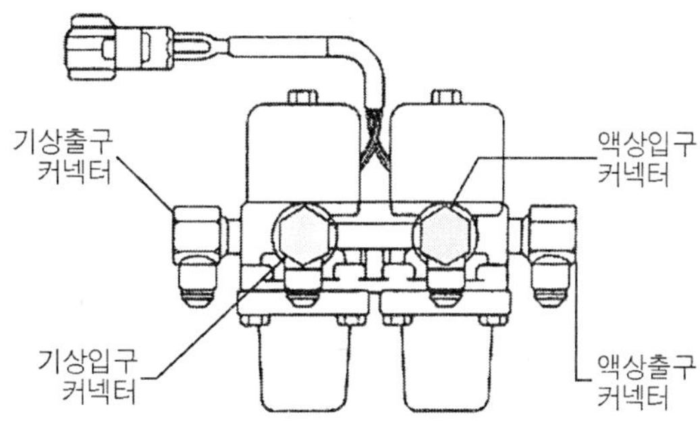

[그림 5-10] **긴급 차단 솔레노이드 밸브의 구조**

(4) 베이퍼라이저(vaporizer ; 감압 기화 장치)

① 베이퍼라이저의 개요 : 봄베로부터 압송된 고압의 액체 LPG의 압력을 낮춘 후 기체 LPG로 기화시켜 엔진의 출력 및 연료 소비량에 만족할 수 있도록 압력을 조정하는 기능을 한다. 베이퍼라이저 내의 LPG는 액체 상태에서 기체로 변환될 때 주위에서 증발 잠열을 빼앗아 온도가 낮아져 베이퍼라이저 내의 밸브를 동결시키므로 이를 방지하기 위해 냉각수 통로를 설치하여 냉각수를 순환시켜 기화에 필요한 열을 공급하도록 되어 있다.

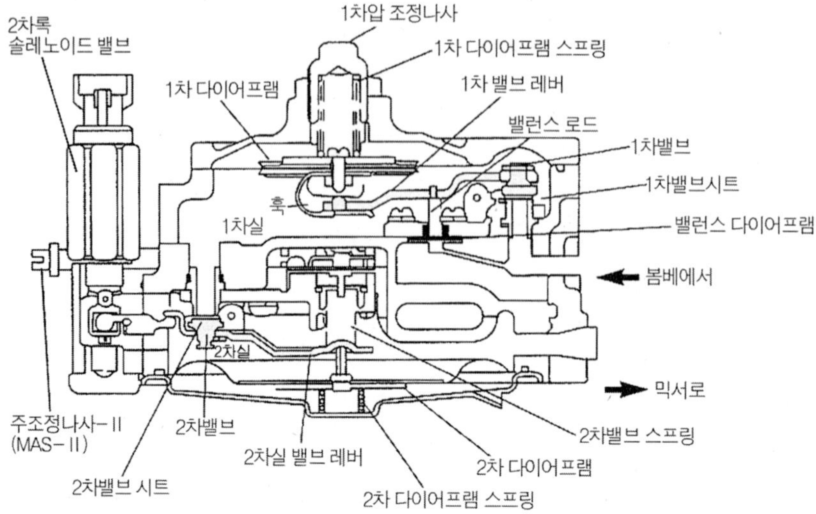

[그림 5-11] 베이퍼라이저의 구조

② 1차실의 기능 및 구조 : 봄베에서 배출된 LPG는 고압으로 배출량이 크기 때문에 공연비가 너무 농후하게 되므로 이를 방지하기 위해 1차실 내에 있는 1차 압력 조정기구를 통하여 약 0.3kgf/cm² 으로 압력을 낮추는 기능을 갖고 있다.

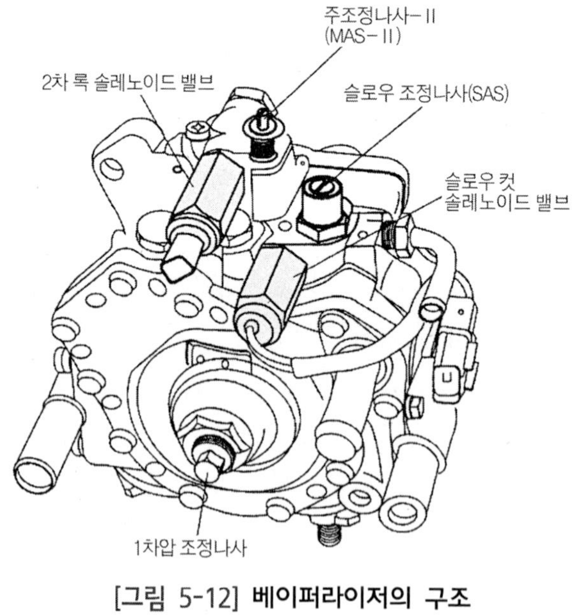

[그림 5-12] 베이퍼라이저의 구조

③ **1차 압력 평형 기구** : 봄베 내의 압력이 일정할 때 1차실 압력은 1차 다이어프램과 다이어프램 스프링에 의해 일정하게 유지시켜 주지만 봄베 내의 압력은 외부 온도나 LPG 조성에 따라 1차실 압력에 영향을 줄수 있다. 이와 같은 영향을 피하기 위해 1차 압력 평형 기구를 두고 있다.

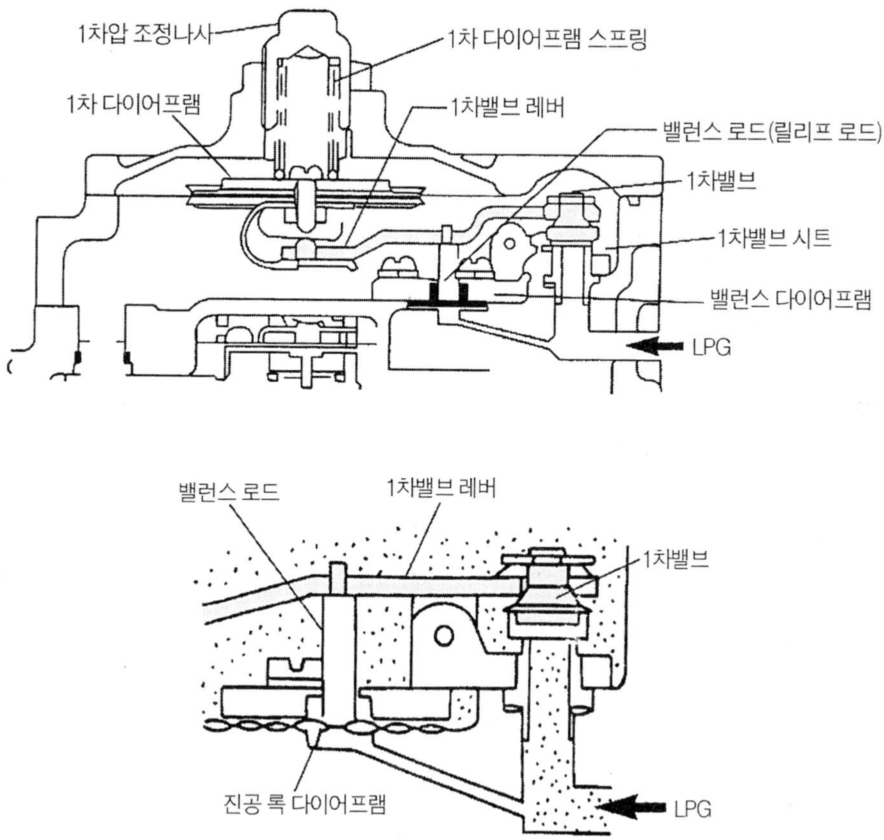

[그림 5-13] 1차 평형 기구의 구조

④ **2차실의 기능** : 2차실은 LPG가 믹서로 들어오는 공기량에 관계없이 믹서로 유출되는 것을 방지하기 위해 1차실의 압력을 거의 대기 압력 정도로 압력을 낮추는 작용을 한다. 즉, 1차실에서 0.3kgf/cm² 의 압력으로 조정된 LPG는 2차 밸브와 밸브 시트 사이에서 2차실로 유입된 후 거의 대기 압력 수준으로 낮아진다.

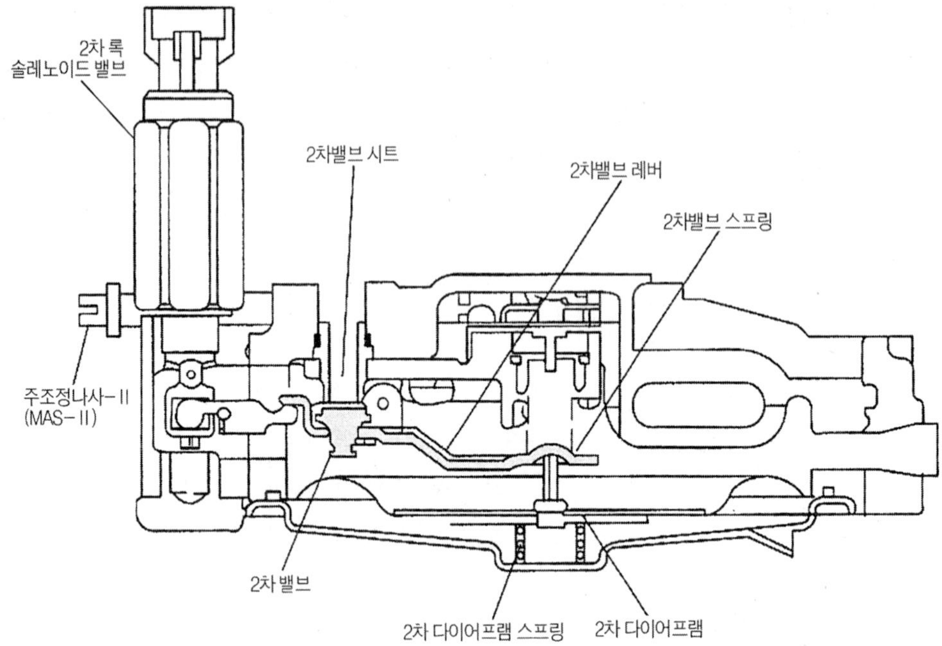

[그림 5-14] 2차실과 2차 록 솔레노이드 밸브의 구조

⑤ **슬로 컷 솔레노이드 밸브**(slow cut solenoid valve) : 슬로 컷 솔레노이드 밸브는 전기적으로 솔레노이드 밸브를 열어주어 엔진을 시동할 때, 각종 부하가 ON일 때 필요한 LPG를 추가적으로 믹서의 슬로 듀티 솔레노이드 밸브까지 공급한다.

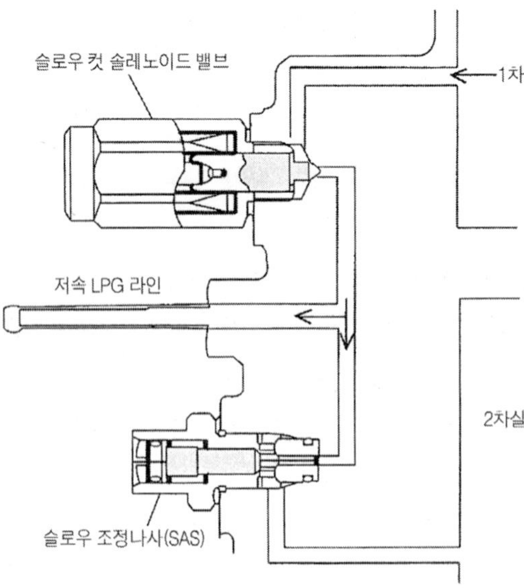

[그림 5-15] 슬로 컷 솔레노이드 밸브

(5) 믹서(LPG Mixer)

공기와 LPG를 15:3의 비율로 혼합하여 각 실린더에 공급하는 역할을 한다.

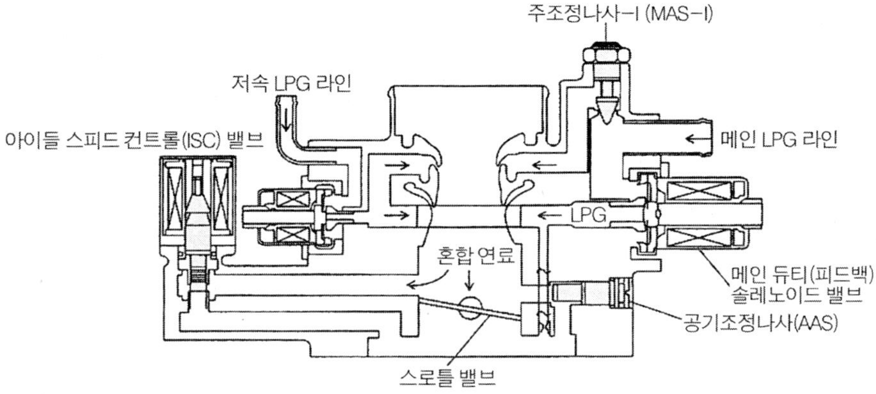

[그림 5-16] **믹서의 연료라인**

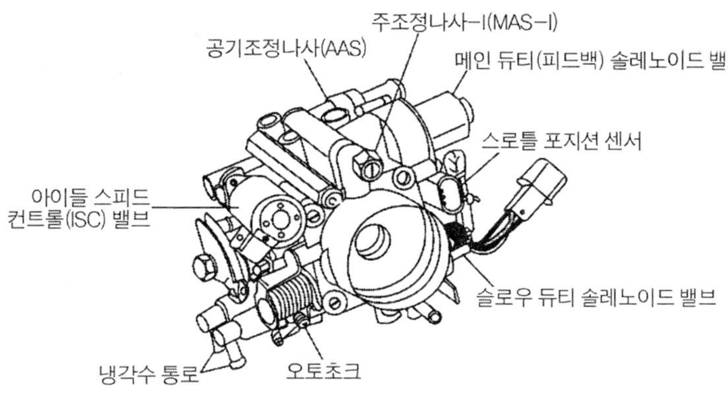

[그림 5-17] **믹서의 구조**

① **메인 듀티(피드백) 솔레노이드 밸브** : 컴퓨터는 산소 센서의 신호에 의해 실제 공연비를 파악하여 메인 듀티 솔레노이드 밸브를 제어하여 최적의 공연비를 유지시킨다.

② **슬로 듀티 솔레노이드 밸브**(Slow Duty Solenoid Valve) : 슬로 듀티 솔레노이드 밸브는 엔진을 시동할 때, 엔진에 최적의 공연비가 될 수 있도록 부족한 LPG를 믹서에 공급한다.

③ **아이들 스피드 컨트롤**(ISC ; Idle Speed Control)**밸브** : 아이들 스피트 컨트롤 밸브는 엔진이 공회전할 때 회전속도의 안정성을 확보하기 위해 믹서의 스로틀 밸브를 바이패스 하는 통로에 설치되어 혼합 가스량을 제어한다.

④ **주 조정 나사-Ⅰ**(MAS-Ⅰ ; Main Adjust Screw-Ⅰ) : 주 조정 나사 -Ⅰ은 베이퍼라이저에서 믹서로 유입되는 LPG의 유량을 조정하는 나사이며, 엔진의 전체 운전영역에서 공연비(피드백 제어)가 가능한 범위가 되도록 LPG의 기본 유량을 조정한다.

⑤ **공기 조정 나사**(AAS ; Air Adjust Screw) : 공기 조정 나사는 엔진이 공회전할 때 스로틀 밸브를 바이패스 하여 흐르는 공기(혼합 가스)량을 조정하여 공회전 속도를 조정하기 위한 것이며, 공회전(스로틀 밸브가 완전히 닫힌 상태)할 때 필요한 혼합 가스량을 공기 조정 나사로 조정한다.

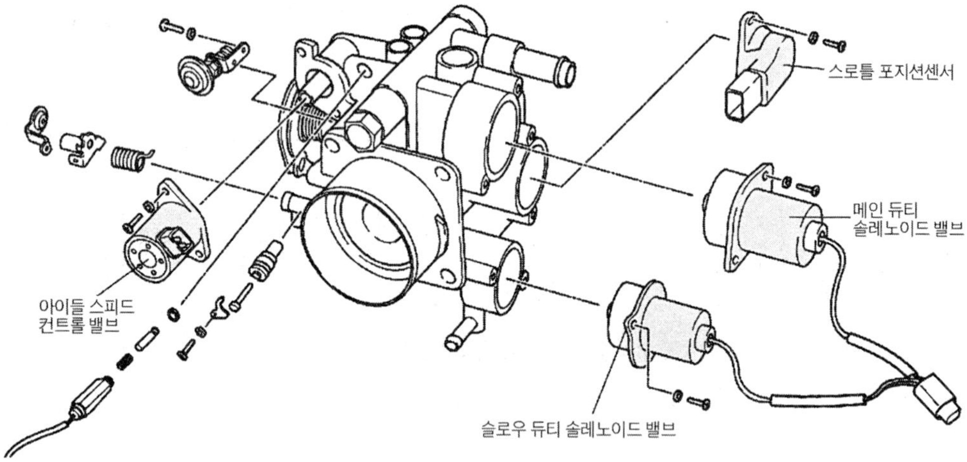

[그림 5-18] 믹서의 각종 밸브의 설치 위치

♣ **듀티 제어 :** 메인 듀티(피드백) 솔레노이드 밸브는 컴퓨터(ECM)의 펄스 신호에 의해 ON, OFF를 반복하며 공연비는 ON시간의 평균값에 따라 결정된다.

① **듀티값이 낮을 때 :** 메인 듀티 솔레노이드 밸브의 ON시간(밸브 열림 시간)이 짧아져 공연비가 희박해진다.

② **듀티값이 높을 때 :** 메인 듀티 솔레노이드 밸브의 ON시간이 길어져 공연비가 농후해진다.

③ 컴퓨터는 산소 센서의 신호를 받아서 엔진의 상태(공연비)를 파악하여 공연비가 농후하다고 판단될 경우에는 듀티값을 낮게 제어하고, 공연비가 희박하다고 판단될 때에는 듀티값을 높게 제어한다.

03 LPG 전자제어 장치

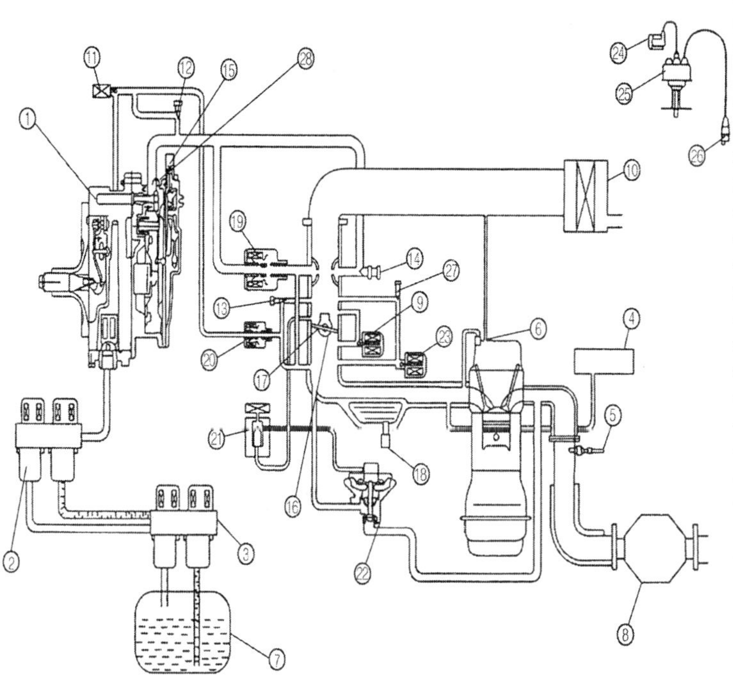

[그림 5-19] LPG 엔진의 전자제어 장치 구성도

① 베이퍼라이저
② 솔레노이드 및 필터(엔진룸 측)
③ 솔레노이드 및 필터(봄베측, 기상 및 액상)
④ 흡기관 절대압력(MAP)
⑤ 산소센서(히터 내장형)
⑥ PCV밸브
⑦ 봄베
⑧ 삼원촉매
⑨ 아이들 스피드 컨트롤 밸브(ISC)
⑩ 에어클리너
⑪ 슬로 컷 솔레노이드 밸브
⑫ 슬로우 조정나사(SAS)
⑬ 공회전 속도조정나사(AAA)
⑭ 주조정나사-Ⅰ(MAS-Ⅰ)
⑮ 주조정나사-Ⅱ(MAS-Ⅱ)
⑯ 스로틀 포지션 센서(TPS)
⑰ 스로틀밸브
⑱ 엔진냉각수온센서
⑲ 메인(패드백)듀티 솔레노이드 밸브
⑳ 슬로우 듀티 솔레노이드 밸브
㉑ EGR 솔레노이드 밸브
㉒ EGR 컨트롤 밸브
㉓ 에어컨 아이들업 솔레노이드 밸브
㉔ 점화코일 어셈블리
㉕ 디스트리뷰터
㉖ 점화플러그
㉗ 에어컨 조정나사
㉘ 2차 록 솔레노이드 밸브

3.1 MAP 센서

MAP 센서는 흡기다기관 내의 절대압력을 측정하여 엔진으로 흡입되는 공기량을 간접적으로 검출하는 것으로 절대압력에 비례하는 아날로그 출력 신호를 컴퓨터로 전달한다. 압력 범위가 변화하더라도 출력 전압은 0~5V사이에 있게 된다.

3.2 동력 조향장치 오일 압력 스위치

동력 조향장치가 설치된 차량에서 조향 핸들을 작동시킬 때 오일펌프의 압력 변화에 따라 스위치가 ON, OFF된다. 컴퓨터는 이 압력 스위치의 ON신호에 의해 아이들 업 보정을 한다.

3.3 크랭크각 센서[CPS]

크랭크각 센서 내부 구조는 아래 그림에서 보듯이 크랭크 각 감지용 슬릿이 60개이며, 실린더 신호 감지용 슬릿은 각각 크기가 다른 4개로 구성되어 있다.

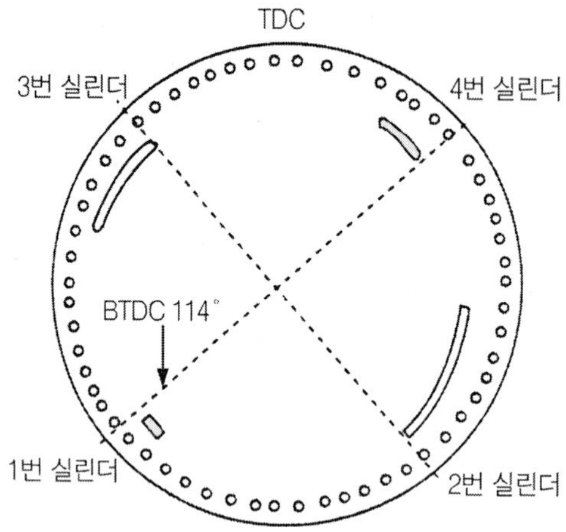

[그림 5-20] 크랭크각 센서 내부 구조

크랭크각 신호는 캠축 1회전 당 60개의 펄스가 발생하고, 펄스 1개당 크랭크각도는 12° 에 해당된다. 실린더를 찾아내는 방법과 크랭크각 계산 기준점 등은 [표]와 아래 그림으로 나타내었다. 슬릿의 회전에 따른 신호 감지 및 비교는 각 실린더를 찾아내고, 점화시기, 연료 분사시기, 엔진 회전속도 연산 등에 중요한 신호가 된다.

• **크랭크각 신호 특성에 따른 실린더 구분**

실린더 번호	크랭크각 신호 특성	실린더 카운팅
1	실린더 펄스 동안 크랭크각 펄스 1개 감지	1
3	실린더 펄스 동안 크랭크각 펄스 5개 감지	5
4	실린더 펄스 동안 크랭크각 펄스 3개 감지	3
2	실린더 펄스 동안 크랭크각 펄스 7개 감지	7

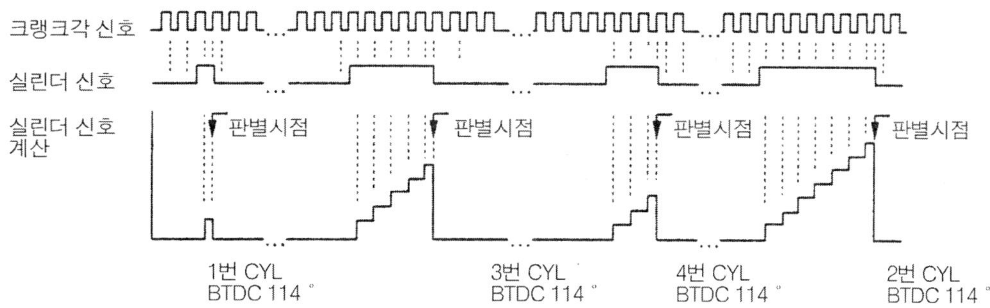

[그림 5-21] 크랭크각 신호와 실린더 번호

04 LPG 엔진 컴퓨터(ECU)의 제어

4.1 점화 시기 제어

점화 시기 제어장치는 각종 입력 신호를 받아 점화 시기 산출 및 보정 제어를 실행하여 최종 점화 시기를 결정한다.

(1) 기본 점화시기

기본 점화시기의 산출은 MAP센서의 값과 엔진 회전속도에 따라 산출한다.

(2) 공전속도 안정화 보정

공전 피드백 제어 중에서 점화시기 보정에 의한 공전상태를 안정화시킨다. 전기 부하 보정 완료 후, 냉각 팬 부하 보정 완료 후, 에어컨 부하 보정 완료 후 등 무부하 상태에서 공전속도가 낮아지면 점화시기를 빠르게 하고, 공전속도가 빨라지면 점화시기를 늦춘다.

4.2 연료 제어

연료 제어장치는 MAP 센서, 스로틀 포지션 센서, 흡기 온도 센서, 수온 센서, 크랭크각 센서 등의 입력 신호에 따라 연료량을 산출한다. 또한 공연비 상태를 산소 센서로 검출하고 공연비 보정을 수행하여 유해 배기가스 배출량 감소 및 연료 소비율을 향상시킨다.

(1) 감속할 때 연료 공급 차단 제어

자동차 주행중 감속할 때 감속을 효과적으로 실행하기 위해 연료 공급 차단 제어를 한다. 연료 공급 차단은 다음의 조건이 모두 만족될 때 이루어진다.

① 엔진 시동 후 20초경과

② 냉각수 온도 40℃이상

③ 공전 상태

④ 엔진 회전속도가 연료 차단 회전속도일 경우(약 2240rpm 이상)

(2) 화재 방지를 위한 연료 공급 차단

자동차의 화재 방지를 목적으로 다음의 조건이 모두 만족하면 연료 공급을 차단한다.

① 공전 상태

② 냉각수 온도 95℃이상

③ 자동차 정차 상태

④ 자동 변속기에서 N레인지를 420초 이상 유지한 때

(3) 엔진 회전속도가 고속일 때 연료 차단

엔진의 안정성을 위해 높은 회전속도에서는 연료 공급을 차단한다.

(4) 공연비 제어

컴퓨터는 산소 센서의 신호를 기초로 공연비를 제어하는데, 공연비 제어에는 폐회로 제어와 개회로 제어가 있다.

① **폐회로 제어**(Closed Loop) : 엔진 난기 운전 후 공연비는 산소 센서의 신호를 기초로 피드백 된다. 컴퓨터는 산소센서의 출력 신호를 검출하여 메인 듀티 솔레노이드 밸브를 적절히 제어하여 이론 공연비가 되도록 한다.

② **개회로 제어**(Open Loop) : 엔진 시동, 난기 운전, 고부하 작동, 감속할 때 등에서는 공연비가 개회로로 제어된다. 이때는 엔진 회전속도, 냉각수 온도, 스로틀 밸브 열림량에 맞는 임의의 값(map 값)에 의해 조절된다.

4.3 공전속도 제어

공전속도를 제어하기 위해 스로틀 밸브의 열림량, 냉각수 온도, MAP 센서 출력값, 엔진 회전속도 등의 각종 입력 요소에 따라 아이들 스피드 액추에이터(ISA ; Idle Speed Actuator) 기본 듀티량을 계측하고 각종 보정 제어, 피드백 제어 등을 실행한다. 공전상태에서 50±10% 듀티 제어하며 혼합 가스량을 변화시킨다.

4.4 에어컨 제어

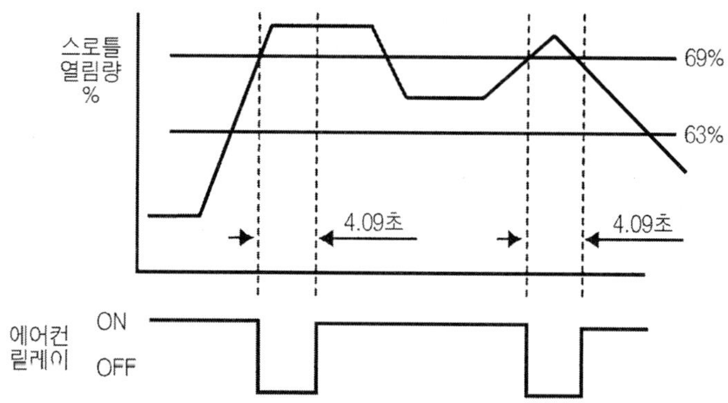

[그림 5-22] **스로틀 밸브 열림량에 따른 에어컨 릴레이 제어**

에어컨을 작동할 때 엔진의 출력 저하 및 변속 충격을 방지하기 위해 에어컨 압축기를 ON, OFF 제어를 한다. 에어컨 릴레이 ON 제어 조건은 다음 사항을 모두 만족할 때이다.

① 크랭킹 후 6.144초가 지난 후

② 에어컨 선택 스위치와 에어컨 스위치를 동시에 ON으로 한 후 0.256초가 지난 후 또는 에어컨 선택 스위치 ON 상태에서 에어컨 스위치를 ON으로 한 후 0.256초 지난 후

③ 냉각수 온도가 115℃이하

④ 스로틀 밸브 열림량 63%이하 또는 69% 이상에서 4.096초가 지난 후

또한 에어컨 릴레이 OFF 조건의 제어는 다음 사항이 하나 이상을 만족할 때이다.

① 크랭킹 후 6.144초 동안

② 에어컨 선택 스위치와 에어컨 스위치를 동시에 OFF로 한 후 0.256초가 지난 후 또는 에어컨 선택 스위치 ON 상태에서 에어컨 스위치를 OFF로 한 후 0.256초 지난 후

③ 냉각수 온도가 122℃이상

④ 크랭킹 동안

⑤ 스로틀 밸브 열림량이 69%이상인 경우 4.096초 동안

4.5 냉각 팬 제어

엔진의 과열을 방지할 목적으로 냉각 팬을 컴퓨터에서 저속·고속 릴레이를 제어하여 3단계로 제어한다. 다만, 수온 센서가 고장일 때 냉각 팬 구동 모드는 고속모드를 실행한다.

■ **냉각팬 동작 모드 및 릴레이 작동**

동작 모드	냉각 팬 릴레이	
	Low	High
OFF	OFF	OFF
저속	ON	OFF
중속	OFF	ON
고속	ON	ON

4.6 액상 · 기상 솔레노이드 밸브 제어

컴퓨터는 직접 냉각수 온도에 따라 액상 · 기상 솔레노이드 밸브 제어를 제어한다. 액상 솔레노이드 밸브는 냉각수 온도에 관계없이 다음 조건이 만족할 때 OFF된다.

① 엔진 오버런(over run)으로 연료 공급 차단 조건일 때

② 화재 방지 연료 공급 차단 조건이 만족될 때

■ **냉각수 온도와 액상 · 기상 솔레노이드 밸브 작동**

냉각수 온도	기상 솔레노이드 밸브	액상 솔레노이드 밸브
14℃ 이하	ON	OFF
14~35℃	ON	ON
35℃ 이상	OFF	ON

4.7 메인 릴레이 제어

점화 스위치를 ON으로 한 후에는 즉시 메인 릴레이가 ON되고, 점화 스위치를 OFF시킨 후에도 5초 동안 컴퓨터를 비롯하여 센서 및 액추에이터로 계속 전원을 공급하는 부품이다.

4.8 슬로 컷 솔레노이드 밸브 및 2차 솔레노이드 밸브 제어

(1) 슬로우 컷 솔레노이드 밸브(Slow Cut Solenoid Valve) 제어

베이퍼라이저의 1차실의 LPG를 저속 LPG 라인을 통해 믹서로 공급한다.

(2) 2차 솔레노이드 밸브 제어

시동 성능 향상 및 차량이 충돌하였을 때 LPG의 누출을 방지한다.

05 베르누이 정리

그림과 같은 관내의 흐름을 생각한다. 점성이나 압축성이 없는 이상 유체의 정상 흐름에 대하여 에너지의 출입이 없을 경우에는 다음의 관계가 성립된다.

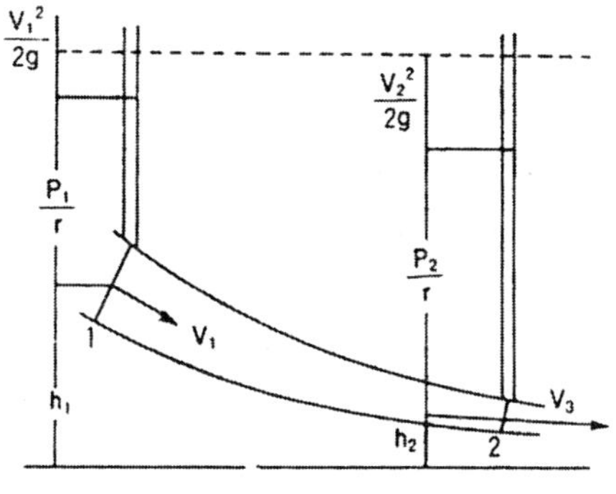

[그림 5-23] 베르누이의 정리

$$\frac{V_1^2}{2g}+\frac{P_1}{r}+h_1 = \frac{V_2^2}{2g}+\frac{P_2}{r}+h_2 = \text{일정}$$

여기서 V_1, V_2 : 흐름 속도

P_1, P_2 : 액체 압력

h_1, h_2 : 기준 수평면으로부터의 높이

r : 비중량

액체의 단위 중량 당의 속도 에너지, 압력 에너지 및 위치 에너지의 합친 것이 어느 곳에서 일정한 것을 표시하고 있으며 에너지의 식 또는 베르누이의 식이라 하고, 여러 가지의 계산의 기초로 되는 것이 중요한 식이다.

이 식의 각 항은 길이를 기본으로 하고 $\frac{V_1{}^2}{2g}$은 속도 수두, $\frac{P_1}{r}$은 압력 수두, h_1는 위치 수두를 나타내고, 이것의 합침이 일정인 것을 의미하고 있다.

즉, (속도 수두)+(압력 수두)+(위치 수두)=(전체 수두)

위 식을 이용하여 흐름의 상태를 조사한다.

① $h_1 = h_2$, 즉 유체가 수평 관내를 흐를 때 아래그림에서 $P_2 = P_1 - \frac{r}{2g}(V_2{}^2 - V_1{}^2)$가 되고 $V_2 > V_1$이므로 $P_2 < P_1$이 된다. 즉 흐름의 속도가 빠른 곳에서는 압력이 낮아진다. 에너지에 대해서는 액체의 압력 에너지가 속도 에너지로 변환된 것이 된다.

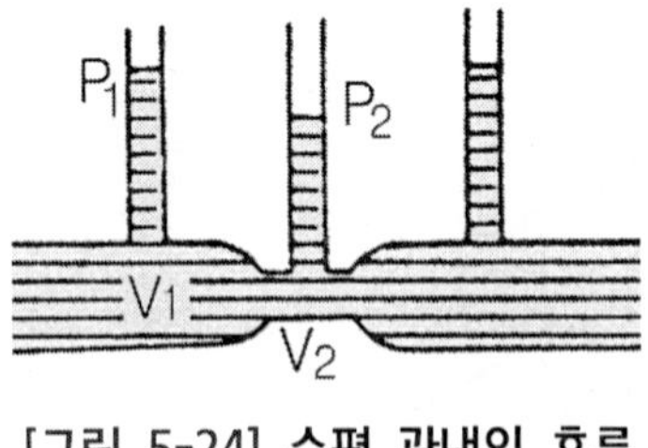

[그림 5-24] 수평 관내의 흐름

Chapter

6

LPI 연료 장치

1. LPI 연료분사 장치의 개요
2. LPI 전자제어 입력요소
3. LPI 전자제어 출력요소

01 LPI 연료분사 장치의 개요

1.1 개 요

LPI(Liquid Petroleum Injection) 연료 분사 시스템은 LPG 연료를 고압의(5~15bar) 액체상태로 유지하면서 ECU에 의해 각 실린더의 인젝터를 통하여 연료를 분사시키는 시스템으로 믹서 형식의 LPG 엔진에 비해 엔진의 성능, 연비, 저온 시동성, 역화, 타르의 발생 등이 개선되고 유해 배기가스의 배출이 적다.

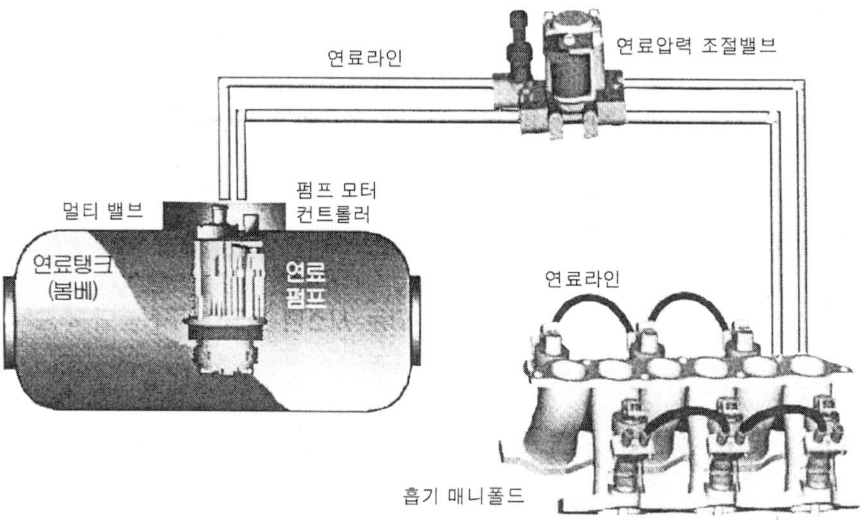

[그림 6-1] LPI 연료 시스템의 구성

LPI 시스템은 봄베 내장형 연료펌프, 특수 재질의 연료 공급 파이프, 고압 인젝터, 연료 압력을 조절하는 압력 조절기, LPI 전용 컴퓨터 등으로 구성되어 있으며, 믹서 형식의 LPG 엔진의 구성품인 베이퍼라이저나 믹서 등의 부품이 필요 없다.

① **펌프 모듈** : 멀티 밸브와 펌프로 구성되어 있으며, 연료 봄베 내의 LPG를 펌프에 의해 액체 상태로 송출하는 역할을 한다.

② **압력 조절기 유닛** : 차압을 유지하는 역할 외에 각종 센서가 설치된 유닛 구성품이다.

③ **흡기 매니폴드 유닛** : 흡기 매니폴드, 인젝터와 연료 라인으로 구성된 모듈 구성품이다.

④ **펌프 드라이버** : 펌프에 설치되어 모터를 5단계 제어하는 역할을 한다.

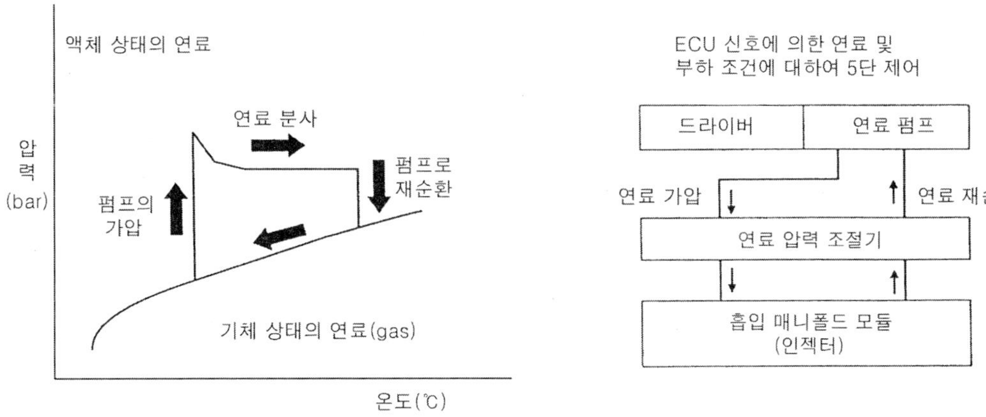

[그림 6-2] LPI 시스템의 연료 흐름도

연료 봄베 내의 압력은 1~10bar이고 연료 배관의 압력은 연료 봄베의 압력에 의해 결정되지만 일반적으로 5~15bar를 유지하며, 압력-온도(T-P 선도) 선도의 압력과 온도 특성을 기준으로 압력 조절기에 설치된 온도 센서와 압력 센서의 특성을 이용하여 LPG 액상 분사장치 연료 배관 내의 연료 성질을 분석한 값이 LPI 컴퓨터에 입력되면 컴퓨터는 자료를 분석하여 인젝터의 연료 분사량을 결정하여 인젝터에서 최적의 조건으로 연료를 분사하도록 제어한다.

1.2 연료의 조성

LPG는 온도에 따라 압력이 변화되고 비점은 프로판은 -45℃, 부탄은 -5℃이다. 액체 상태로 분사량을 결정하기 어렵기 때문에 압력 조절기 유닛에 내장된 온도 센서와 압력 센서를 이용하여 LPG의 상태를 예측하여 액체 상태의 연료를 분사가 가능하도록 시스템을 조성하였다.

1.3 LPI 엔진의 장점

① 가솔린 엔진과 비슷한 동력 성능을 발휘하며 유해 배기가스의 배출이 적다.

② 냉간 시동성이 우수하다.

③ 타르의 발생 및 역화가 적다.

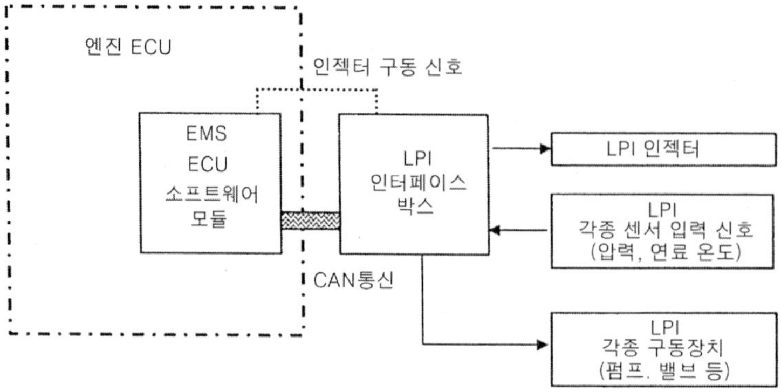

[그림 6-3] LPI 시스템의 작동도

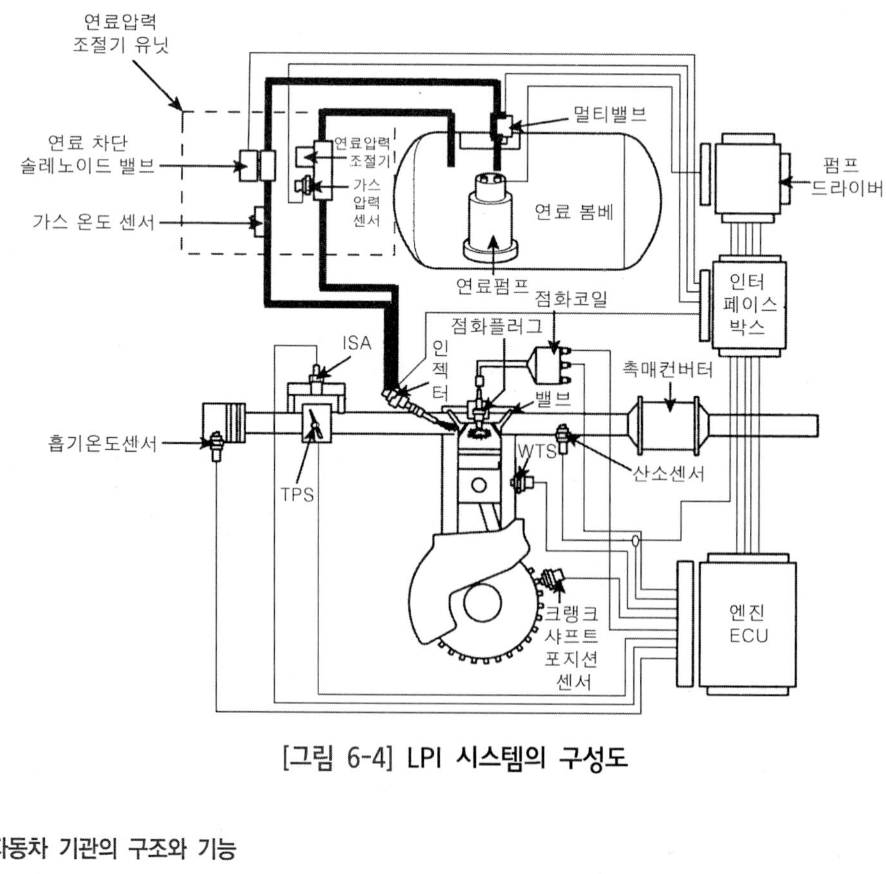

[그림 6-4] LPI 시스템의 구성도

♣ **인터페이스 박스** : 엔진 전자제어 컨트롤 모듈의 일종으로 엔진제어 컴퓨터(ECU)와는 별개이다. IFB는 LPG 인젝터와 펌프 드라이버를 제어하고 가스 도 센서와 가스 압력 센서의 신호가 입력된다.

♣ **펌프 드라이버** : 연료 펌프에 내장된 DC 모터의 구동속도를 엔진의 상황에 따라 5단계(500rpm, 1000rpm, 1500rpm, 2000rpm, 2800rpm)로 제어하는 역할을 하며, 봄베에 연료 펌프가 설치된 부분에 돌출되어 설치되어 있다.

1.4 봄베의 주요 부품

① 연료 펌프 드라이버 : 인터페이스 박스에서 신호를 받아 펌프를 구동하기 위한 모듈이다.

② 멀티 밸브 : 연료송출 밸브, 매뉴얼 밸브, 컷 오프 밸브, 과류방지 밸브로 구성되어 있다.

1.5 연료 펌프

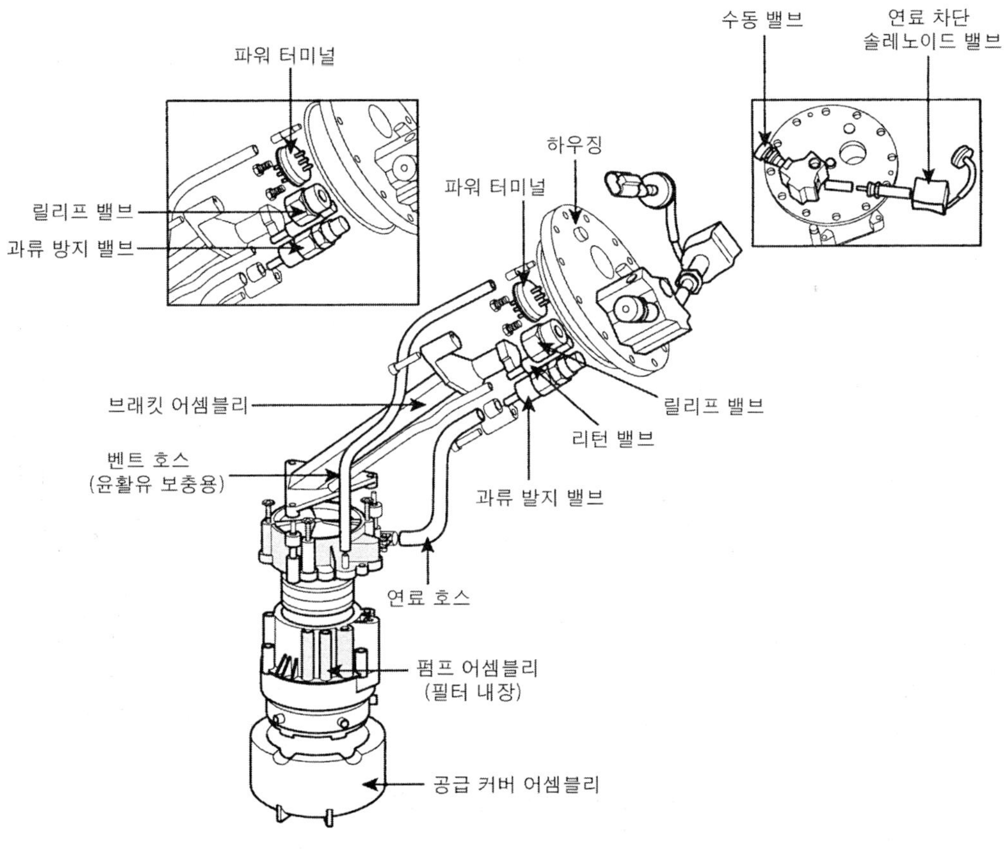

[그림 6-5] **연료 펌프의 구성품**

(1) 개 요

연료 펌프는 액체 상태의 LPG를 인젝터에 압송하는 역할을 한다. 연료 펌프는 필터(여과기), BLDC 모터 및 양정형 펌프로 구성된 연료펌프 유닛과 과류 방지 밸브, 리턴 밸브, 릴리프 밸브, 수동 밸브, 연료 차단 솔레노이드 밸브로 구성되어 있는 멀티 밸브 유닛으로 구성되어 있다.

(2) 작동 원리

펌프에는 원주 둘레 방향으로 5개의 체임버가 있으며, 각각의 체임버에는 흡입 체크 밸브 및 토출 체크 밸브가 설치되어 있다. 편심 축의 회전운동에 따라 다이어프램의 행정운동으로 변환되어 연료를 흡입 및 토출시킨다. 엔진에서 요구하는 펌프 유량에 따라 펌프 드라이버에 의해 펌프의 구동 속도가 5단계로 제어된다.

(3) 구 조

연료 펌프는 BLDC 모터 부분과 양정형 펌프 부분으로 구성되어 있으며, 봄베 내의 연료에 잠겨 있기 때문에 작동 소음 및 베이퍼 로크의 방지의 기능이 있다. 연료 펌프에는 체크 밸브, 릴리프 밸브 및 필터가 설치되어 있다.

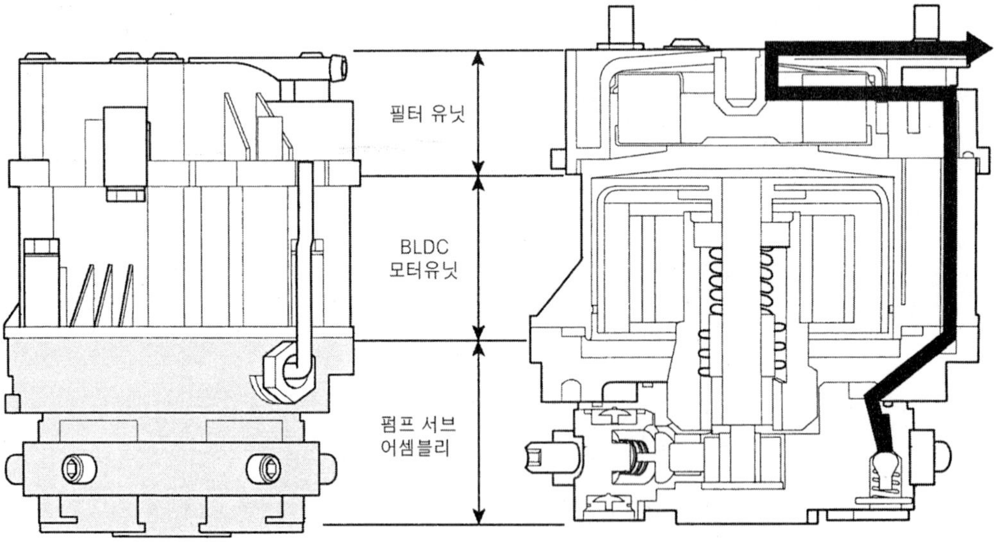

[그림 6-6] **연료 펌프 어셈블리**

① 필터 유닛 : 필터 캡과 필터로 구성되어 있으며, 연료에 함유되어 있는 불순물을 여과시키는 역할을 한다.

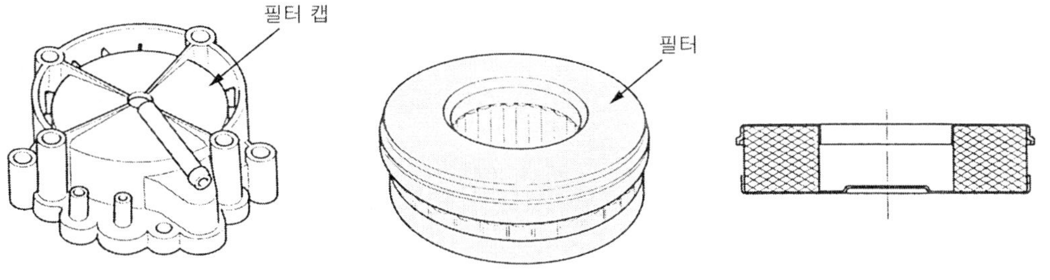

[그림 6-7] **연료 필터 유닛**

② DC 모터 유닛 : 펌프를 구동하는 동력원으로서, 다이어프램에 회전 운동을 행정 운동으로 변화시켜 엔진에서 요구되는 펌프의 유량에 따라 인터페이스 박스에서 펌프 모터 드라이버에 펌프 회전수 신호를 보내 500rpm, 1000rpm, 1500rpm, 2000rpm, 2500rpm의 5단계로 회진힌다.

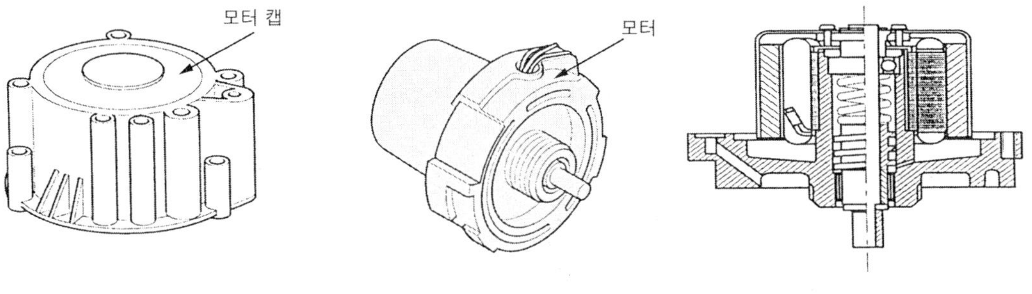

[그림 6-8] **DC 모터 유닛**

③ 펌프 서브 어셈블리 : 다이어프램의 행정 운동을 양정 운동으로 변환되는 펌프로 원주 둘레 방향으로 5개의 체임버가 있다. 각각의 체임버는 흡입 체크 밸브 및 토출 체크 밸브가 설치되어 다이어프램의 운동에 의해 연료를 흡입 및 토출시킨다.

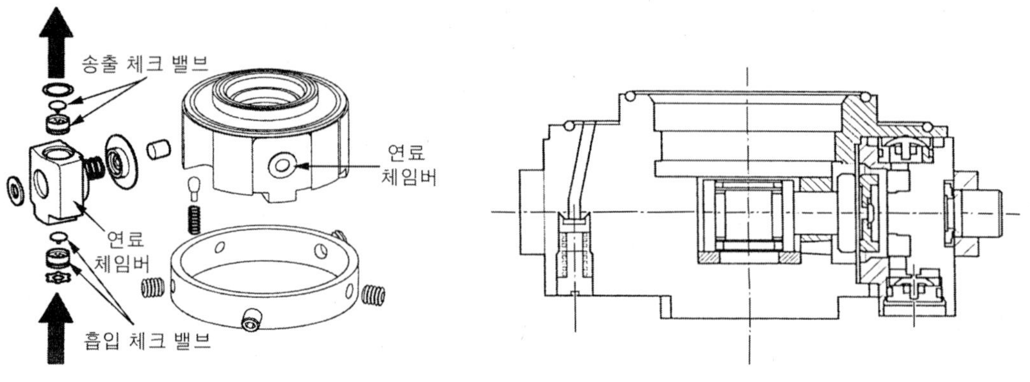

[그림 6-9] **펌프 서브 어셈블리**

1.6 리턴 밸브[return valve] 및 릴리프 밸브[relief valve]

리턴 밸브는 연료 라인의 LPG 압력이 규정값 이상이 되면 열려 과잉의 LPG를 봄베로 리턴시키는 역할을 한다.

릴리프 밸브는 연료 공급 라인의 LPG 압력을 일정하게(액체 상태로 유지) 유지시켜 열간 재시동성 지연을 개선시키는 역할을 하며, 개구부에 연결된 플레이트와 스프링의 장력에 의해 연료의 압력이 20±2kgf/cm^2 에 도달하면 연료를 봄베로 리턴시킨다. 릴리프 밸브는 18kgf/cm^2 이상의 공기 압력을 1분간 가했을 때 누설이 없는 기밀성이 있어야 한다.

리턴 밸브는 연료 라인의 LPG 압력이 규정값 이상이 되면 열려 과잉의 LPG를 봄베로 리턴시키는 역할을 한다.

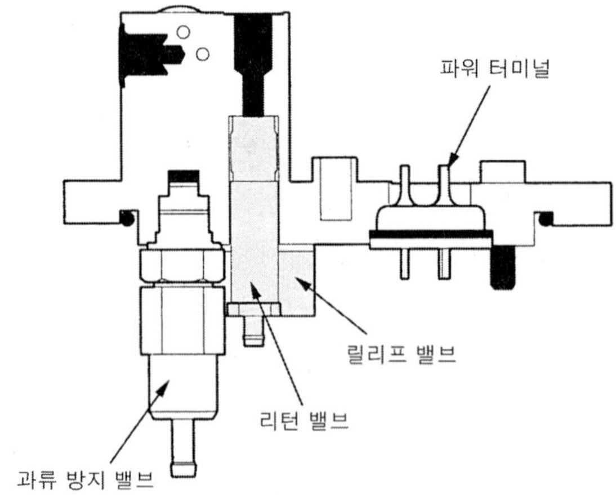

[그림 6-10] **릴리프 밸브**

1.7 연료 차단 솔레노이드 밸브[cut-off solenoid valve]

연료 차단 솔레노이드 밸브는 멀티 밸브 어셈블리에 설치되어 있으며, 연료 압력 조절기 유닛과 멀티 밸브 어셈블리에 각각 1개씩 설치되어 동일한 조건으로 동일하게 작동하여 2중으로 연료를 차단한다.

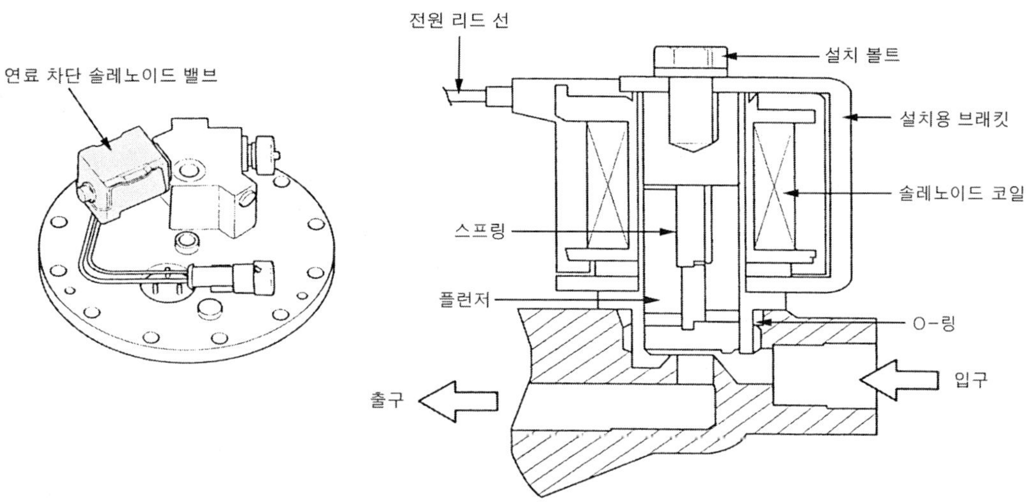

[그림 6-11] **연료 차단 솔레노이드 밸브**

1.8 연료 압력 조절기 유닛[fuel pressure regulator unit]

(1) 기 능

연료 봄베에서 송출된 고압의 LPG를(라인 내의 압력을)펌프의 압력보다 약 5kgf/cm² 정도 높게 유지시키는 역할을 한다.

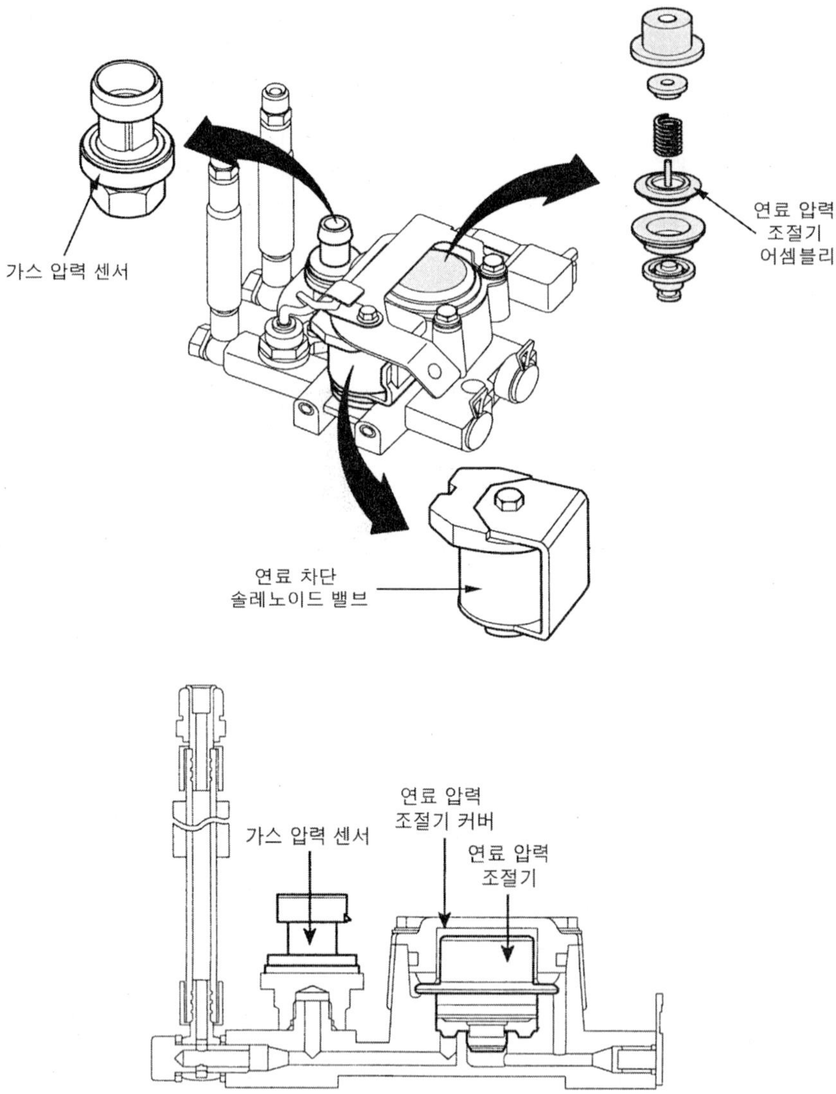

[그림 6-12] 연료 압력 조절기 유닛

① **연료 차단 솔레노이드 밸브** : 연료를 차단하기 위한 밸브로 점화 스위치 OFF시 연료를 차단한다.

② **연료 압력 조절기** : 연료 라인의 압력을 펌프의 압력보다 항상 5kgf/cm^2 정도 높도록 조절하는 역할을 한다.

③ **가스 온도 센서** : 가스 온도에 따른 연료량의 보정 신호로 이용되며, LPG의 성분 비율을 판정할 수 있는 신호로도 이용된다.

④ **가스 압력 센서** :LPG 압력의 변화에 따른 연료량의 보정 신호로 이용되며, 시동시 연료 펌프의 구동 시간의 제어에 영향을 준다.

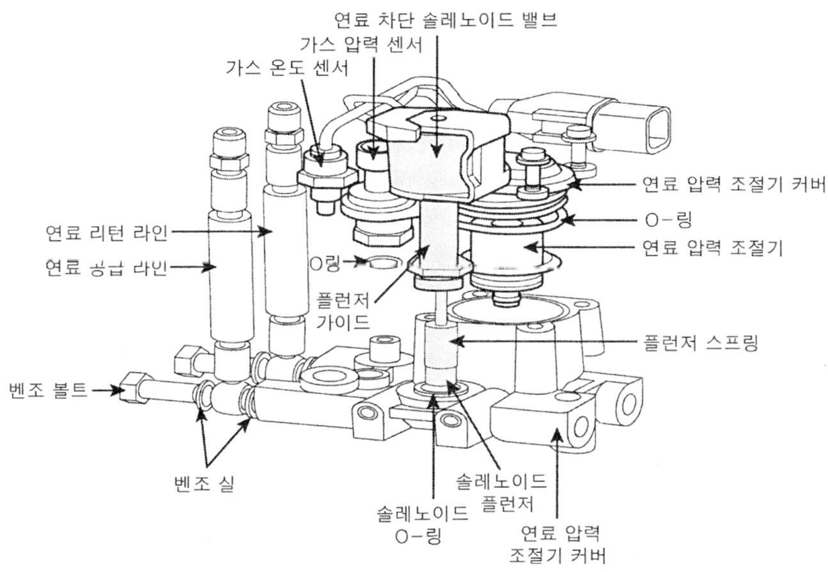

[그림 6-13] 연료 압력 조절기 유닛의 구성품

1.9 인젝터[injector]

① 인젝터 :인젝터는 컴퓨터에 의해 제어되는 전류 구동방식으로 액체 상태의 LPG 연료를 인젝터와 연료 분사 후 기화 잠열에 의한 수분의 빙결 현상을 방지하는 아이싱 팁으로 구성되어 있으며, 연료는 연료 입구측의 필터를 통한 LPG가 인젝터 내의 아이싱 팁을 통하여 흡기관에 분사된다.

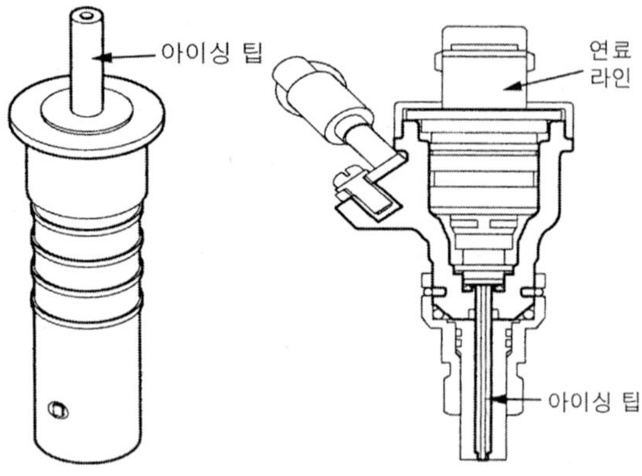

[그림 6-14] **인젝터**

② **아이싱 팁** : LPG 연료를 분사한 후에 발생하는 기화 잠열에 의해 주위의 수분이 빙결되는 현상이 발생되기 때문에 이로 인하여 엔진의 성능이 저하되는 것을 방지하기 위하여 아이싱 팁을 사용한다. 아이싱 팁은 재질의 차이를 이용하여 아이싱 결속력을 저감시킴으로서 빙결의 생성을 방지하는 역할을 한다.

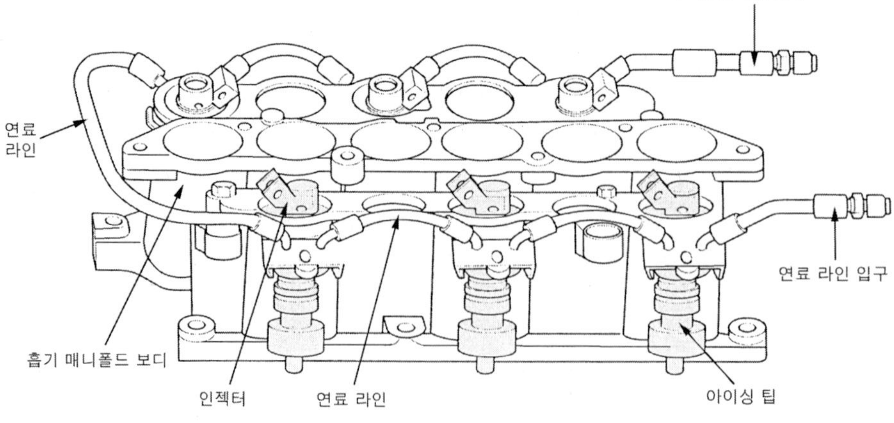

[그림 6-15] **연료 라인**

1.10 수동 밸브[manual valve]

장기간 차량을 운행하지 않는 경우 봄베에서 연료가 송출되지 않도록 수동으로 연료 라인을 차단하는 밸브.

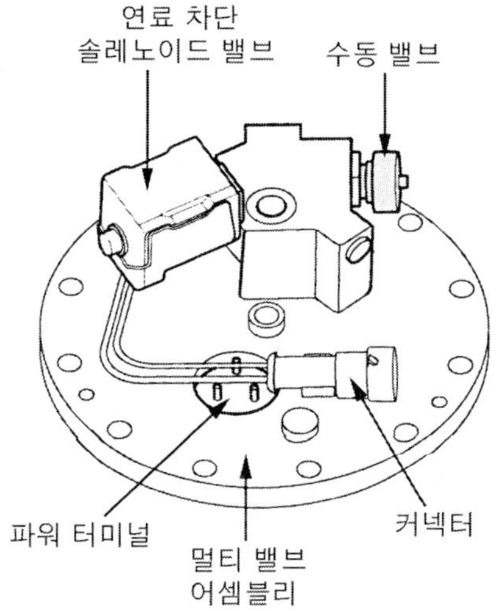

[그림 6-16] 수동 밸브

1.11 과류 방지 밸브[excess flow check valve]

배관 및 연결부의 파손으로 봄베로부터 연료의 송출을 차단하여 LPG의 방출로 인한 위험을 방지하는 역할을 한다. 폐지 유량은 2~6ℓ /min이며, 차압은 0.5kgf/cm² 이하이다.

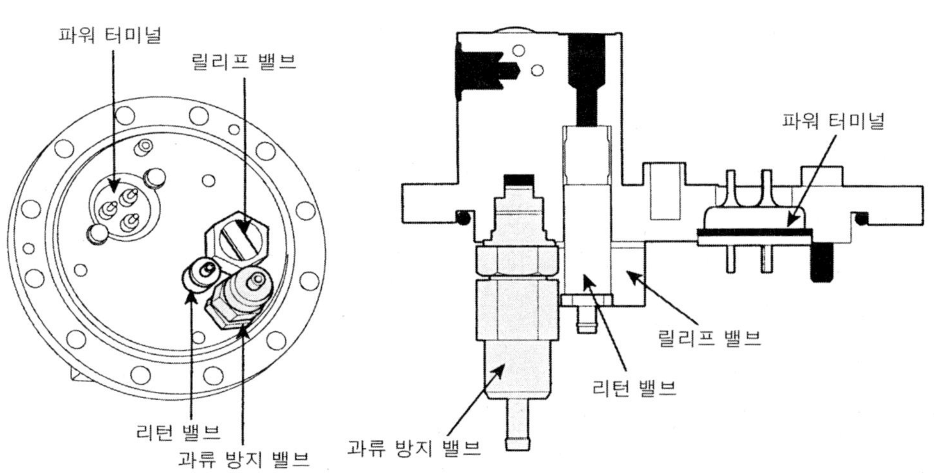

[그림 6-17] 과류 방지 밸브

02 LPI 전자제어 입력요소

2.1 전자제어 입·출력도

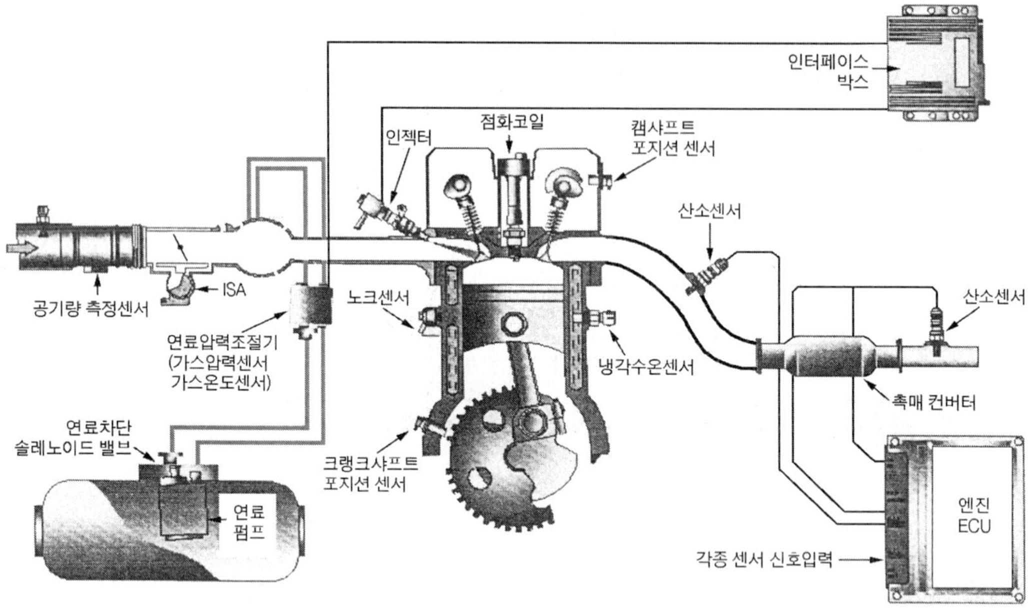

[그림 6-18] LPI 시스템의 전자제어 입출력도

2.2 가스 압력 센서[GPS : gas pressure sensor]

가스 압력 센서는 황동 재질로 압력 조절기 유닛에 체결되어 있으며, 캐패시티브 센싱 엘리먼트가 내장되어 있다. 액체 상태의 LPG 연료의 압력을 검출하여 해당 압력에 대한 출력 전압을 인터페이스 박스에 전달하는 역할을 하며, 인터페이스 박스는 이 신호를 컴퓨터에 전달하여 연료의 압력에 따른 연료 분사량을 연산하도록 한다.

캐패시티브 센싱 엘리먼트가 시스템의 압력에 따라 정전 용량값을 변화시키면 컨디셔닝 모듈은 이 정전 용량값을 전압 값으로 변환시켜 출력하며, 출력 전압은 압력에 비례하여 선형으로 출력되므로 출력 전압을 측정하여 시스템의 압력으로 측정할 수 있다.

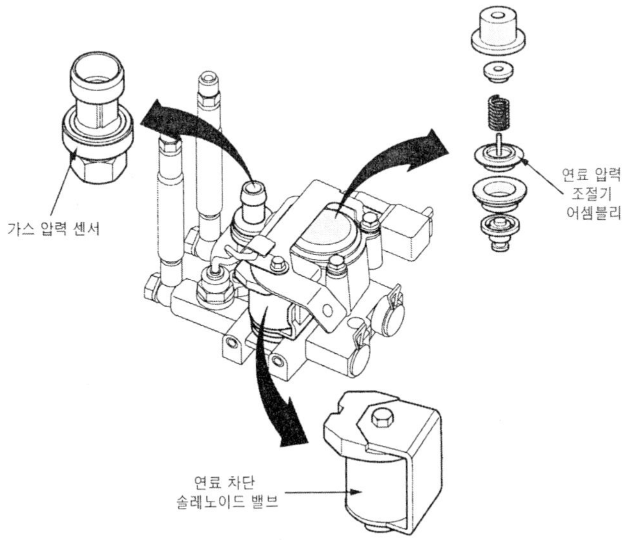

[그림 6-19] **가스 압력 센서 위치**

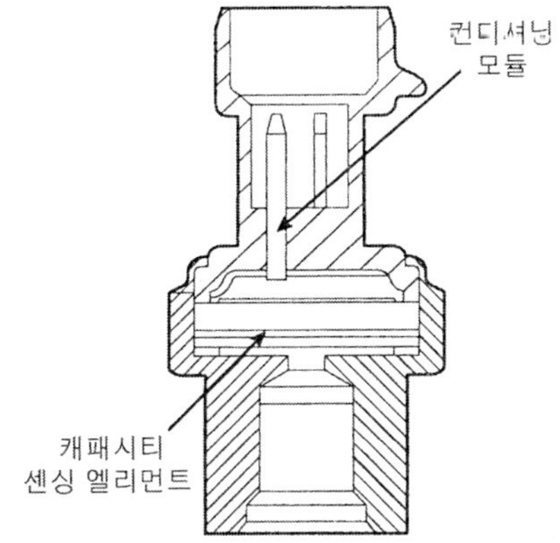

[그림 6-20] **가스 압력 센서의 작동 원리**

2.3 가스 온도 센서[GTS : gas temperature sensor]

가스 온도 센서는 연료 압력 조절기 유닛에 체결되어 있으며, NTC 소자를 이용하여 연료의 온도를 검출하여 컴퓨터에 입력시키는 역할을 한다.

컴퓨터는 이 신호를 이용하여 분사시기를 결정하는데 이용된다. 또한 연료 분사량의 보정 및 펌프 구동 시간 제어에도 사용된다.

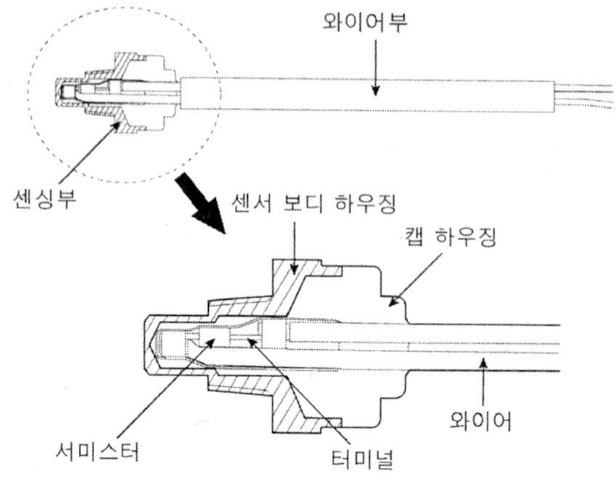

가스 온도 센서의 구조

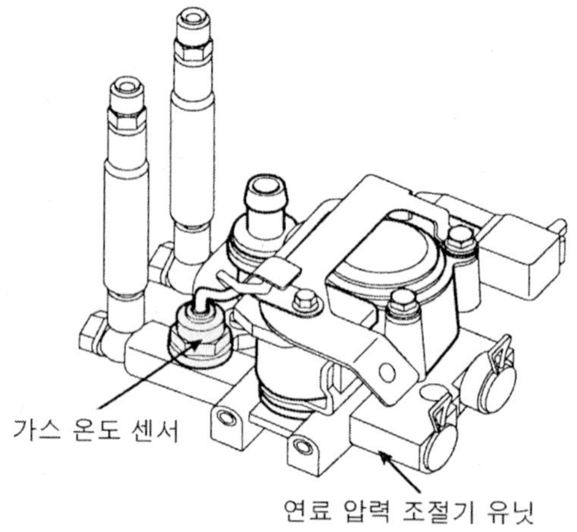

가스 온도 센서 위치

[그림 6-21]

2.4 노크 센서

압전 소자(piezo ceramic)를 이용하여 엔진의 진동을 검출한후 전기적인 신호로 변환하여 컴퓨터에 입력시켜 점화시기를 제어하는 역할을 한다.

2.5 산소 센서

배기가스 중의 산소 농도를 검출하여 전기적인 신호를 컴퓨터에 입력시켜 이론 공연비를 유지하여 유해 배기가스 배출이 저감되도록 한다.

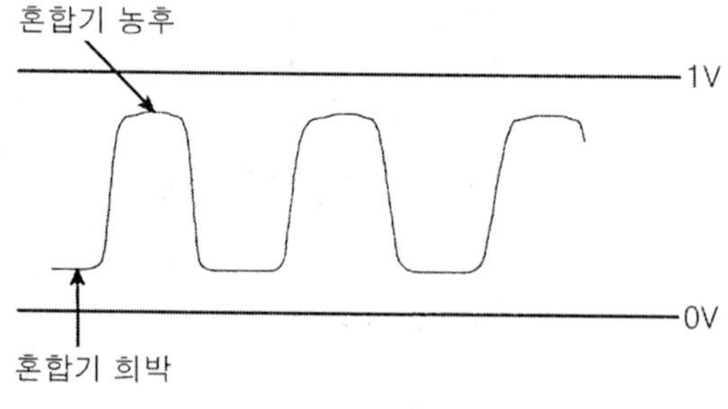

[그림 6-22] 산소 센서의 위치 및 출력 특성

03 LPI 전자제어 출력 요소

3.1 펌프 드라이버

펌프 드라이버는 연료 펌프 내에 장착된 brushless direct current 모터의 구동을 제어하는 컨트롤러로서 펌프를 엔진의 운전조건에 따라 5단계로 제어하는 역할을 한다.

♣ Pulse-Width Modulation : 펄스 변조 방식의 하나로서 아날로그 정보 신호의 진폭에 따라 펄스 폭을 변화시키기 위한 것.
♣ Priority Interrupt Controller : 보통 8개까지의 주변 장치를 포함할 수 있는 저렴한 마이크로컴퓨터에 고속의 우선순위 인터 럽트 기능을 첨가한 양극성 Large Scale Integration 회로로서 Microprocessing Unit가 서비스 요구와 우선 등급을 결정하기 위해 모든 주변 기기를 조사할 필요성이 없도록 해준다.
♣ Program Interrupt Control : 입출력 프로그램의 실행 시간에서 외부장치 플래그가 세트되기를 기다리는 동안의 시간 낭비를 없애기 위하여 외부장치로부터 요구가 있을 때 정보의 전송을 시작하도록 제어하는 것.

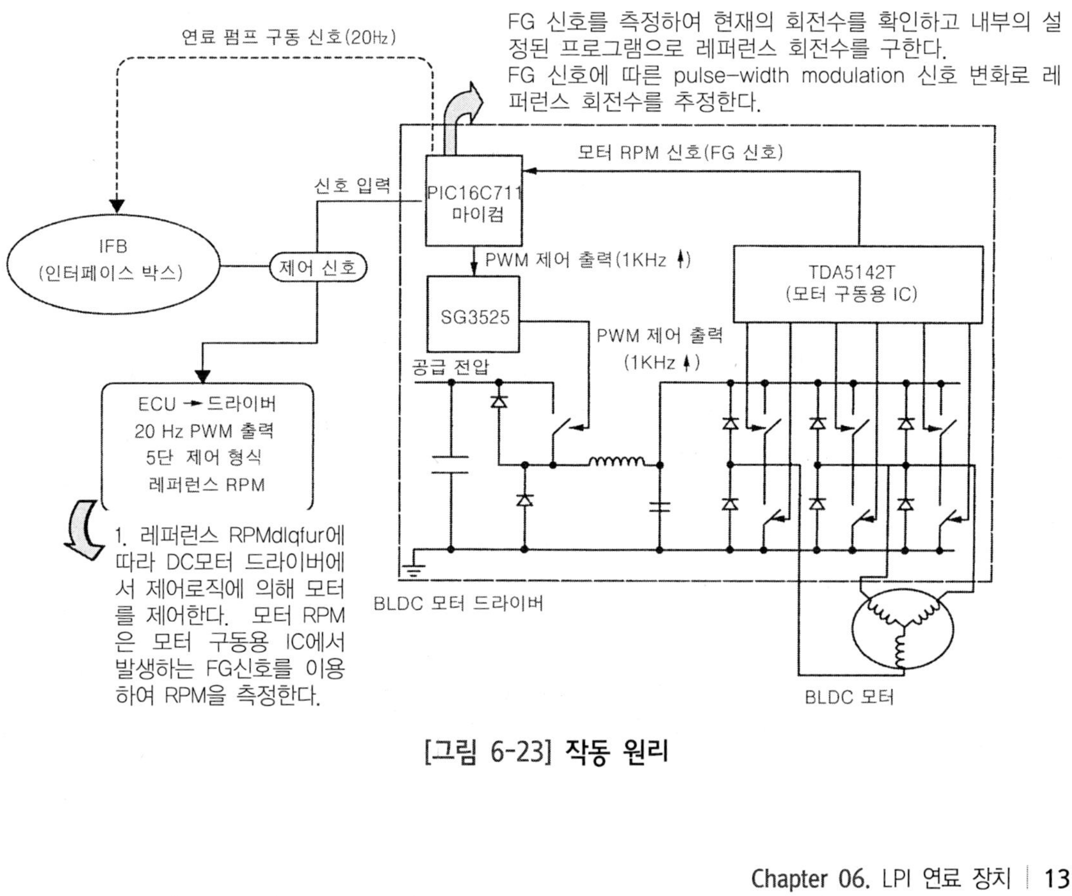

[그림 6-23] 작동 원리

3.2 연료 차단 솔레노이드 밸브[cut-off solenoid valve]

연료 차단 솔레노이드 밸브는 점화 스위치 ON, OFF시 작동되는 전자석 밸브로서 연료 압력 조절기 유닛에 설치되어 있다. 연료 차단 솔레노이드 밸브는 점화 스위치를 OFF시킬 때 연료 봄베와 인젝터 사이의 연료 라인을 차단하여 봄베로부터 연료가 송출되지 않도록 하여 안전을 유지시키는 역할을 한다.

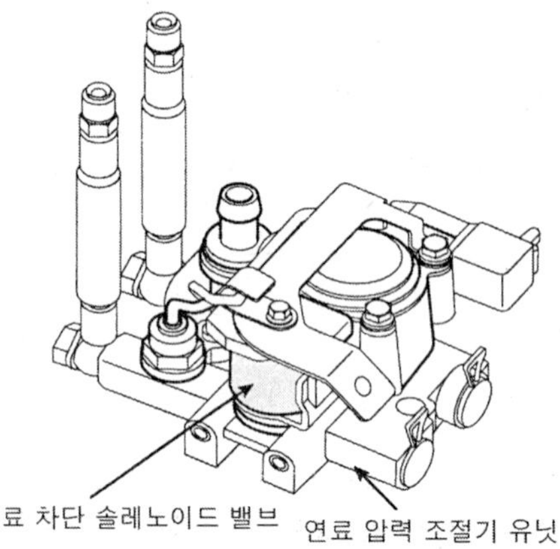

[그림 6-24] 연료 차단 솔레노이드 밸브의 위치

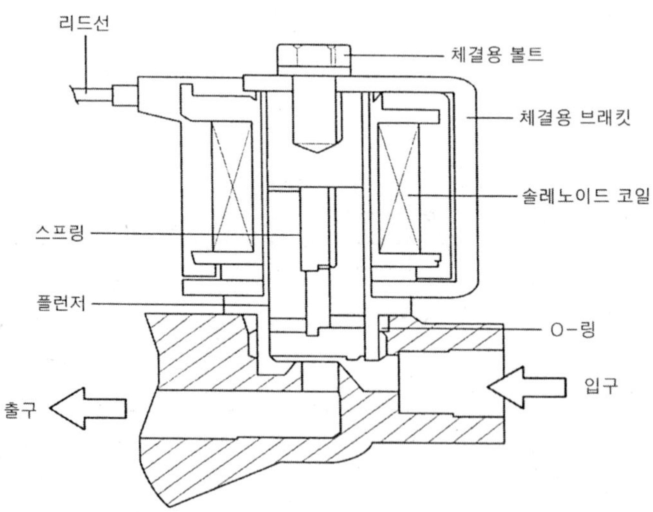

[그림 6-25] 연료 차단 솔레노이드 밸브의 구조

3.3 공전속도 제어 액추에이터[ISA]

스로틀 보디에 설치되어 컴퓨터의 제어 신호에 의해 엔진의 운전 조건에 필요한 흡입 공기량을 조절하는 역할을 한다. 흡기 온도 보정, 고지 보정, 아이들 듀티 제어량 결정, 부하 보정, 냉각 수온 보정에 따라 공회전 듀티량 보정 및 공회전 제어에 이용된다.

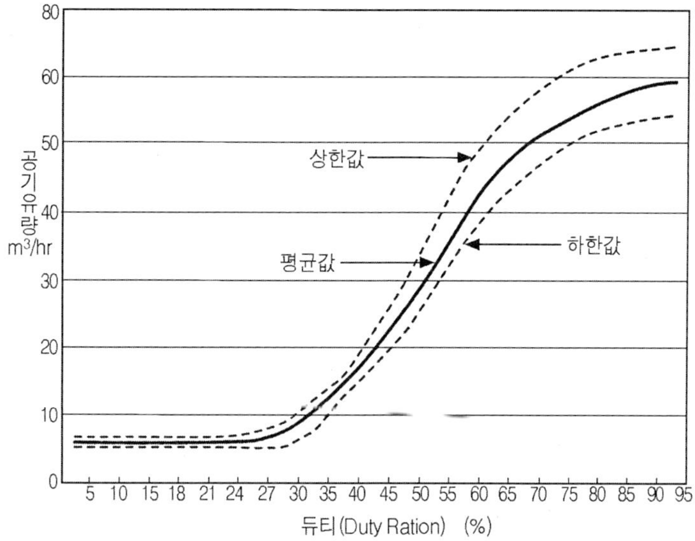

[그림 6-26] ISA 특성 곡선

Chapter

7

흡 · 배기장치

1. 공기 청정기(Air cleaner)
2. 흡기 다기관
3. 배기 다기관
4. 소음기
5. 과급기

01 공기 청정기(Air cleaner)

실린더에 공기와 함께 유입되는 먼지 등은 실린더, 피스톤 및 흡·배기 밸브 등에 마멸을 촉진시키며, 엔진 오일에 유입되어 각 윤활부의 마멸을 촉진시킨다. 공기 청정기는 흡입 공기의 먼지 등을 여과하는 작용 이외에 흡입되는 공기의 소음을 감소시키며, 역화가 발생할 때 불길을 저지하는 기능도 있다.

종류에는 건식과 습식이 있으며, 건식 공기 청정기는 케이스와 여과 엘리먼트로 구성되고 습식 공기 청정기는 엘리먼트가 스틸 울(steel wool)이나 천(gauze)이며 엔진 오일이 케이스 속에 들어 있다.

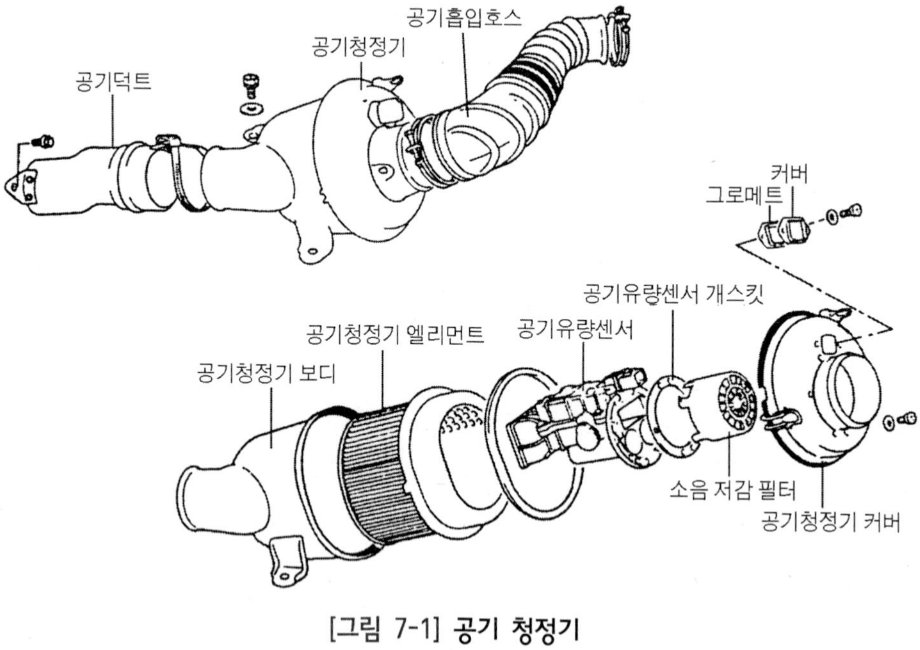

[그림 7-1] **공기 청정기**

02 흡기 다기관

흡기 다기관(intake manifold)은 혼합기를 실린더 내로 안내하는 통로이며, 실린더 헤드 측면에 설치되어 있다. 흡기 다기관은 각 실린더에 혼합기가 균일하게 분배되도록 하여야 하고, 공기의 충돌을 방지하여 흡입 효율이 저하되지 않도록 굴곡이 있어서는 안되며, 연소가 촉진되도록 혼합기에 와류(渦流)를 일으키도록 해야 한다.

엔진 작동중 흡기 다기관은 실린더에서 흡입 작용으로 항상 진공상태에 있으며 공전 상태에서 45~50cmHg의 진공을 유지하여 브레이크 배력 장치 및 크랭크 실 환기 장치 등을 작동시킨다.

흡기 다기관의 지름은 클수록 흡입 효율이 좋으나 혼합기의 흐름 속도가 느려 연료의 입자가 흡기관 벽에 부착되어 혼합기가 희박해지므로 실린더 지름의 25~35%가 적당하다.

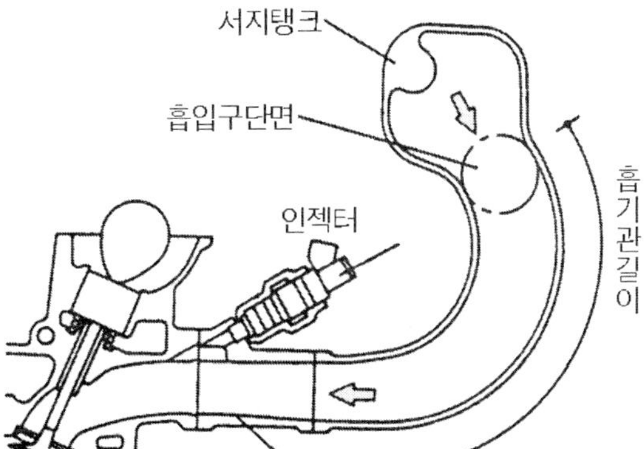

[그림 7-2] **서지 탱크와 흡기다기관**

03 배기 다기관

배기 다기관(exhaust manifold)은 고온·고압가스가 끊임없이 통과하므로 내열성이 큰 주철 등을 사용하며, 실린더에서 배출되는 배기가스를 모아서 소음기로 보내는 곳으로 지나치게 고온이 되는 것을 방지하기 위해 냉각 핀을 둔 형식도 있다.

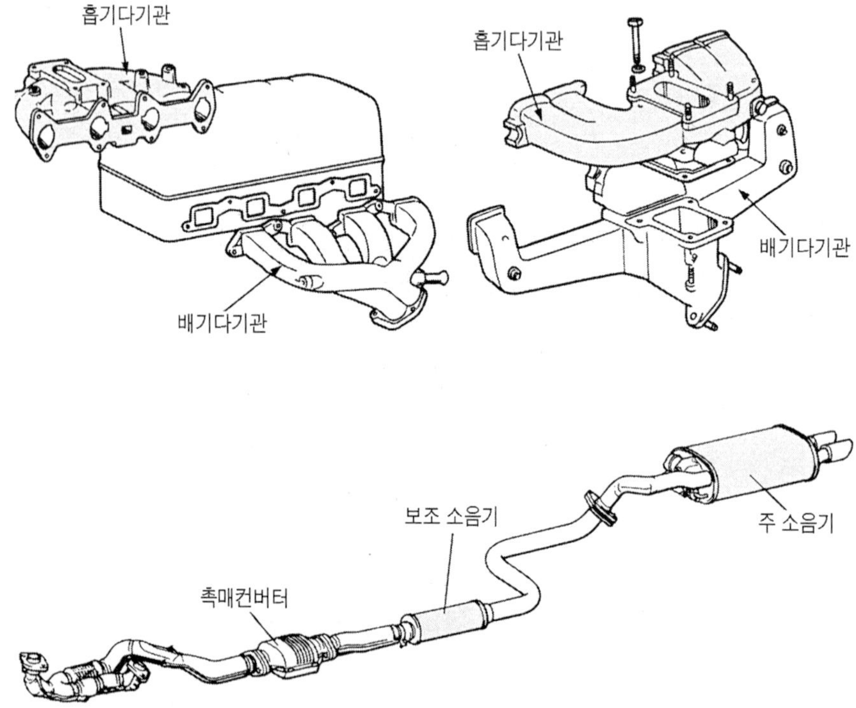

[그림 7-3] **배기 장치의 구성**

04 소음기

배기가스는 고온(600~900℃)이고, 흐름의 속도가 거의 음속(340m/sec)에 달하므로 이것을 그대로 대기 중에 방출시키면 급격히 팽창하여 격렬한 폭음을 낸다. 이 폭음을 막아주는 장치가 소음기이며 음압(音壓)과 음파(音波)를 억제시키는 구조로 되어 있다.

내부 구조는 몇 개의 방으로 구분되어 있고 배기가스가 이 방들을 지나갈 때마다 음파의 간섭, 압력 변화의 감소, 배기 온도 등을 점차로 낮추어 소음(消音)시킨다. 소음 효과를 높이기 위해 소음기의 저항을 크게 하면 엔진의 폭음은 감소하나 배압(back pressure)이 커져 엔진의 출력이 감소한다. 소음기의 소음 방법에는 흡음재를 사용하는 방법, 음파를 간섭시키는 방법, 튜브 단면적을 어느 길이만큼 크게 하는 방법, 공명(共鳴)에 의한 방법, 배기가스를 냉각시키는 방법 등이 있다.

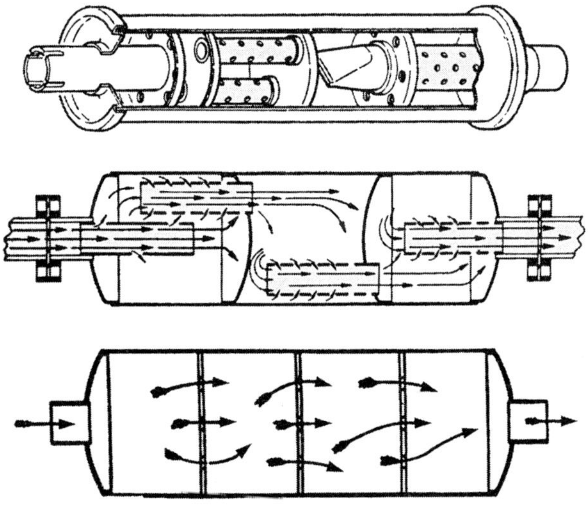

[그림 7-4] 소음기의 구조

♣ 배기가스 색깔과 연소상태

① 무색(無色) : 정상 연소　　② 백색(白色) : 엔진 오일 연소

③ 흑색(黑色) : 혼합기 농후　　④ 엷은 황색 또는 자색 : 혼합기 희박

⑤ 황색에서 흑색으로 변화 : 노킹 발생

05 과급기

과급기는 엔진의 출력을 향상시키고 회전력을 증대시키며 연료 소비율을 향상시키기 위하여 흡기다기관에 설치한 공기 펌프(공기압축기)이다. 자연 흡입방식의 엔진은 피스톤의 하강 행정에서 발생되는 진공으로 공기를 흡입하기 때문에 출력의 향상을 얻을 수 없다.

따라서 흡기다기관에 공기 펌프를 설치하여 강제적으로 많은 공기량을 실린더에 공급시키므로 체적 효율이 증대되어 엔진의 출력이 향상되며, 회전력이 증대되고 연료의 소비율이 3~5% 향상된다.

과급기는 배기가스의 압력을 이용하여 작동되는 터보차저와 엔진의 동력을 이용하여 작동되는 슈퍼차저(루츠 송풍기)가 있다. 2행정 사이클 디젤엔진에는 슈퍼차져가 주로 사용되고, 4행정 사이클 디젤엔진에는 터보차져가 주로 사용된다. 과급기를 설치하면 엔진의 중량이 10 ~ 15% 증가되며, 엔진의 출력은 35 ~ 45% 증가된다.

5.1 터보 차저[turbo charger]

터보차저는 1개의 축 양끝에 각도가 서로 다른 터빈을 설치하여 하우징의 한쪽은 흡기다기관에 연결하고 다른 한쪽은 배기 다기관에 연결하여 배기가스의 압력으로 배기 쪽의 터빈을 회전시키면 흡입쪽의 펌프도 회전되기 때문에 펌프 중심 부근의 공기는 원심력을 받아 바깥둘레로 가속되어 디퓨저에 들어간다.

디퓨저에 공급된 공기는 통로의 면적이 크므로 공기의 속도 에너지가 압력 에너지로 변환되어 실린더에 공급되기 때문에 체적 효율이 향상된다. 또한 배기 터빈이 회전하므로 배기 효율이 향상되며, 터보차저를 배기 터빈 과급기라고도 한다.

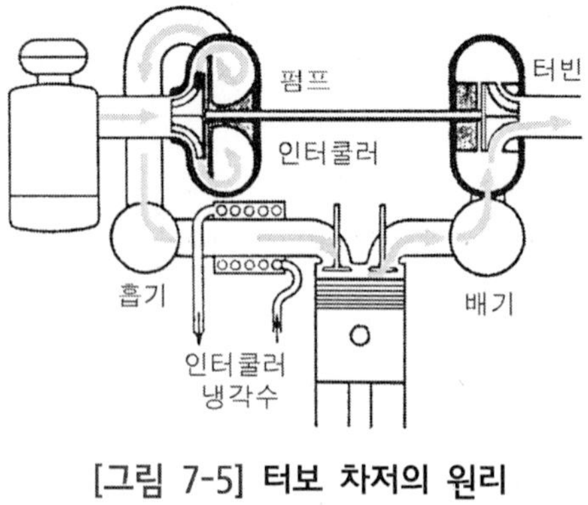

[그림 7-5] 터보 차저의 원리

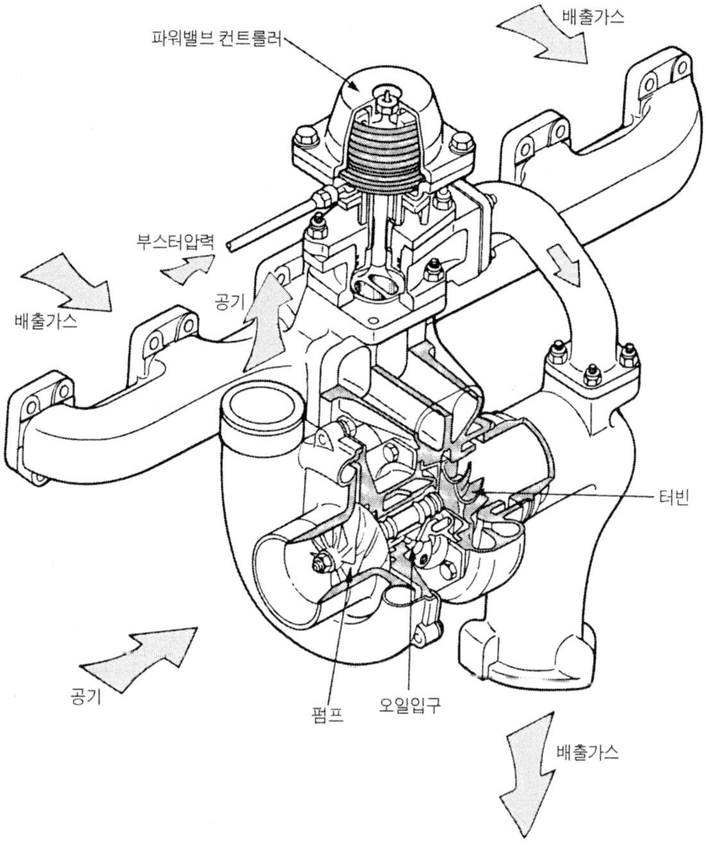

[그림 7-6] **터보 차저의 작동도**

♣ 디퓨저란 확산한다는 뜻으로서 유체 또는 기체의 통로를 넓혀서 흐름을 속도를 느리게 함으로써 유체 또는 기체의 속도 에너지를 압력 에너지로 변환하는 장치이다.

(1) 터보차저의 구조

터보차저는 배기가스의 압력에 의해서 고속으로 회전하여 공기를 가압하는 펌프, 배기가스의 열에너지를 회전력으로 변환시키는 터빈, 터빈 축을 지지하는 플로팅 베어링, 과급 압력이 규정 이상으로 상승되는 것을 방지하는 과급 압력 조절기, 과급된 공기를 냉각시키는 인터 쿨러, 분사 시기를 조절하여 노크가 발생되지 않도록 하는 노크 방지 장치 등으로 구성되어 있다.

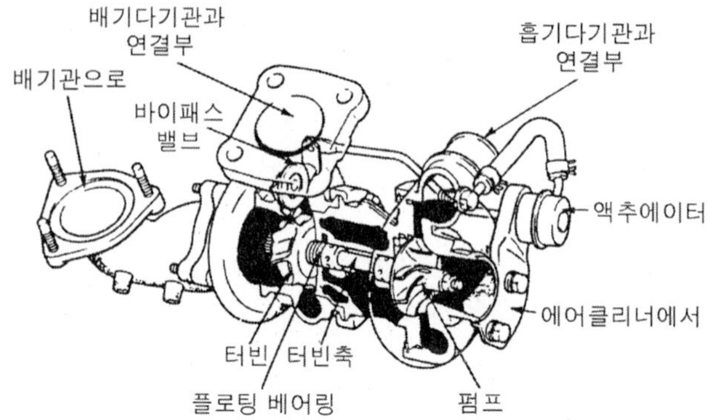

[그림 7-7] 터보 차저의 구조

① **펌프 임펠러**(pump impeller) : 펌프는 흡입쪽에 설치된 날개로 실린더에 가압된 공기를 보내는 역할을 한다. 펌프는 디퓨저가 설치되어 있는 하우징 안에서 회전하면 공기는 원심력을 받아 하우징 바깥 둘레 방향으로 가속되어 디퓨저에 유입된다. 디퓨저에 유입된 공기는 통로의 면적이 커지기 때문에 속도 에너지가 압력 에너지로 변환하여 흡기 다기관에 유입되므로 각 실린더의 밸브가 열릴 때마다 가압된 공기가 실린더에 공급된다.

② **터 빈**(turbine) : 터빈은 배기 쪽에 설치된 날개로 배기가스의 압력에 의하여 펌프를 회전시키는 역할을 하며, 터빈의 날개는 레이디얼형이 사용된다. 배기가스의 열에너지를 회전력으로 변환시키는 역할을 한다.

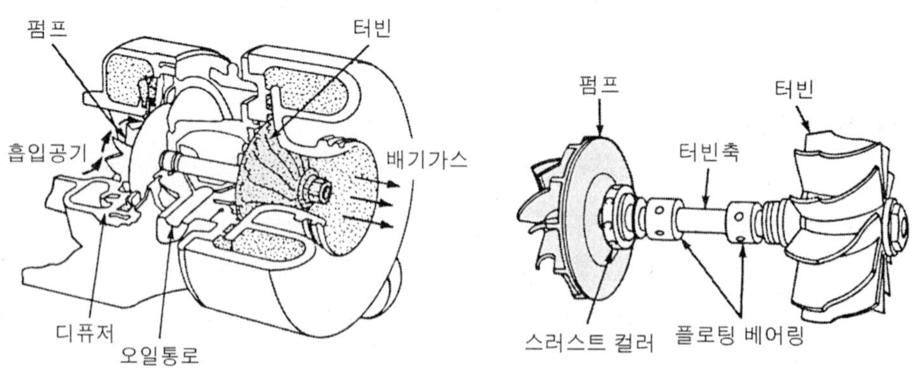

[그림 7-8] 펌프와 터빈

③ **플로팅 베어링**(floating bearing) : 플로팅 베어링은 10,000 ~ 15,000rpm 정도로 회전하는 터빈 축을 지지하는 베어링으로 엔진으로부터 공급되는 엔진오일로 윤활되므로 하우징과 축 사이에서 자유롭게 회전할 수 있다. 주의할 점은 고속주행후 엔진을 바로 정지시키면 플로팅 베어링에 엔진오일이 공급되지 않아 고착이 되는 경우가 발생하므로 충분히 공전시켜 터보 장치를 냉각시킨 후 엔진을 정지시켜야 한다.

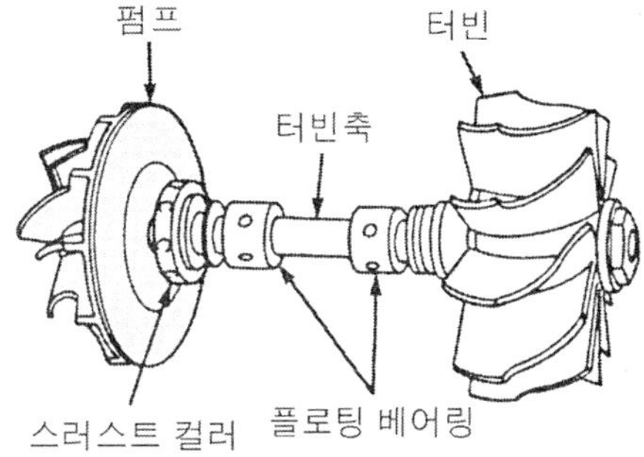

[그림 7-9] 플로팅 베어링

④ **과급 압력 조절기**(super pressure relief) : 과급 압력 조절기는 과급 압력이 규정 이상으로 상승되는 것을 방지하는 조절기이다. 과급 압력을 조절하지 않으면 허용 압력 이상으로 상승하여 엔진이 파손되므로 조절하여야 한다. 압력을 조절하는 방법으로는 배기가스를 바이패스시키는 방법과 흡입되는 공기를 조절하는 방식이 있다.

5.2 인터 쿨러[inter cooler]

인터 쿨러는 펌프와 흡기 다기관 사이에 설치되어 과급된 공기를 냉각하는 장치이다. 펌프에 의해서 과급된 공기는 온도가 높아져 팽창하고 산소 밀도가 떨어져 결과적으로 실린더 안에 충전효율이 떨어진다.이때 인터쿨러를 이용하여 압축된 고온의 공기를 냉각하므로 공기밀도가 올라가 실린더의 흡입효율이 높아지고 엔진 연소효율이 향상되어 연비가 좋아지고 이산화탄소 배출도 크게 줄어든다.

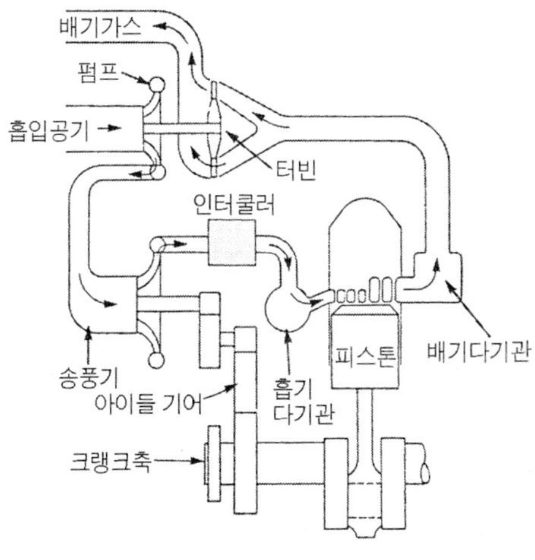

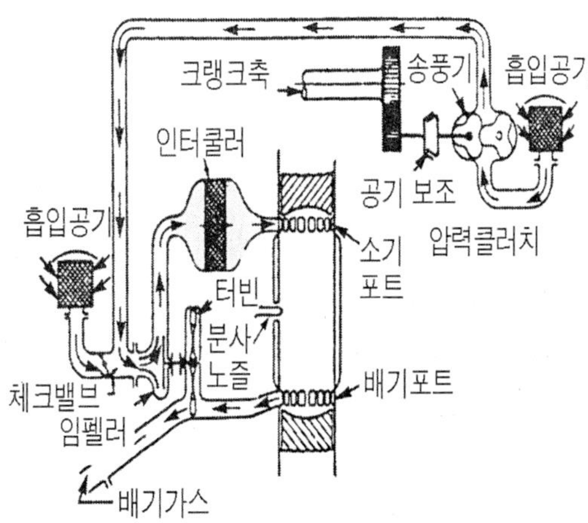

[그림 7-10] 인터 쿨러 설치 위치

(1) 공랭식 인터 쿨러(air cooled type inter cooler)

공랭식 인터 쿨러는 주행 중에 받는 바람을 이용하여 냉각하는 형식이다. 구조가 간단하고 속도가 높을수록 냉각 효율이 높기 때문에 터보 차저 엔진을 사용한 레이싱 카에서는 대부분 이 방식을 사용한다.

(2) 수랭식 인터 쿨러(water cooled type inter cooler)

수랭식 인터 쿨러는 엔진의 냉각용 라디에이터 또는 전용의 라디에이터에 순환하는 물을 이용하여 과급 공기를 냉각시키는 방식이다. 저속에서도 냉각효과가 좋은 특징이 있지만 공랭식에 비해 구조가 복잡하다.

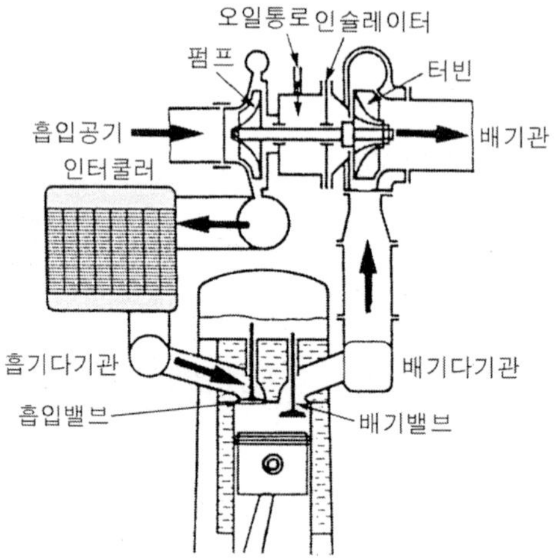

[그림 7-11] 인터 쿨러

5.3 슈퍼 차저[super charger]

(1) 슈퍼 차저의 구조

슈퍼 차저는 ECU의 제어 신호에 의해 엔진의 동력을 전달 또는 차단하는 전자 클러치, 엔진의 동력에 의해서 회전하여 공기를 압축하는 루트, 엔진의 동력을 받는 풀리, 전자클러치 OFF시 공기를 공급하는 바이패스 통로로 구성되어 있다. 전자 클러치에 의해서 엔진의 부하가 적을 때는 클러치를 OFF 시켜 연비를 향상시키고 부하가 커지면 클러치를 ON 시켜 엔진의 출력을 향상시킨다.

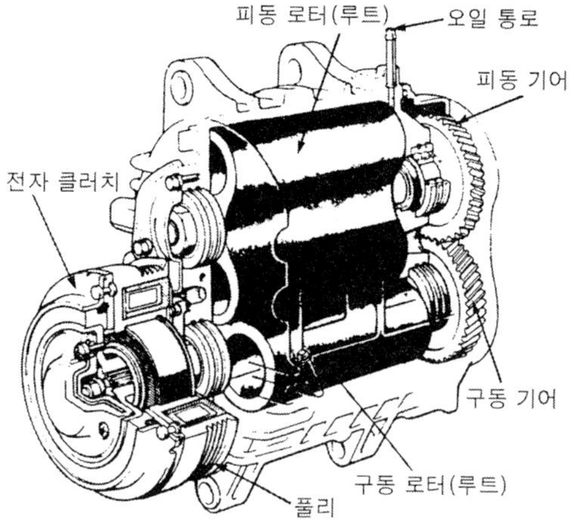

[그림 7-12] **슈퍼 차저의 구조**

(2) 슈퍼 차저의 작동

기관에 부하가 적을 때는 흡기 다기관의 진공이 공기 바이패스 밸브의 진공실에 작용하여 흡입되는 공기는 공기 바이패스 통로를 통하여 실린더에 공급된다. 기관에 부하가 클 때는 ECU의 제어에 의해서 전자 클러치와 버큠 솔레노이드 밸브가 작동한다. 이때 버큠 솔레노이드 밸브가 열려 공기 바이패스 밸브의 진공실에 대기압을 유입시켜 바이패스 밸브를 닫는다.

전자 클러치가 작동되면 기관의 동력이 벨트를 통하여 전달되며 루트(roots)가 회전되어 공기를 압축한 후 흡기 다기관을 통하여 흡기 밸브가 열린 실린더에 공급된다. 슈퍼 차저가 작동하여 과급 압력이 규정값 이상으로 상승하면 과급 압력에 의해서 공기 바이패스 밸브가 열려 과급된 공기의 일부가 흡기 덕트로 바이패스 되므로 압력을 일정하게 유지하게 된다.

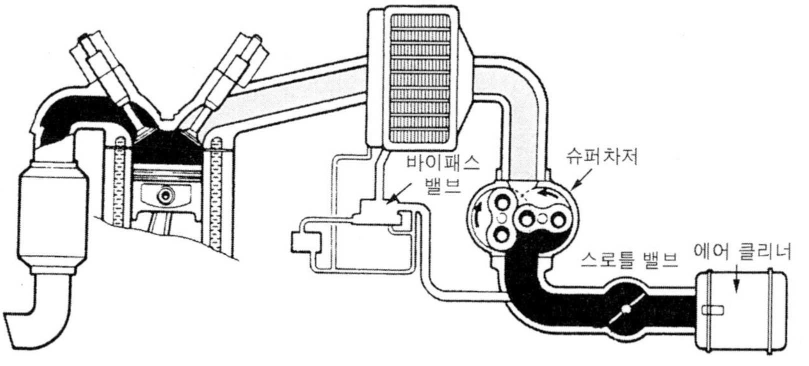

[그림 7-13] **슈퍼 차저의 계통도**

Chapter

8

가솔린 엔진의 연료장치

1. 가솔린의 물리적 성질
2. 가솔린 엔진의 연소 과정
3. 전자제어 연료 분사 장치의 분류
4. 전자제어 연료 분사 장치의 구조와 기능

01 가솔린의 물리적 성질

1.1 가솔린의 특성

가솔린은 석유계 원유(原油)에서 정제한 탄소(C)와 수소(H)의 유기화합물의 혼합체이다.

① 옥탄가 : 90~95

② 비중 : 0.74~0.76

③ 저위 발열량 : 11,000Kcal/kgf

④ 인화점 : −10 ~−15℃

⑤ 자연 발화점 : 대기 압력 하에서 300~500℃

♣ **비중(比重)** : 단위 체적의 연료 무게와 4℃인 같은 체적의 물의 무게와의 비율을 말한다.

♣ **인화점(引火點)** : 일정한 용기(用器) 속에 연료를 넣고 가열하면 증기가 발생하여 공기와 혼합되며, 이때 혼합 가스가 가연(可燃)한계 이내면 불꽃에 의하여 쉽게 인화되는 최저 온도이다.

♣ **착화점(발화점)** : 연료는 그 온도가 상승하면 외부에서 불꽃을 가까이 하지 않아도 자연히 발화(發火)하는 최저 온도를 말한다.

♣ **발열량(發熱量)** : 단위 질량(質量)의 연료가 완전히 연소되었을 때 발생하는 열량이며, 열량계 속에서 단위 질량의 연료를 연소시켰을 때 발생하는 열량을 고위 발열량이라고 하고, 연소에 의해 발생한 수분의 증발열을 뺀 열량을 저위 발열량이라고 한다. 일반적으로 기체나 액체의 발열량은 저위 발열량으로 나타낸다.

1.2 가솔린의 구비 조건

① 옥탄가가 높을 것

② 체적 및 무게가 적고 발열량이 클 것

③ 연소 후 유해 화합물을 남기지 말 것

④ 연소 속도가 빠를 것

02 가솔린 엔진의 연소 과정

2.1 연소의 개요

가솔린 엔진의 실린더 내에서 연료의 연소는 매우 짧은 시간에 이루어지나 그 과정은 점화, 화염전파, 후연소의 3단계로 나누어진다.

2.2 노크 제어

화염 면이 정상적으로 도달하기 이전에 말단 가스(end gas)가 부분적으로 자기 착화에 의하여 급격히 연소가 진행되는 경우 비정상적인 연소에 의해 발생하는 급격한 압력 상승으로 인해 실린더 내의 가스가 진동하여 충격적인 타격 음이 발생하는데 이를 노크(knock) 또는 노킹(knocking)이라 하며, 노크는 점화시기와 밀접한 관계가 있어 점화시기를 빠르게 하면 노크가 발생할 소지가 커진다.

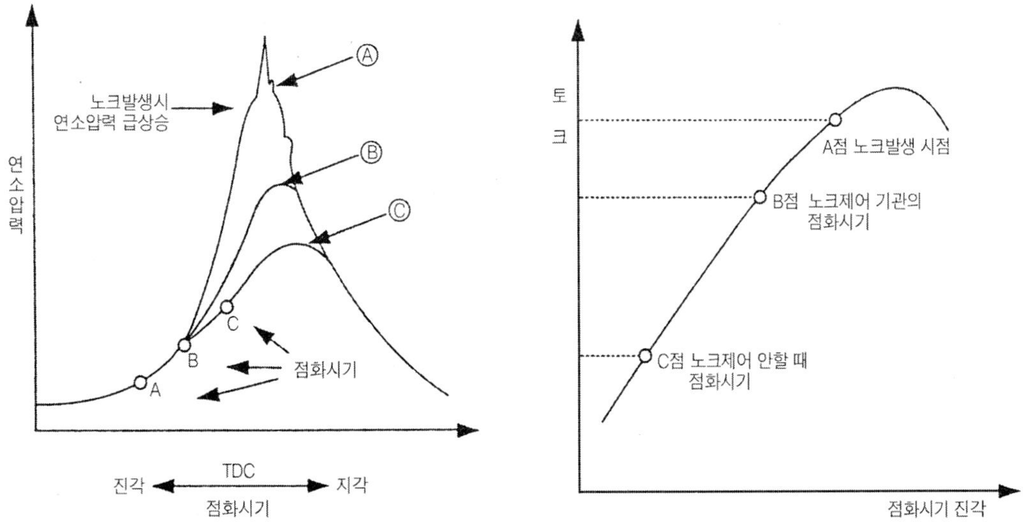

[그림 8-1] 노크가 발생할 때의 점화 상태

2.3 정상 연소와 이상 연소

정상 연소는 과도한 압력 상승에 의해 엔진의 운전 장애가 발생하지 않는 범위 내에서 엔진의 성능이 최대로 될 때의 연소를 말하며, 이상 연소란 급격한 압력파에 의해 충격적으로 연소가 이루어져 운전 장애와 출력 저하를 발생하는 연소를 말한다.

2.4 연소실의 압력 변동

최대 폭발 압력의 위치가 상사점을 지난 후 크랭크 각 10~13° 부근일 때 최대 효율을 얻을 수 있다. 따라서 Power Timing 보다 점화 시기가 빠르면 조기 점화에 의한 노크가 일어나 출력이 떨어진다. 또한 점화 시기가 너무 늦어도 최대 폭발 압력이 낮아져 엔진의 출력이 떨어지는 원인이 된다. 노크 제어에는 노크 센서를 사용하며 실린더 블록에 부착하여 노크 진동에 의한 피에조 압전 효과를 이용한 센서에 의해 전기 신호로 변환한다.

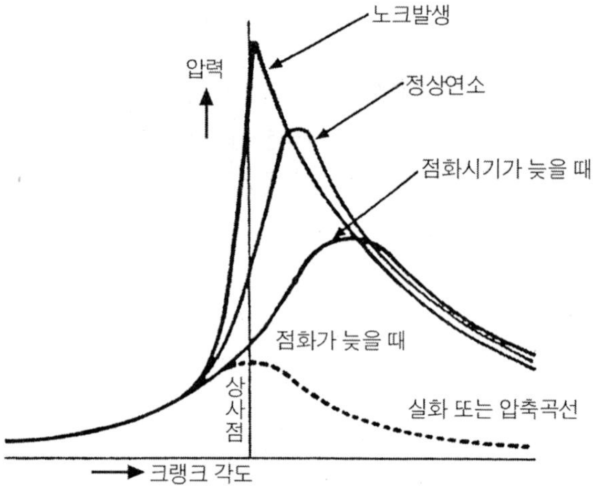

[그림 8-2] **점화 시기와 연소실의 압력**

03 전자제어 연료 분사 장치의 분류

전자 제어 연료 분사 장치란 엔진 출력증대, 배출가스 감소, 연비향상등을 만족시키기 위해 각종 센서를 부착하고 이 센서에 보내준 정보를 받아서 엔진의 운전 상태에 따라 연료의 분사량과 점화시기등을 제어(制御)하는 장치이다. 이 방식의 엔진은 다음과 같은 특징이 있다.

① 연료 소비율이 감소되고 엔진 출력이 증대된다.

② 저온시 엔진 시동성이 향상되고 엔진 응답성 및 운전 성능이 향상된다.

③ 유해 배출가스를 감소시킬수 있다.

④ 공기 흐름에 따른 관성 질량(慣性質量)이 작아 응답성이 향상된다.

⑤ 구조가 복잡하고 값이 비싸다.

⑥ 엔진 부조 및 고온 시동성이 불량하다.

3.1 제어 방식에 의한 분류

제어 방식에 의한 분류에는 K-제트로닉(기계 제어 방식), D-제트로닉(흡기 압력 검출 방식), L-제트로닉(흡입 공기량 검출 방식) 등이 있다.

♣ K-Jetronic의 K는 Kontinuierlich의 약어이며, 기계식 연속 분사 장치란 의미이다.

♣ D-Jetronic의 D는 Druck의 약어이며, 흡기 압력 검출 방식이란 의미이다.

♣ L-Jetronic의 L은 Luft의 약어이며, 흡입 공기량 검출 방식이란 의미이다.

♣ Jetronic은 영어의 Injection(분사)과 Electronic(전자)의 합성어이며 독일 보쉬(Robert Bosch)사가 개발한 상품명으로 '분사한다' 는 뜻이다.

3.2 분사 방식에 의한 분류

연료 분사의 종류에는 흡기다기관 내 분사 방식과 흡입 포트 분사 방식, 그리고 최근에 개발된 실린더 내 가솔린 직접 분사 방식 등이 있다. 또한 흡기다기관 내 분사 방식에는 기계적으로 연속 분사하는 방식(K-Jetronic)과 SPI 방식이 있으며, 흡입 포트 분사 방식에는 MPI 방식이 있다. 현재 우리나라 자동차용 전자 제어 분사 방식은 MPI만을 사용하고 있다.

(1) 기계적으로 연속 분사하는 방식

이 방식은 기계-유압식으로 작동되는 연료 분사장치로서 엔진이 가동되는 동안 계속하여 연속적으로 연료를 분사하는 방식이다. Bosch사의 K-Jetronic, KE-Jetronic 여기에 속한다.

(2) SPI(Single Point Injection)방식

이 방식은 TBI(Throttle Body Injection)라고도 부르며, 스로틀 밸브 위의 한 중심점에 위치한 인젝터(1~2를)를 통하여 간헐적으로 연료를 분사하므로 흡기다기관을 통하여 실린더로 유입된다.

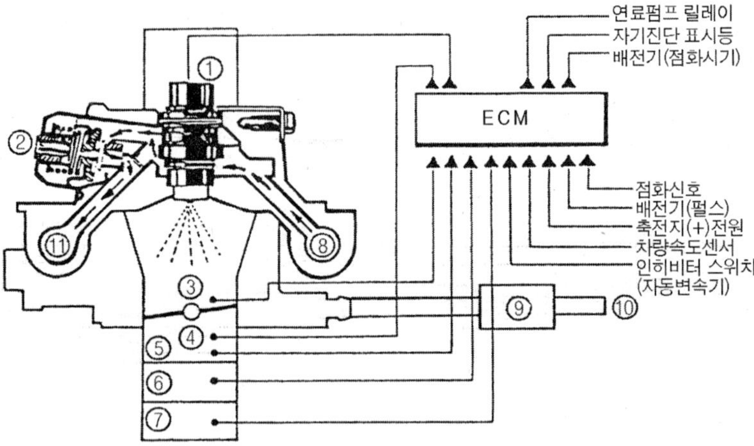

[그림 8-3] SPI 제어 계통

(3) MPI(Multi Point Injection)방식

이 방식은 각 실린더에 해당하는 흡입포트에 인젝터를 각각 1개씩 설치하여 가솔린을 분사시키는 방식이다. 연료는 흡입 밸브 바로 앞에서 분사되므로 흡기다기관에서의 연료 응축(wall wetting)에 전혀 문제가 없으며, 엔진의 가동 온도에 관계없이 최적의 성능이 보장된다.

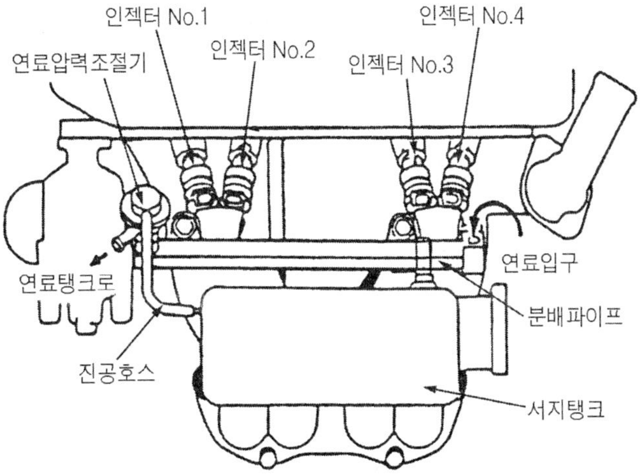

[그림 8-4] MPI의 구성도

(4) GDI(실린더 내 가솔린 직접 분사 방식)

이 방식은 디젤 엔진과 같이 실린더 내에 가솔린을 직접 분사하는 것으로 약 35~40 : 1의 초희박 공연비로도 연소가 가능하다. 연료 공급 압력은 일반 전자제어 연료 분사방식의 경우 약 3~6kgf/cm² 인데 비해, 약 50~100kgf/cm² 으로 매우 높으며, 실린더 내의 유동을 제어하는 직립형 흡입 포트, 연소를 제어하는 바울형 피스톤(bowl type piston), 고압 연료 펌프, 스월 인젝터(swirl injector) 등이 사용된다.

(5) 간헐 분사 방식(pulse timed injection type)

이 방식은 일정한 시간 간격으로 연료를 분사하는 것이며, L-Jetronic, D-Jetronic 등이 여기에 속한다.

3.3 분사량 제어 방식에 의한 분류

(1) MAP센서 방식(Manifold absolute Pressure Sensor type)

이 방식은 스로틀 밸브 열림량의 변화가 흡기다기관 내의 진공도(부압)를 변화시키므로 흡입 공기량을 흡기다기관 내의 진공 압력(절대 압력) 변화를 이용하여 검출하며, D-Jetronic여기에 속한다.

(2) MPC 방식(Manifold Pressure Controlled Injection type)

이 방식은 실린더로 유입되는 흡입 공기량을 Air funnel에 가해지는 정압에 의해 센서 플레이트를 이동시키고, 이 이동에 의하여 연료 분배기의 제어 플런저의 행정을 변화시켜 분사량을 제어하는 것이며, K-Jetronic이 여기에 속한다.

(3) AFC 방식(Air Flow Controlled Injection type)

이 방식은 스로틀 밸브의 열림량에 따라 공기 청정기로 유입되는 흡입 공기량을 공기 유량 센서로 검출하여 이 신호를 기준으로 컴퓨터가 기준 분사량을 결정하여 분사시키는 것이며, L-Jetronic이 여기에 속한다.

3.4 흡입 공기량 계측 방식에 의한 분류

(1) 매스 플로 방식(mass flow type)

이 방식은 공기유량계(air flow meter)가 직접 흡입 공기량을 계측하고 이것을 전기적 신호로 변화시켜 이 신호를 컴퓨터로 보내 분사량을 결정하는 방식이다.

(2) 스피드 덴시티 방식(speed density type)

이 방식은 흡기다기관 내의 절대 압력(진공을 0으로 한 압력 : 대기 압력+진공 압력), 스로틀 밸브의 열림량, 엔진의 회전속도로부터 흡입 공기량을 간접 계측하는 것이며, D-Jetronic이 여기에 속한다.

04 전자제어 연료 분사 장치의 구조와 기능

4.1 흡입 계통(吸入系統)

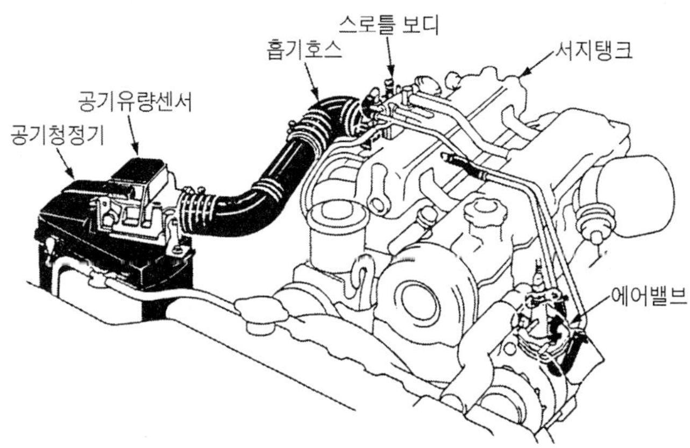

[그림 8-5] **흡입 계통의 구성**

[1] 공기 유량 센서[air flow sensor]

엔진으로 유입되는 공기량을 전압비로 계측하여 ECU에 입력하는 일을 한다. ECU는 이 신호를 연산하여 연료 분사량을 결정하고, 분사 신호를 인젝터에 보내어 분사시킨다. 공기 유량 센서의 종류에는 흡입 공기량 계측 방식인 베인식, 칼만 와류식, 열선식(또는 열막식) 등과 흡기 압력 검출 방식인 MAP센서가 있다.

(1) 베인식(vane or measuring plate type)-에어 플로 미터 방식

이 방식은 L-제트로닉에서 흡입 공기량을 계측하여 컴퓨터로 보내는 방식이다. 작동은 베인(메저링 플레이트)의 열림량을 포텐쇼미터에 의하여 전압비로 검출한다.

① **댐핑 체임버**(damping chamber ; 완충실) : 댐핑 체임버는 베인과 공기 유량 센서 보디로 구성된 공간이며, 베인이 공기의 압축에 의하여 평형을 이루면서 작용하므로 정확하고 안정된 흡입 공기량을 측정할 수 있도록 한다.

② **연료 펌프 스위치** : 이 스위치는 엔진의 가동이 정지되어 있을 때는 베인이 닫혀 있으므로 슬라이더가 연료 펌프 스위치를 밀어 OFF시킴에 따라 연료 펌프에 공급되는 배터리 전원을 차단한다. 엔진이 가동되면 베인이 흡입 공기에 의해 열리므로 슬라이더가 밀고 있던 연료 펌프 스위치가 ON되므로 연료 펌프에 배터리 전원을 공급한다.

③ **흡기 온도 센서**(air temperature sensor) : 흡기 온도 센서는 공기 유량 센서 내에 설치되어 있으며, 흡기 온도가 20℃이하일 경우에는 저항이 증가하여 연료 분사량이 증가하지만 20℃이상일 경우에는 저항이 감소하여 연료 분사량을 감소시키도록 컴퓨터에 신호를 입력시키는 부특성 서미스터이다.

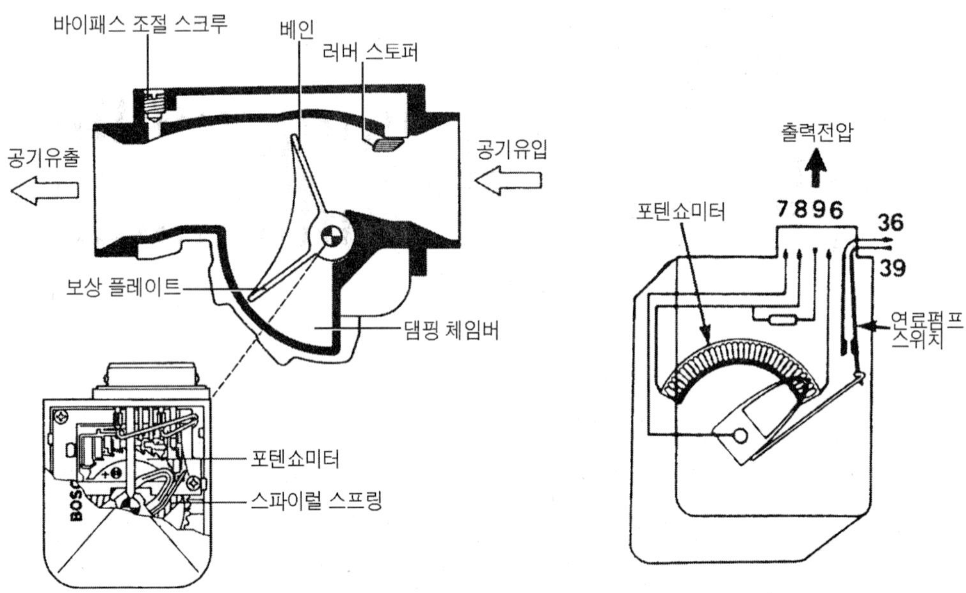

[그림 8-6] 베인 방식의 공기 유량 센서의 구조

(2) MAP 센서(Manifold Absolute Pressure Sensor ; 흡기다기관 절대 압력 센서)

이 센서는 D-Jetronic에서 사용하며, 엔진의 부하 및 회전속도의 변화에 따라 형성되는 흡기다기관의 압력 변화를 측정하여 전압의 출력으로 변화하는 기능을 지니고 있다. 스로틀 밸브가 열렸을 때 흡기다기관의 압력은 대기 압력과 거의 같아져 높은 MAP센서의 출력이 지시된다. 또한 MAP센서는 어떤 조건하에서도 대기 압력을 측정하는데 사용되며, 컴퓨터(ECU)로 하여금 자동적으로 고도 조정에 따른 조절을 하게 된다.

센서 하우징 내에는 실리콘 칩과 피에조 저항이 들어있다. 엔진이 공회전할 때는 흡기 다기관 내의 진공도가 높아 낮은 전압(0.9~1.7V)을 출력하고, 스로틀 밸브가 완전히 열린 상태에서는 진공도가 낮아 높은 전압(4~5V)을 출력한다.

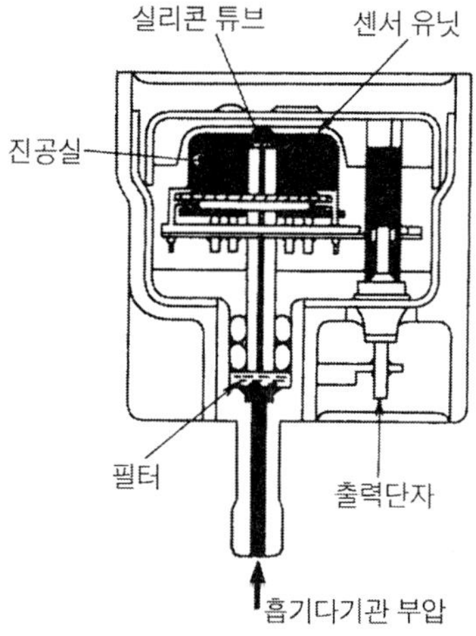

[그림 8-7] MAP 센서의 구조

(3) 칼만 와류식(karman vortex type)

이 방식은 공기 청정기 내부에 설치되어 흡입 공기량을 칼만 와류 현상을 이용하여 측정한 후 흡입 공기량을 디지털 신호로 바꾸어 컴퓨터로 보내면 컴퓨터는 흡입 공기량의 신호와 엔진 회전속도 신호를 이용하여 기본 연료 분사량을 계측한다.

수신기는 이 신호를 하이브리드 IC로 보내며, 하이브리드 IC에 의하여 디지털 신호로 검출하여 컴퓨터로 보낸다. 칼만 와류식에는 대기 압력 센서와 흡기 온도 센서가 설치되어 있다.

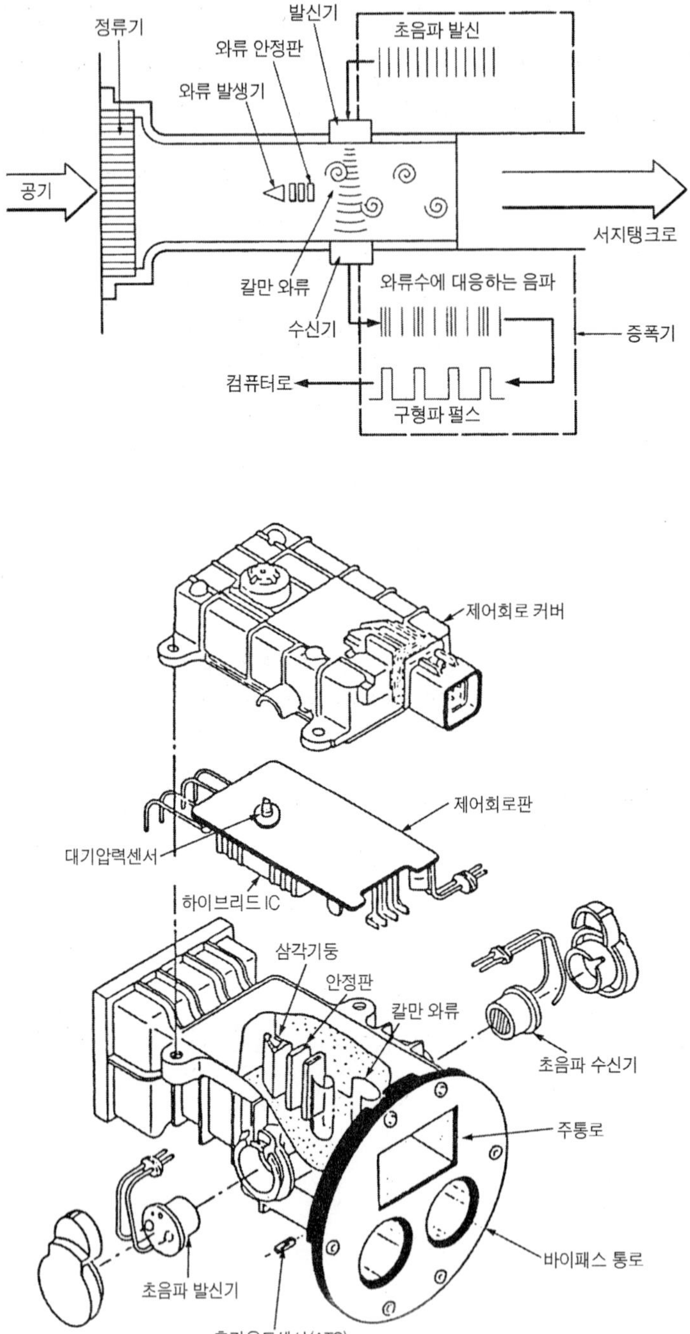

[그림 8-8] 칼만 와류식의 회로 및 분해도

● **대기 압력 센서**(BPS ; Barometric Pressure Sensor) : 이 센서는 대기 압력(大氣壓力)을 검출하여 전압으로 변환한 신호를 컴퓨터로 보내면 컴퓨터는 이 신호를 이용하여 자동차의 고도(高度)를 계측하여 현재 상태의 적정한 혼합비가 되도록 연료 분사량을 조정함과 동시에 점화시기를 조정한다.

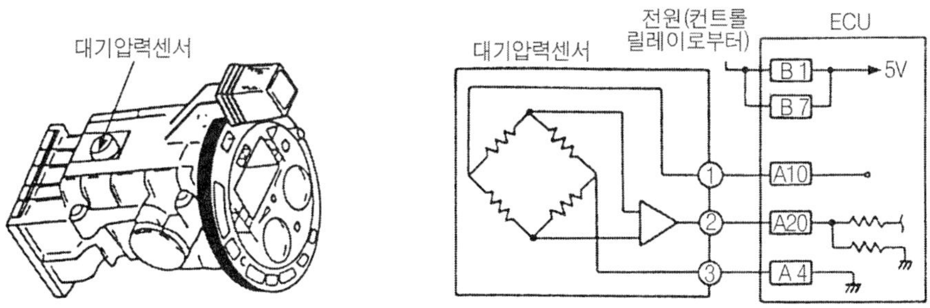

[그림 8-9] **대기 압력 센서 부착 위치와 회로도**

저항 값이 변화하는 것을 이용하여 전압으로 변환시키는 반도체 피에조(piezo)저항형 센서이며,스트레인 게이지에 흡기 압력이 작용하면 저항 값이 감소하여 대기 압력 센서의 출력 전압이 높아지게 되는데 이 출력 전압을 컴퓨터로 보낸다.

(4) 열선식(hot wire type) 또는 열막식(hot film type)

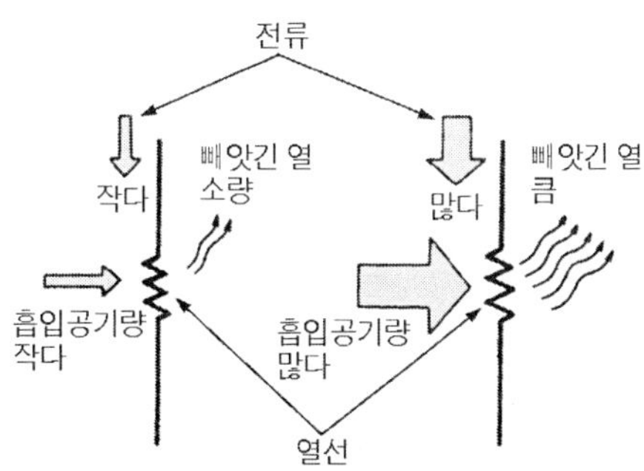

[그림 8-10] **열선식의 작동 원리**

열선 또는 열막식은 흡입 공기 온도와 열선(약 0.07mm의 백금선) 또는 열막(약 0.2mm 두께의 얇은 세라믹 기판에 백금선, 온도 센서, 정밀 저항기를 층 저항으로 집적시킨 막)원통형의 계측튜브 내에 설치된다. 계측튜브 내에는 저항기구, 온도센서 등도 설치된다. 온도 차이를 일정하게 유지하도록 하이브리드 IC가 제어한다.

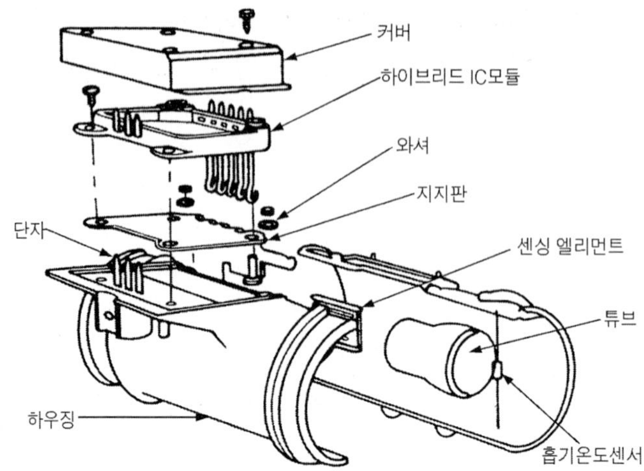

[그림 8-11] 열막식의 구조

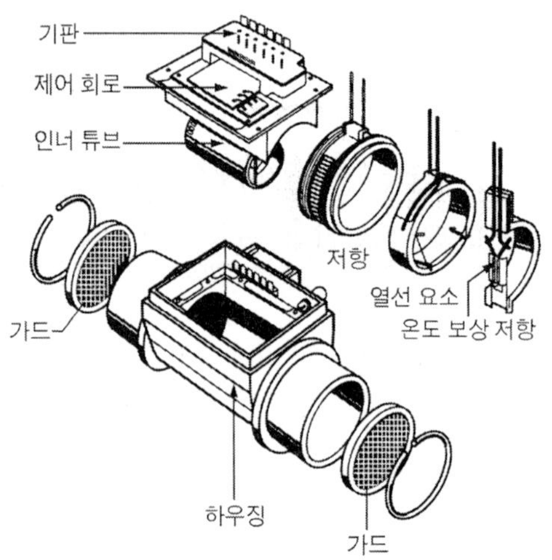

[그림 8-12] 열선식의 구조

♣ **크린 버닝이란 :** 열선의 표면이 오염되면 출력의 신호가 변화하므로 엔진의 가동이 정지할 때마다 2.5초 후에 1.6초 동안 다시 전류를 공급하여 열선 주위에 붙어 있는 카본을 제거하는데 이를 크린 버닝(Cleaning Burning)이라고 한다. 크린 버닝의 조건은 엔진의 회전속도가 1,000rpm이상이어야 하며, 냉각수 온도가 30℃ 이상에서 엔진의 가동이 정지 된 경우이다.

[2] 스로틀 보디[throttle body]

스로틀 보디는 가속페달에 의해 공기 통로의 단면적을 변화시켜 흡입 공기량을 제어하는 스로틀 밸브가 설치되어 있고 스로틀 밸브 축 일부에는 스로틀 밸브의 열림 정도를 검출하여 ECU로 입력시키는 스로틀 위치 센서가 설치되어 있다.

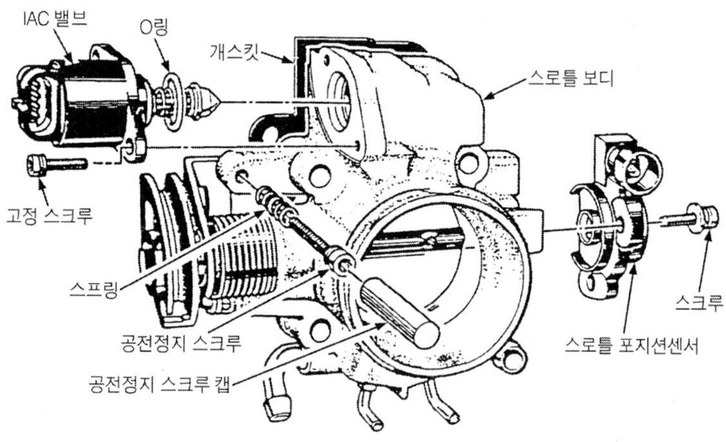

[그림 8-13] 스로틀 보디의 구조

엔진 감속시 스로틀 밸브가 서서히 닫히도록(연료공급을 일시 차단)하는 대시 포트가 설치되어 있는 것도 있으며, 공회전시 회전수를 제어하는 ISC-서보 기구를 둔 형식도 있다.

(1) 스로틀 포지션 센서(throttle position sensor)

TPS는 운전자가 가속 페달을 밟는 정도에 따라 개폐되는 스로틀 밸브의 개도를 계측하여 컴퓨터로 입력시키는 것이며, 접점 방식과 선형 방식이 있다. 엔진의 공전, 중속, 고속 상태를 스로틀 밸브의 개도로 검출하여 컴퓨터로 보낸다. 컴퓨터는 이 출력 전압과 엔진 회전속도 등 다른 입력 신호를 합하여 엔진 운전 상태를 판단하여 연료 분사량을 결정한다.

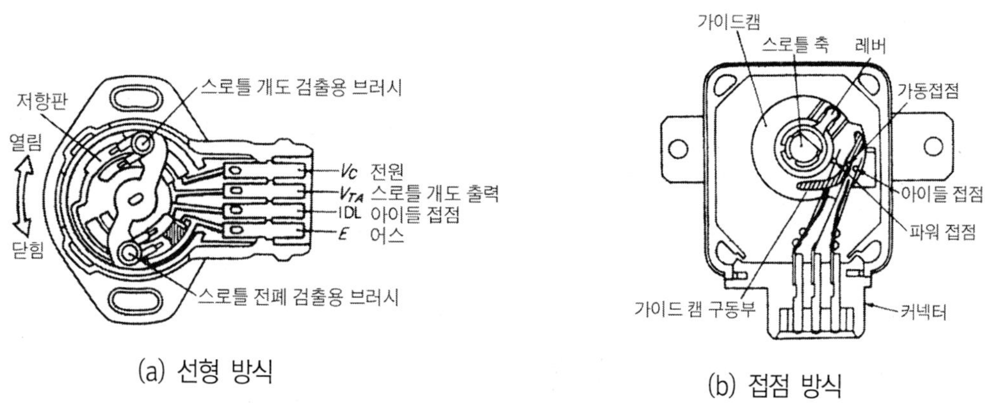

(a) 선형 방식

(b) 접점 방식

[그림 8-14] 스로틀 포지션 센서

(2) 공전속도 조절기(idle speed controller)

엔진이 공전 상태일 때 부하에 따라 안정된 공전속도를 유지하게 하는 장치이며, 그 종류에는 ISC-서보 방식, 스텝 모터 방식, 에어 밸브 방식 등이 있다.

① **ISC(Idle Speed Control)-서보 방식** : 공전속도 조절 모터 축에 설치되어 있는 공전속도 조절 모터가 컴퓨터의 신호에 의해서 회전하면 모터의 회전 방향에 따라 웜휠이 회전하여 플런저를 상하 직선 운동으로 바꾸어 공전속도 조절 레버를 작동시켜 스로틀 밸브의 열림 정도를 변화시켜 공전 속도를 조절한다.

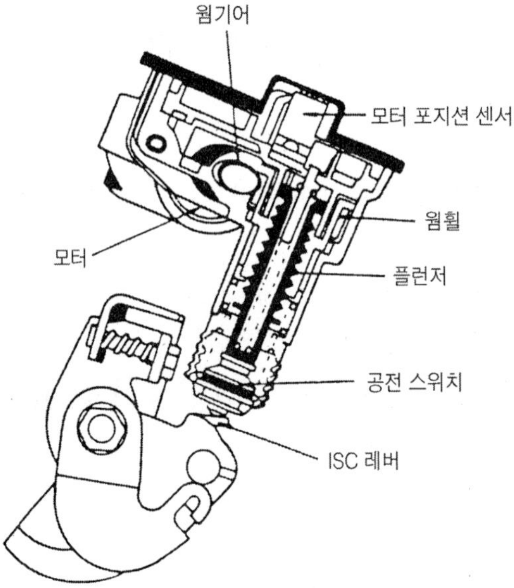

[그림 8-15] ISC-서보의 구조

② **스텝 모터 방식**(step motor type) : 스텝 모터 방식은 스로틀 밸브를 바이 패스 하는 통로에 설치되어 흡입 공기량을 제어하여 공전속도를 조절하도록 되어 있다. 즉, 엔진이 공전하는 상태에서 부하에 의한 엔진 부조 현상을 방지하기 위해 흡입되는 공기량을 증가시켜 주는 것이며, 엔진의 부하에 따라 단계적으로 스텝 모터가 작동되어 엔진을 최적의 상태로 유지한다.

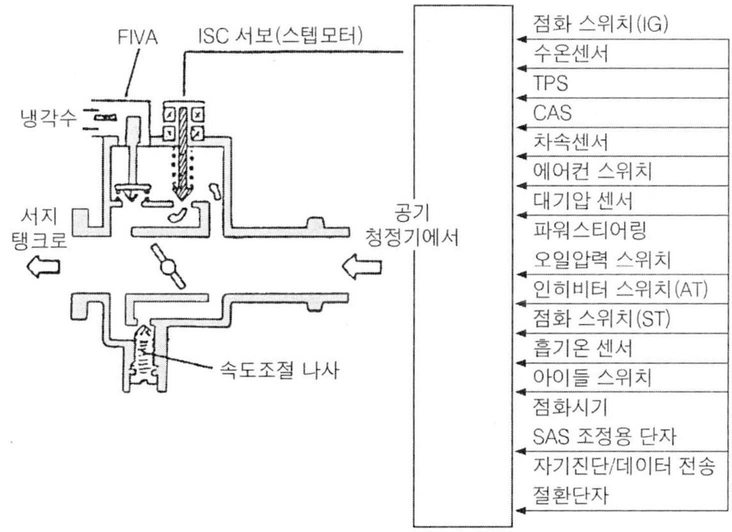

[그림 8-16] 스텝 모터의 구조

③ 이이들 스피드 액추에이터(ISA ; Idle Speed Actuator) : 엔진에 부하가 가해지면 컴퓨터는 안정성을 확보하기 위해 아이들 스피드 액추에이터의 솔레노이드 코일에 흐르는 전류값의 크기에 따라 발생하는 전자 흡입력에 의한 스프링 장력이 서로 평형을 이루는 위치까지 밸브를 이동시켜 공기 통로의 단면적을 제어하는 전자 밸브이다.

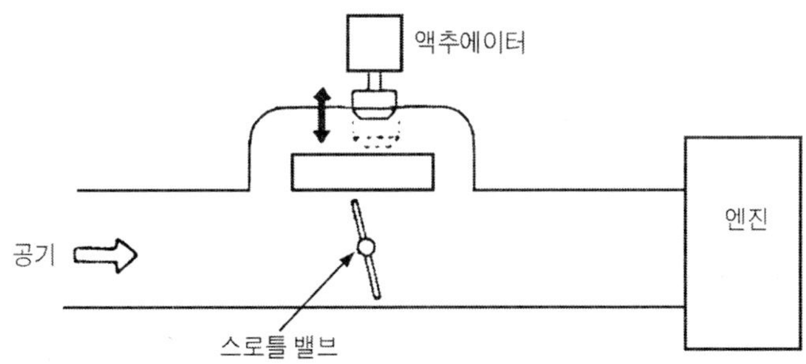

[그림 8-17] ISA 구성도

내부에는 전기자와 서로 반대 방향으로 2개의 코일을 감아 통전될 때 열고, 닫힘을 조정할 수 있도록 구성되어 있으며, 제어하지 않을 때에는 스프링 장력에 의해 항상 일정량의 열림 정도를 유지한다.
컴퓨터에서 열림 및 닫힘 신호가 아이들 스피드 액추에이터에 전달되면 밸브 축을 중심으로 하여 로터리 밸브가 회전하며, 그 회전량에 따라 바이 패스되는 공기량이 결정된다. 이때 컴퓨터는 아래 표에 나타낸 것과 같이 각종 엔진의 상태를 고려하여 듀티량을 계산한다.

4.2 연료 계통(燃料系統)

연료 탱크 내의 연료는 전동 펌프에 의해 2~3kgf/cm² 의 압력으로 연료 여과기를 거쳐 분배 파이프(delivery pipe)로 들어온다.

분배 파이프에서 연료는 인젝터와 연료 압력 조절기로 공급된다. 연료 압력 조절기는 흡기다기관의 진공도(부압)에 따라 연료의 공급 압력을 조절하여 공급하고 남은 과잉의 연료를 연료 탱크로 되돌아가게 한다.

인젝터는 컴퓨터의 신호에 따라 솔레노이드 코일이 여자되면 인젝터 내부의 니들 밸브가 완전히 열려 각 실린더의 점화순서에 따라 흡기다기관 내에 연료를 분사한다.

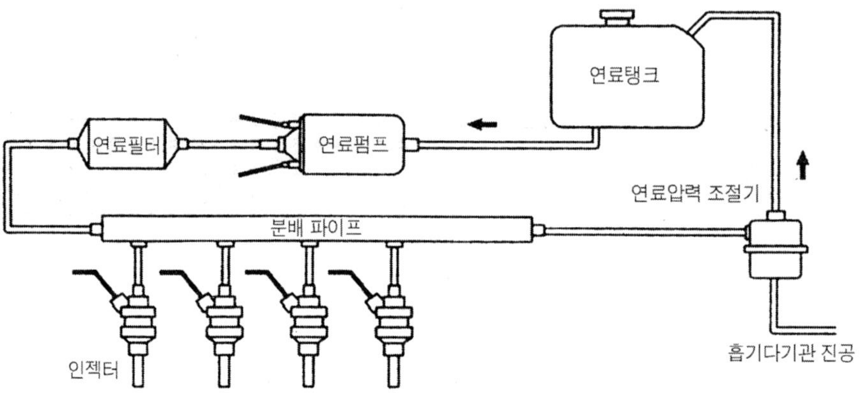

[그림 8-18] **연료 계통의 구성**

[1] 연료 펌프[fuel pump]

연료 펌프는 전자력으로 구동되는 전동식을 사용하며, 연료 탱크 내에 들어 있다. 연료 펌프 내에는 압력이 높을 때 작동하여 압력 상승에 따른 연료의 누출 및 파손을 방지해주는 릴리프 밸브(relief valve)와 연료 펌프에서 연료의 압송이 정지되었을 때 연료 계통 내의 잔압을 유지시켜 고온에서 베이퍼록(vapor lock)을 방지하고 재 기동성을 높여주는 체크 밸브(check valve)를 두고 있다.

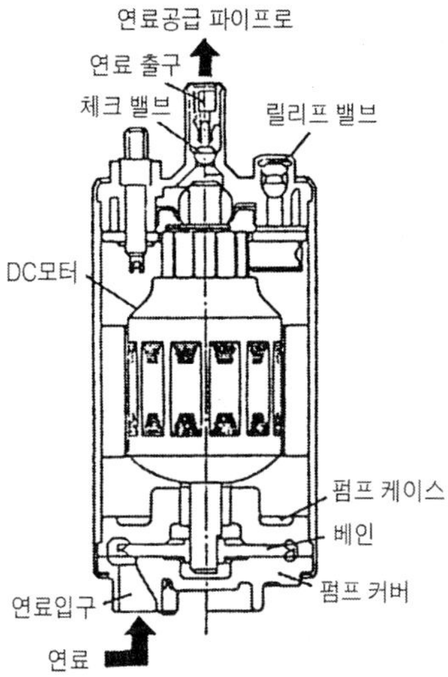

[그림 8-19] **연료 펌프의 구조**

♣ 연료 펌프는 흡입공기량이 감지되지 않은 상태에서는 점화 S/W가 ON에 있더라도 작동하지 않는다(엔진이 정지된 상태).

[2] 분배 파이프[delivery pipe]

이 파이프는 각 인젝터에 동일한 압력과 가솔린의 양을 공급하며 가솔린이 저장되는 어큐뮬레이터 기능도 한다.

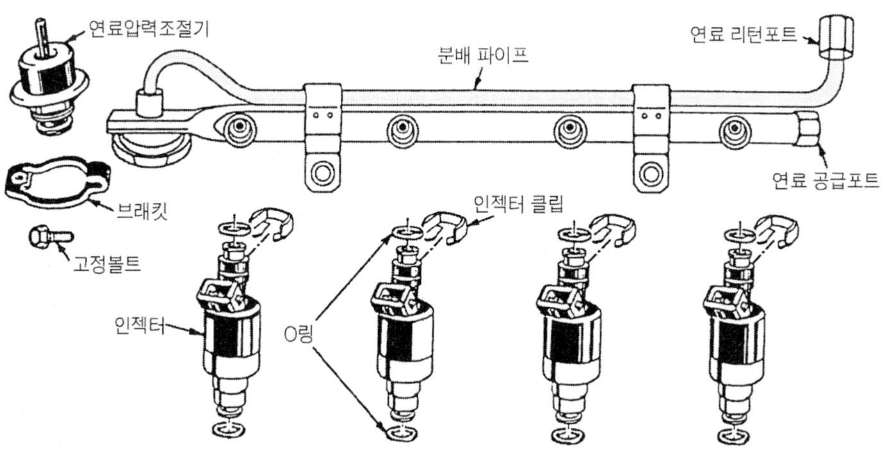

[그림 8-20] **분배 파이프**

[3] 연료 압력 조절기[fuel pressure regulator]

연료 압력 조절기는 연료 계통 내의 압력을 조절해주는 장치로서 분배 파이프 앞 끝에 설치되어 있으며, 연료 계통 내의 압력을 2~3kgf/cm² 로 유지시켜 주는 다이어프램 조절의 오버 플로(over flow)형식이다.

연료 계통 내의 압력이 규정값 이상 되면 다이어프램에 의해 조절되는 밸브가 열려 연료 출구포트를 연다.

이에 따라 규정 압력 이상의 연료는 밸브를 통하여 연료 탱크로 되돌아간다. 다이어프램에는 흡기다기관의 진공이 작용하므로 흡기다기관의 진공이 높으면 다이어프램을 당기는 힘이 강해져 연료 탱크로 되돌아가는 연료량이 많아져 공급 압력이 낮아진다. 이 작용으로 연료 계통 내의 연료 압력이 조절되어 인젝터에서 분사되는 압력을 항상 일정하게 해 준다.

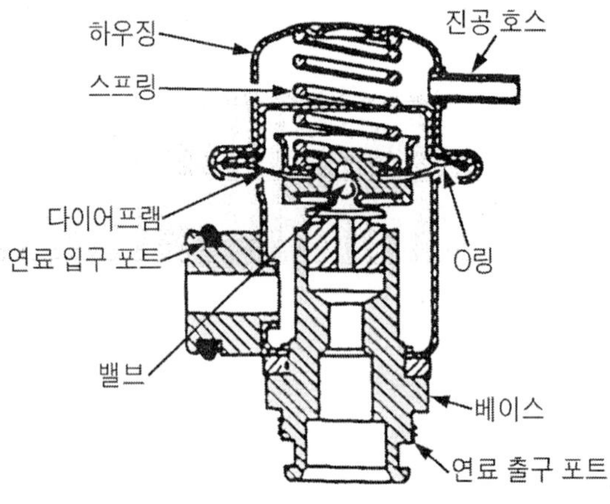

[그림 8-21] **연료 압력 조절기의 구조**

[4] 인젝터[injector]

인젝터는 각 실린더의 흡입 밸브 앞쪽에 1개씩 설치되어 각 실린더에 연료를 분사시켜 주는 솔레노이드 밸브 장치이다. 인젝터는 컴퓨터로부터의 전기적 신호에 의해 작동하며, 그 구조는 밸브 보디와 플런저(plunger)가 붙어 있는 니들 밸브로 되어 있다.

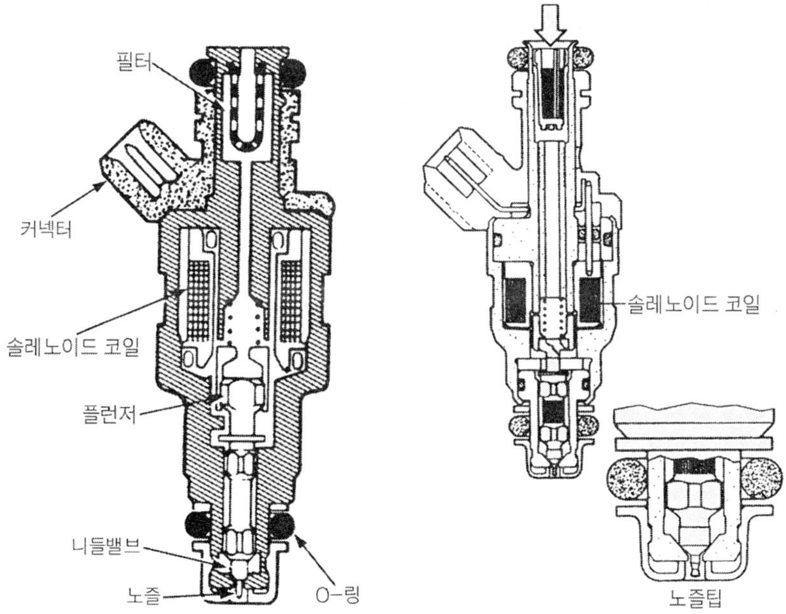

[그림 8-22] 인젝터의 구조

솔레노이드 코일에 전류가 흐르지 않을 경우 니들 밸브는 스프링의 장력에 의해 밸브 시트에 밀착되어 가솔린의 공급을 차단하지만 솔레노이드 코일에 전류가 공급되면 솔레노이드 코일이 니들 밸브를 밀어올려 가솔린을 분사 시킨다. 인젝터의 분사 각도는 10~40° 정도이며, 분사 시간은 1~1.5mS(ms=1/ 1,000sec), 분사 압력은 2~3kgf/cm² 이다.

초기에는 낮은 저항의 인젝터를 주로 사용하였으나, 최근에는 저항 값이 12~17Ω /20℃ 정도인 높은 저항(高抵抗)의 인젝터를 많이 사용한다.

(1) 전압 제어 방식의 인젝터

이 인젝터의 전기 회로는 아래 그림과 같이 되어 있으며, 인젝터에 직렬로 저항을 넣어 전압을 낮추어 제어하는 것이 특징이다. 점화 스위치를 ON으로 하면 저항 → 인젝터 → 컴퓨터로 통전된다.

컴퓨터의 연료 분사 신호는 파워 트랜지스터의 베이스로 전류가 흘러 트랜지스터가 ON 되면 인젝터가 접지 회로를 만들므로 인젝터에 전류가 흘러 연료가 분사된다.

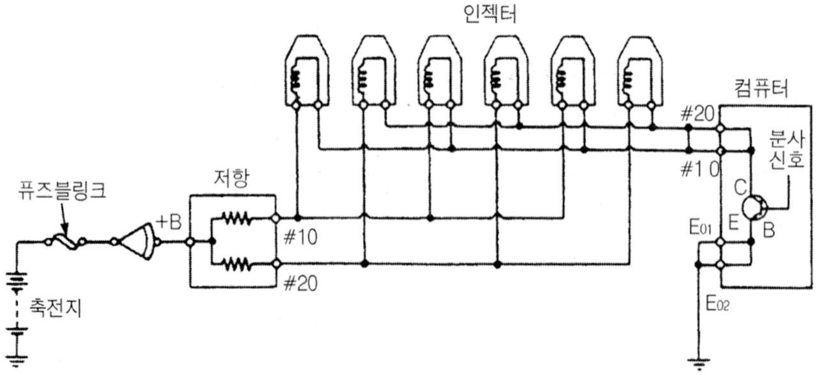

[그림 8-23] **전압 제어 방식 인젝터의 전기 회로**

인젝터 회로에 직렬로 들어있는 저항은 인젝터의 응답성을 향상시키기 위해 이용되며, 인젝터의 응답성을 향상시키기 위해서는 인젝터 자체의 저항 값을 작게 하여야 하므로 저항에 의해 인젝터에 가해지는 전압을 낮추어 솔레노이드 코일의 발열을 방지한다.

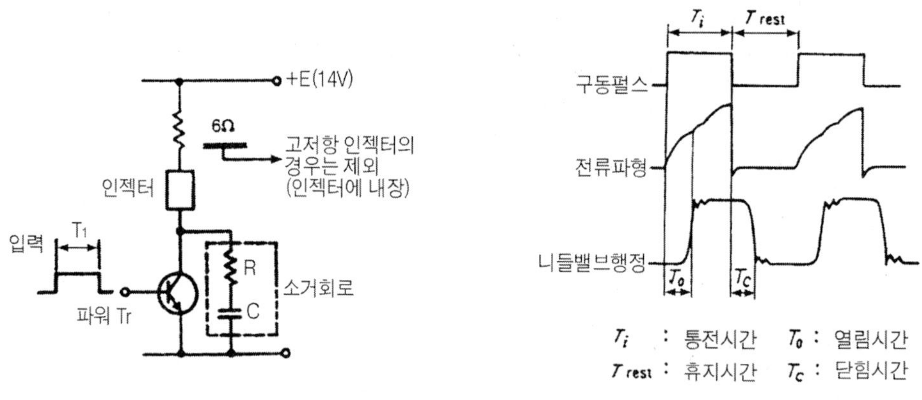

(a) 구동 회로 (b) 전압 구동

[그림 8-24] **전압 제어 방식의 구동 회로와 전압 구동**

(2) 전류 제어 방식의 인젝터

이 인젝터는 저항을 사용하지 않고 인젝터에 직접 축전지 전압을 가해 인젝터의 응답성을 향상시키는 것으로 통전 시간은 전압 제어 방식과 마찬가지로 컴퓨터에서 제어한다. 인젝터의 전류 제어는 플런저가 흡인될 때 큰 전류가 흘러 흡인을 향상시키며, 분사 응답성을 높여 무효 분사 시간을 단축시킨다. 그리고 플런저 유지 상태에서는 작은 전류로 만들어 인젝터 솔레노이드 코일의 발열을 방지함과 동시에 전류 소비를 적게 한다.

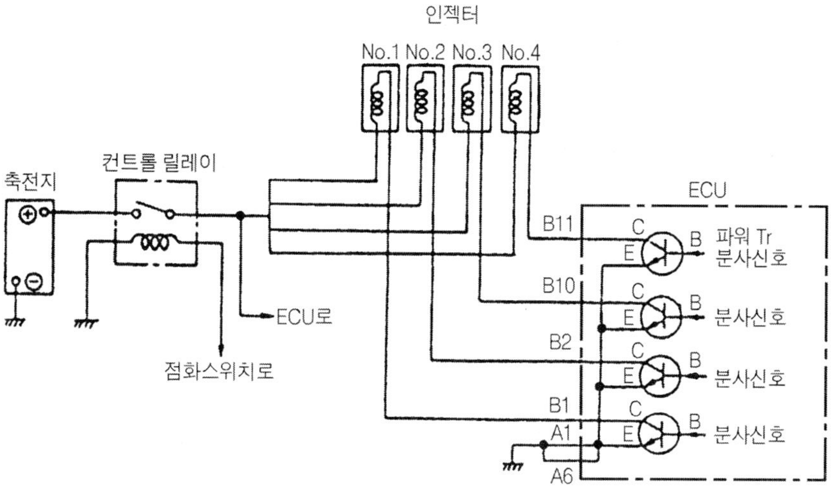

[그림 8-25] **전류 제어 방식의 인젝터의 전기 회로**

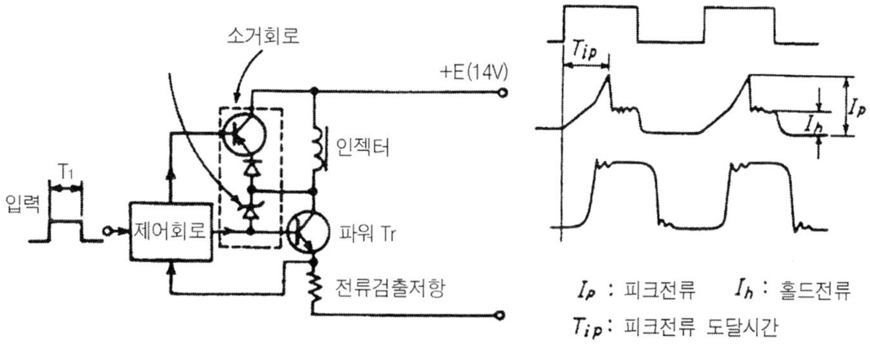

[그림 8-26] **전류 제어 방식의 구동 회로와 전류 구동**

4.3 제어 장치(制御裝置)

[1] 컨트롤 릴레이[control relay]

컨트롤 릴레이는 컴퓨터를 비롯하여 연료 펌프, 인젝터, 공기유량센서(칼만 와류 방식의 경우) 등에 축전지 전원을 공급하는 전자제어 연료 분사장치 엔진의 주전원 공급 장치이다.

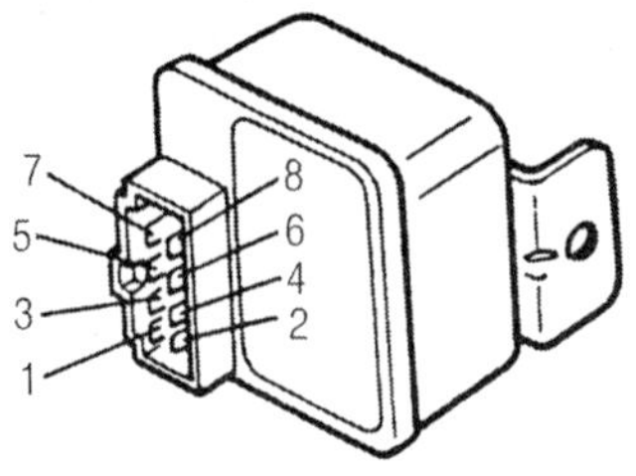

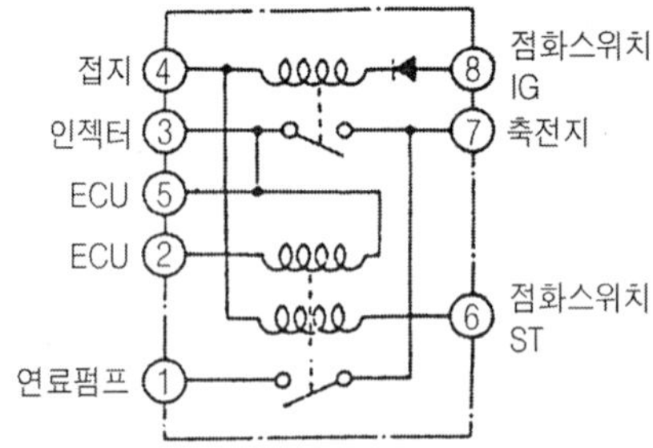

[그림 8-27] 컨트롤 릴레이의 구조

[2] 컴퓨터[ECU ; Electronic Control Unit]

(1) 컴퓨터의 기능

컴퓨터는 각종 센서 신호를 기초로 하여 엔진 가동 상태에 따른 연료 분사량을 결정하고, 이 분사량에 따라 인젝터 분사 시간(분사량)을 조절한다. 컴퓨터의 구체적인 역할은 다음과 같다.

- 유해 배출가스의 배출을 제어한다.
- 이론 혼합비를 14.7 : 1로 유지시킨다.
- 연료 소비율 감소 및 엔진의 출력을 향상시킨다.
- 주행 성능을 신속히 해 준다.

(2) 컴퓨터의 구조 및 작용

① **컴퓨터의 구조(構造)** : 컴퓨터는 디지털 제어(digital control)와 아날로그 제어(analog control)가 있으며, 중앙 처리 장치(CPU), 기억장치(memory), 입·출력 장치(I/O) 등으로 구성되어 있다. 아날로그 제어에는 A/D 컨버터(아날로그를 디지털로 변환함)가 한 개 더 포함되어 있다.

② **컴퓨터의 작동(作動)**

- 컴퓨터의 기본 작동 : 통제 신호들은 신호 및 중간 값의 기능으로 연료 소비율, 배기가스 수준, 자동차 작동 등이 최적화 되도록 결정한다.
- 컴퓨터의 페일 세이프(fail safe) 작동 : 페일 세이프 작동의 목적은 모든 조건하에서 자동차를 안전하고 신뢰성 있는 작동으로 보장하기 위하여 결함이 발생하였을 때 엔진 가동에 필요한 케이블을 연결하거나 또는 정보 값을 바이 패스시켜 대체 값에 의한 엔진 가동이 이루어지도록 한다. 예를 들면 수온 센서에 결함이 있으면

컴퓨터는 센서의 신호에 관계없이 대체 값 80℃로 받아들인다.

- 센서 입력 신호의 종류
  - 센서 입력 신호에는 아날로그 신호와 디지털 신호 2가지가 있다.
  - 아날로그 신호는 시간에 대하여 연속적으로 변화한다.
  - 디지털 신호는 시간에 대하여 간헐적으로 변화하는 신호이다. 전압을 높고 낮음으로 나누어 이것을 디지털 변수 1과 0(또는 HIGH와 LOW)으로 대응시키며, 신호가 다소 변동되어도 1과 0밖에는 구별하지 않으므로 잡음에 강한 회로가 된다.

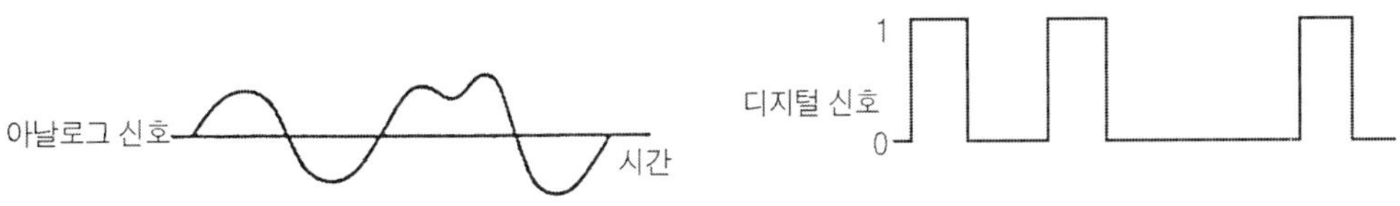

(a) 아날로그 신호 (b) 디지털 신호

[그림 8-28] 아날로그 신호와 디지털 신호

  - 아날로그 제어회로와 디지털 제어 회로의 비교 : 아날로그 입력 신호 그대로는 컴퓨터에서 처리할 수 없으므로 A/D 컨버터에서 아날로그 신호를 디지털 신호로 바꾸어 컴퓨터로 보낸다.

- 컴퓨터의 작용
  - RAM(Random Access Memory ; 일시 기억장치) : RAM은 임의의 기억 저장 장치에 기억되어 있는 데이터를 읽던가 기억시킬 수 있다. 그러나 RAM은 전원이 차단되면 기억된 데이터가 소멸(消滅)되므로 처리 도중에 나타나는 일시적인 데이터의 기억 저장에 사용된다.
  - ROM(Read Only Memory ; 영구 기억장치) : ROM은 읽어내기 전문의 메모리이며, 한번 기억시키면 내용을 변경시킬 수 없다. 또 전원이 차단되어도 기억이 소멸되지 않으므로 프로그램 또는 고정 데이터의 저장에 사용된다.
  - I/O(In Put/Out Put ; 입·출력 장치) : I/O는 입력과 출력을 조절하는 장치이며, 입·출력포트라고도 한다. 입·출력포트는 외부 센서들의 신호를 입력하고 중앙처리장치(CPU)의 명령으로 액추에이터로 출력시킨다.
  - 중앙 처리 장치(CPU ; Central Processing Unit) : CPU는 데이터의 산술 연산이나 논리 연산을 처리하는 연산부, 기억을 일시 저장해 놓는 장소인 일시 기억부, 프로그램 명령, 해독 등을 하는 제어부로 구성되어 있다.

(3) 컴퓨터에 의한 제어

컴퓨터에 의한 제어는 분사시기 제어와 분사량 제어로 나누어진다. 분사시기 제어는 점화 코일의 점화 신호와 흡입 공기량 신호를 자료로 기본 분사시간을 만들고 동시에 각 센서로부터의 신호를 자료로 분사시간을 보정하여 인젝터를 작동시키는 최종적인 분사시간을 결정한다.

① **연료 분사시기 제어** : 연료 분사는 모든 실린더가 동시에 크랭크축 1회전에 1회 분사하는 동시분사 방식과 점화 순서에 동기(同期)하여 그 실린더의 배기 행정 끝 무렵에 분사하는 동기분사 방식이 있다.

- 동기(同期)분사(독립분사 또는 순차분사) : 이 분사 방식은 1사이클에 1실린더만 1회 점화시기에 동기 하여 배기행정 끝 무렵에 분사한다. 즉 각 실린더의 배기 행정에서 인젝터를 구동시키며, 크랭크각 센서의 신호에 동기 하여 구동된다.
- 그룹(group)분사 : 이 분사 방식은 각 실린더에 그룹(제1번과 제3번 실린더, 제2번과 제4번 실린더)을 지어 1회 분사할 때 2실린더씩 짝을 지어 분사한다.
- 동시(同時)분사(또는 비동기 분사) : 이 분사 방식은 1회에 모든 실린더에 분사한다. 즉, 전 실린더에 동시에 1사이클(크랭크축 1회전에 1회 분사) 당 2회 분사한다.

② **연료 분사량 제어** : 분사량 제어는 점화 코일의 (－)단자 신호 또는 크랭크각 센서의 신호를 기초로 회전속도 신호를 검출하여 이 신호와 흡입 공기량 신호에 의해 다음과 같은 보정을 위해서 작동시킨다.

- 기본 분사량 제어 : 인젝터는 크랭크각 센서의 출력 신호와 공기 유량 센서의 출력 등을 계측한 컴퓨터의 신호에 의해 인젝터가 구동되며, 분사 횟수는 크랭크각 센서의 신호 및 흡입 공기량에 비례한다.
- 엔진을 크랭킹할 때 분사량 제어 : 엔진을 크랭킹할 때는 시동 성능을 향상시키기 위해 크랭킹 신호(점화 스위치 St, 크랭크각 센서, 점화 코일 1차 전류)와 수온 센서의 신호에 의해 연료 분사량을 증량(增量)시킨다.
- 엔진 시동 후 분사량 제어 : 엔진을 시동한 직후에는 공전속도를 안정시키기 위해 시동 후에도 일정한 시간 동안 연료를 증량시킨다.
- 냉각수 온도에 따른 제어 : 냉각수 온도 80℃를 기준(증량비 1)으로 하여 그 이하의 온도에서는 분사량을 증량시키고, 그 이상에서는 기본 분사량으로 분사한다.
- 흡기 온도에 따른 제어 : 흡기 온도 20℃(증량비 1)를 기준으로 그 이하의 온도

에서는 분사량을 증량시키고, 그 이상의 온도에서는 분사량을 감소시킨다.

- 축전지 전압에 따른 제어 : 인젝터의 분사량은 컴퓨터에서 보내는 분사신호의 시간에 의해 결정되므로 분사시간이 일정하여도 축전지 전압이 낮은 경우에는 인젝터의 기계적 작동이 지연되어 실제 분사시간이 짧아진다.
- 가속할 때 분사량 제어 : 엔진이 냉각된 상태에서 가속시키면 일시적으로 공연비가 희박해지는 현상을 방지하기 위해 냉각수 온도에 따라서 분사량이 증가시킨다.
- 엔진의 출력을 증가할 때 분사량 제어 : 엔진의 고부하 영역에서 운전 성능을 향상시키기 위하여 스로틀 밸브가 규정값 이상 열렸을 때 분사량을 증량시킨다.
- 감속할 때 연료분사차단(대시포트 제어) : 스로틀 밸브가 닫혀 공전 스위치가 ON으로 되었을 때 엔진 회전속도가 규정값일 경우에는 연료 분사를 일시 차단한다. 이것은 연료 절감과 탄화수소(HC)과다 발생 및 촉매 컨버터의 과열을 방지하기 위함이다.

③ **피드백 제어**(feed back control) : 이 제어는 촉매 컨버터가 가장 양호한 정화 능력을 발휘하는데 필요한 혼합비인 이론 혼합비(14.7 : 1) 부근으로 정확히 유지하여야 한다. 이를 위해서 배기다기관에 설치한 산소센서로 배기가스 중의 산소 농도를 검출하고 이것을 컴퓨터로 피드백시켜 연료 분사량을 증감하여 항상 이론 혼합비가 되도록 분사량을 제어한다. 다음과 같은 경우에는 제어를 정지한다.

- 엔진 시동 후 분사량을 증가시킬 때
- 엔진의 출력 증대시킬 때
- 냉각수 온도가 낮을 때
- 엔진을 시동할 때
- 연료 공급을 차단할 때(희박 또는 농후 신호가 길게 지속될 때)

④ **점화시기 제어** : 점화시기 제어는 파워 트랜지스터로 컴퓨터에서 공급되는 신호에 의해 점화 코일 1차 전류를 ON, OFF시켜 점화시기를 제어한다.

⑤ **연료 펌프 제어** : 점화 스위치가 ST위치에 놓이면 축전지 전류는 컨트롤 릴레이를 통하여 연료 펌프로 흐르게 된다.

⑥ **공전속도 제어** : 공전속도 제어는 각 센서의 신호를 기초로 컴퓨터에서 ISC- 서보의 구동 신호를 공급하여 ISC-서보가 스로틀 밸브의 열림량을 제어한다.

- 엔진을 시동할 때 제어 : 이때는 스로틀 밸브의 열림은 냉각수 온도에 따라 엔진을 시동하기에 가장 적합한 위치로 제어한다.
- 공전속도 제어 : 이 때는 에어컨 스위치가 ON이 되거나 자동 변속기가 N레인지에서 D레인지로 변속될 때 등 부하에 따라 공전속도를 컴퓨터의 신호에 의해 ISC-서보를 확장 위치로 회전시켜 규정 회전속도까지 증가시킨다. 또 동력 조향장치의 오일 압력 스위치가 ON이 되어도 마찬가지로 증속시킨다.
- 패스트 아이들 제어(fast idle control) : 이때 공전 스위치가 ON으로 되면 엔진 회전속도는 냉각수 온도에 따라 결정된 회전속도로 제어되며, 공전 스위치가 OFF되면 ISC-서보가 작동하여 스로틀 밸브를 냉각수 온도에 따라 규정된 위치로 제어한다.
- 에어컨 릴레이 제어 : 엔진이 공회전할 때 에어컨 스위치가 ON이 되면 ISC-서보가 작동하여 엔진의 회전속도를 증가시킨다.
- 대시 포트 제어(dash port control) : 이 장치는 엔진을 감속할 때 연료 공급을 일시 차단시킴과 동시에 충격을 방지하기 위해서 감속 조건에 따라 대시 포트를 제어한다.

(4) 자기 진단 기능(自己診斷機能)

컴퓨터는 엔진의 여러 부분에 입·출력 신호를 보내게 되는데 비정상적인 신호가 처음 보내질 때부터 특정 시간 이상이 지나면 컴퓨터는 비정상이 발생한 것으로 판단하고 고장 코드를 기억한 후 신호를 자기진단 출력 단자와 계기판의 엔진 점검 램프로 보낸다.

점화 스위치를 ON으로 한 후 15초가 경과하면 컴퓨터에 기억된 내용이 계기판에 엔진 점검 램프로 출력되며, 정상이면 점화 스위치를 ON으로 한 후 5초 후에 점검 램프가 소등된다. 이때 비정상(고장)인 항목이 있으면 점화 스위치를 ON으로 한 후 15초 동안 점등되어 있다가 3초 동안 소등된 후 고장 코드가 순차적으로 출력된다.

[3] 컴퓨터로 입력되는 신호[각종 센서와 신호 장치]

① **공기 유량 센서(AFS)** : 이 센서는 흡입 공기량을 검출하여 컴퓨터로 흡입 공기량 신호를 보내면 컴퓨터는 이 신호를 기초로 하여 기본 연료 분사량을 결정한다.

② **스로틀 포지션 센서(TPS)** : 이 센서는 스로틀 밸브축이 회전하면 출력 전압이 변화하여 컴퓨터로 입력시키면 컴퓨터는 이 전압 변화를 기초로 하여 엔진 회전 상태를 판정하고 감속 및 가속 상태에 따른 연료 분사량을 결정한다.

③ **수온 센서(WTS or CTS)** : 이 센서는 엔진의 냉각수 온도 변화에 따라 저항 값이 변화하는 부 특성(NTC)서미스터이다. 냉각수 온도가 상승하면 저항 값이 낮아지고, 냉각수 온도가 낮아지면 저항 값이 높아진다. 연료 분사량을 조절하고 엔진의 온도에 따라서 적절한 공전 속도를 유지시킨다.

④ **흡기 온도 센서(ATS)** : 이 센서는 흡입되는 공기 온도를 컴퓨터로 입력시키면 컴퓨터는 흡기 온도에 따라 필요한 연료 분사량을 조절한다.

⑤ **공전 스위치** : 이 스위치는 엔진의 공전 상태를 검출하여 컴퓨터로 입력시킨다.

⑥ **크랭크각 센서(CAS)** : 이 센서는 각 실린더의 크랭크각(피스톤 위치)의 위치를 검출하여 이를 펄스 신호로 변환하여 컴퓨터로 보내면 컴퓨터는 이 신호를 기초로 하여 엔진 회전속도를 계측하고 연료 분사시기와 점화시기를 결정한다.

⑦ **1번 실린더 TDC센서** : 이 센서는 제1번 실린더의 압축 상사점을 검출하여 이를 펄스 신호로 변환하여 컴퓨터로 입력시키면 컴퓨터는 이 신호를 기초로 하여 연료 분사 순서를 결정한다.

⑧ **산소 센서(O_2 센서)** : 이 센서는 배기가스 내의 산소 농도를 검출하여 이를 전압으로 변환하여 컴퓨터로 입력시키면 컴퓨터는 이 신호를 기초로 하여 연료 분사량을 조절하여 이론 공연비로 유지하고 EGR밸브를 작동시켜 피드백 시킨다.

⑨ **차속 센서(VSS)** : 이 센서는 리드 스위치를 이용하여 트랜스 액슬 기어의 회전을 펄스 신호로 변환하여 컴퓨터로 보내면 컴퓨터는 이 신호를 기초로 하여 공전속도 등을 조절한다.

⑩ **모터 포지션 센서(MPS)** : 이 센서는 ISC-서보의 위치를 검출하여 컴퓨터로 보내면 컴퓨터는 이 신호를 기초로 하여 엔진의 공전속도를 조절한다.

⑪ **에어컨 스위치와 릴레이** : 점화 스위치가 ON이 되면 에어컨 스위치는 컴퓨터에 축전지 전압이 가해지도록 하며 컴퓨터는 ISC-서보를 구동시키며, 동시에 에어컨 릴레이를 작동시켜 에어컨 압축기 클러치로 전원을 공급한다.

⑫ **점화 스위치 St와 인히비터 스위치** : 점화 스위치 St는 엔진이 크랭킹되고 있는 동안 높은 신호를 컴퓨터로 입력하며, 컴퓨터는 이 신호에 의하여 엔진을 시동할 때의 연료 분사량을 조절한다. 즉, 점화 스위치가 St위에 놓이면 크랭킹할 때 축전지

전압이 점화 스위치와 인히비터 스위치를 통하여 컴퓨터로 입력되며, 컴퓨터는 엔진이 크랭킹중인 것을 검출한다. 또 자동변속기의 변속 레버가 P 또는 N 레인지 이외에 있는 경우 축전지 전압은 컴퓨터로 입력되지 않는다. 인히비터 스위치는 변속 레버의 위치를 전압의 고저로 변환하여 컴퓨터로 입력시키면 컴퓨터는 이 신호를 이용해 ISC-서보를 작동시켜 엔진의 공전속도를 조절한다.

⑬ **동력 조향장치 오일 압력 스위치** : 이 스위치는 동력 조향장치의 부하 여부를 전압의 고저(高低)로 바꾸어 컴퓨터로 보내면 컴퓨터는 이 신호를 이용하여 ISC-서보를 작동시켜 엔진의 공전속도를 조절한다.

⑭ **컨트롤 릴레이와 점화 스위치 IG** : 점화 스위치가 ON이 되면 축전지 전압은 점화 스위치에서 컴퓨터로 흐르게 되며, 또 컨트롤 릴레이 코일에도 공급되어 컨트롤 릴레이 스위치가 ON으로 되어 컴퓨터에 전원이 공급된다.

[4] 노크 센서와 노크 제어

(1) 노크 센서(knock sensor)

노크 센서는 실린더 블록에 설치되며, 압전 소자(Piezo electric)의 원리를 이용하여 연소 중에 실린더 내의 이상 진동을 감지하여 컴퓨터로 보내며, 컴퓨터는 이 신호를 근거로 점화시기를 늦춘다.

노크 센서는 압전 소자의 표면에 일정 방향으로 물리적인 힘이 가해질 때 일정 방향의 전압이 발생하는 원리를 이용한 일종의 가속도 센서이다. 그리고 노크 센서의 출력 전압의 크기는 25mV/G 정도이며, 정전 용량은 450pF, 저항은 560Ω 정도이며, 출력 파형의 주파수는 약 14～18kHz 정도이다.

(2) 노크 제어

노크가 발생하는 컴퓨터는 Fast 보정과 Slow 보정을 통하여 점화시기를 늦추고, 노크 발생이 없어지면 다시 진각시킨다. Fast 보정이란 낮은 영역의 부하에서 노크가 발생할 때 점화시기를 약 5° 늦추고 매 0.5초마다 1° 씩 진각시켜 정상 점화시기로 복귀시킨다. 다만, Slow 보정이 이루어질 때는 Fast 보정도 함께 이루어지므로 노크가 발생할 때 6° 늦어진다(Slow 보정 + Fast 보정). 또한 전부하 영역에서 Slow 보정이 2° 이상이면 분사량을 증량시킨다.

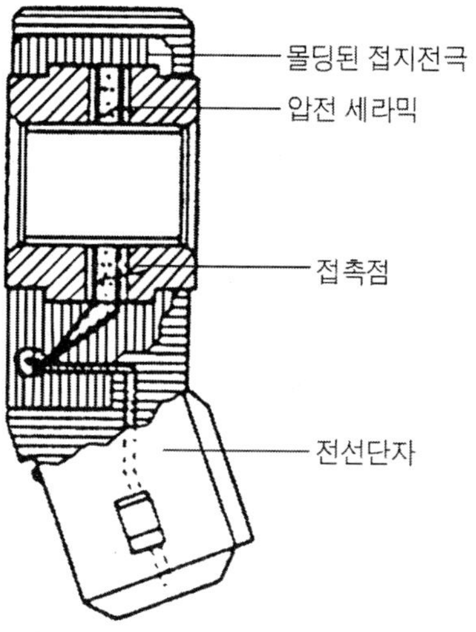

[그림 8-29] 노크 센서의 구조

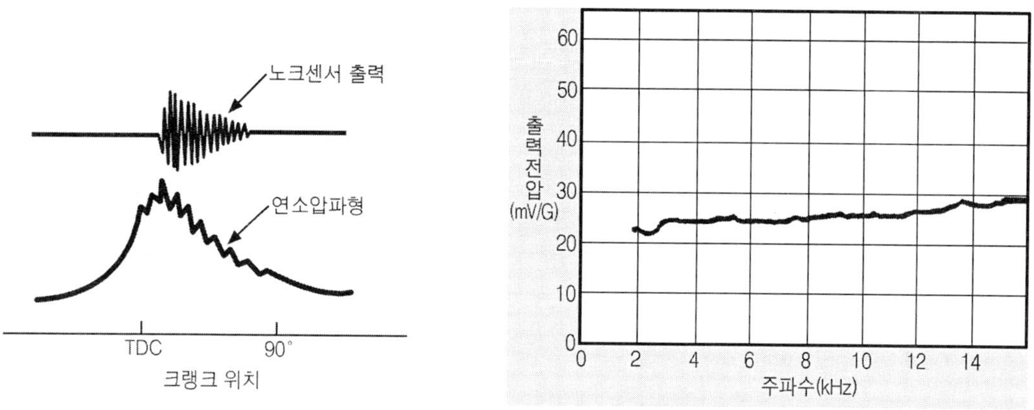

[그림 8-30] 노크 센서의 형태 및 전압

Chapter

9

가솔린 직접 분사 엔진(GDI)

1. 가솔린 직접 분사 엔진의 특징
2. 가솔린 직접 분사 엔진의 제어와 센서의 기능

01 가솔린 직접 분사 엔진의 특징

1.1 가솔린 직접 분사 엔진의 특징

가솔린 직접 분사 엔진(GDI ; Gasoline Direct Injection)은 부분부하 상태에서는 압축 행정 말기에 연료를 분사하여 점화 플러그 주위의 혼합비를 농후하게 하는 성층 연소(成層燃燒)로 매우 희박(超稀薄)한 혼합비(25~40 : 1)에서도 쉽게 점화가 가능하도록 되어 있으며, 최대 30% 정도의 연료 소비율 향상과 10%정도의 출력을 향상시키는 것이 가능하다고 알려져 있다.

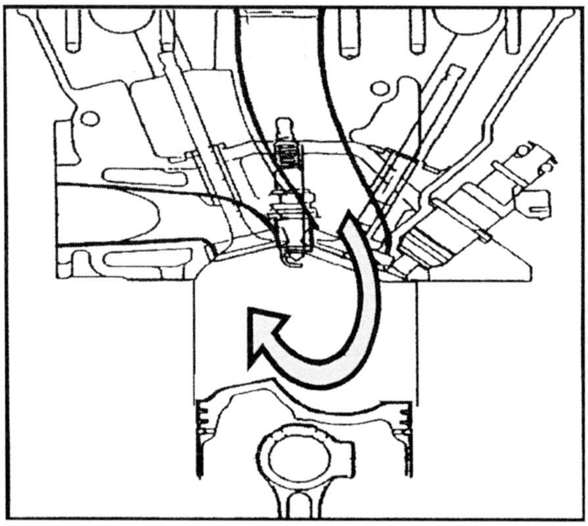

[그림 9-1] 가솔린 직접 분사 엔진의 단면도

2 가솔린 직접 분사 엔진의 제어와 센서의 기능

2.1 전자 제어

[1] 개 요

① 초희박 연소를 실현하기 위하여 스월 인젝터(swirl injector), 고압 연료펌프, 고압 레귤레이터 및 연료 압력 센서 등을 설치하여 압축된 실린더에 고압의 연료를 짧은 시간 내에 분사한다.
고압분사를 위하여 컴퓨터는 고압 연료 라인의 압력 및 각종 입력 센서들로부터 신호를 받아 인젝터 분사시간을 연산하여 인젝터 드라이브(injector drive)로 신호를 보낸다. 인젝터 드라이브는 엔신 컴퓨터로부디 인젝터 분사신호를 입력받아 각 인젝터를 구동하며, 인젝터의 고장 유무를 검출하여 엔진 컴퓨터로 입력시킨다.

② 질소산화물의 배출량을 감소시뒤의 산소량을 계측하여 연료 분사량을 보정 계수로 엔진 컴퓨터에 입력된다.키기 위하여 대용량의 배기가스 재순환(EGR) 모터를 2개 설치한다. 또한, 촉매 컨버터의 최적 활성화를 위하여 뒤(rear) 산소 센서를 설치하여 촉매 컨버터

③ 점화 코일은 각 실린더마다 1개씩 설치되며, 파워 트랜지스터가 내장되어 엔진 컴퓨터의 구동 신호(베이스 신호)에 따라 1차 점화 전압을 제어한다.

④ 전자 제어 스로틀 밸브(ETS ; Electronic Throttle Valve)는 가속 페달의 열림량을 입력 받아 엔진 컴퓨터가 스로틀 밸브의 목표 열림량을 연산하여 ETS-ECU로 신호를 보내면 ETS-ECU는 스로틀 모터를 구동하여 스로틀 밸브를 제어한다.

⑤ 냉각 팬 제어는 에어컨 스위치, 차속 센서, 수온 센서의 입력을 받아 엔진 컴퓨터가 냉각 팬의 작동 속도를 결정하여 라디에이터 팬 컨트롤러로 듀티 신호를 보내면 냉각 팬 컨트롤러가 라디에이터 팬과 에어컨 콘덴서(응축기) 팬을 구동한다.

⑥ AC 발전기의 발전 전류 제어는 전기 부하 상태일 때 엔진의 부조를 방지하기 위해 엔진 컴퓨터는 엔진 회전속도 및 발전기 충전 전류를 입력받아 최적의 발전 전류를 제어한다.

[2] 각종 센서

(1) 크랭크각 센서(CAS) 및 NO1. TDC 센서

엔진 컴퓨터는 크랭크각 센서와 NO1. TDC 센서로부터 크랭크축과 캠축의 위치를 판별하여 점화시기 및 연료 분사시기를 결정하는 기준 신호로 사용한다.

(2) 산소 센서(Oxygen sensor)

산소 센서는 배기다기관에 설치되어 배기가스 중의 산소 농도를 검출하여 엔진 컴퓨터로 정보를 제공하면 엔진 컴퓨터는 이론 공연비 14.7 : 1에 맞추어 공연비 피드백 제어를 실행한다.

2.2 연료 제어

가솔린 직접 분사 엔진의 연료 계통은 인젝터 드라이브 A & B, 저압 연료 펌프, 저압 레귤레이터, 연료 필터, 고압 연료 펌프, 고압 레귤레이터, 스월 인젝터 등으로 구성되어 있다.

[1] 연료 압력 센서[Fuel Pressure Sensor]

연료 압력 센서는 검출된 압력을 전압 신호로 컴퓨터에 입력시켜 인젝터의 분사량 보정(補正)신호로 사용한다.

이 센서의 출력 특성은 연료 압력 증가에 따라 일정하게 증가하며, 고압 연료 조절기에 의해서 50kgf/cm² 이상으로는 증가하지 않으나 비정상적으로 압력이 증감(增減)될 경우에는 컴퓨터에서 연료 압력에 따른 인젝터의 구동 시간을 보정한다.

이에 따라 컴퓨터는 고압 모드와 저압 모드를 연료 압력 센서에 따라 판정하며, 고압 모드가 되는 경우는 다음의 3가지 조건을 만족하여야 한다.

① 연료 압력 센서가 정상이고, 연료 압력이 40kgf/cm² 이상

② 엔진 회전속도가 1,000rpm이상

③ 엔진 작동 정지 및 시동 후 이외

다만, 한번 고압이 된 이후에는 재 시동할 때까지 저압 모드는 되지 않는다.

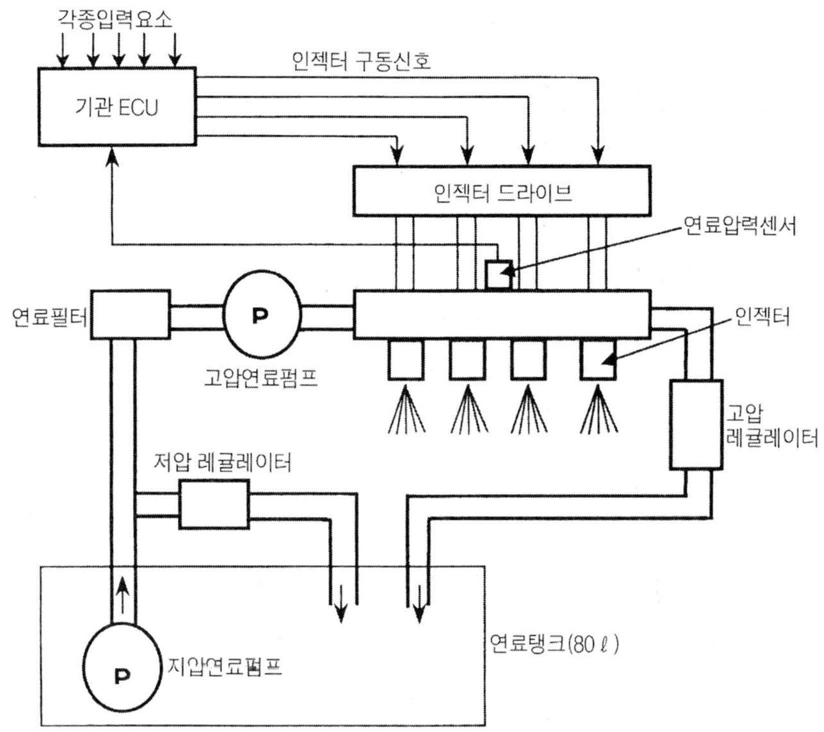

[그림 9-2] **연료장치 구성도**

[2] 인젝터 드라이브[injector drive] A & B

(1) 인젝터 드라이브 A & B의 기능

드라이브 릴레이로부터 전원을 공급받아 각 인젝터에 전원을 공급함과 동시에 인젝터 회로의 단선, 단락을 검출하여 엔진 컴퓨터로 고장 유무 신호를 입력시킨다. 인젝터의 구동은 엔진 컴퓨터로부터 분사시간 신호를 입력받아 인젝터를 구동시킨다.

(2) 인젝터 드라이브 A & B의 구동 원리

인젝터 드라이브 A & B의 구동 원리는 같다. 인젝터 드라이브 A의 전원 공급은 점화 스위치(IG.S/W)를 ON으로 하면 엔진 컴퓨터는 A07 단자를 접지시켜 인젝터 드라이브 A의 A12번 단자와 A21번 단자로 전원이 공급된다.

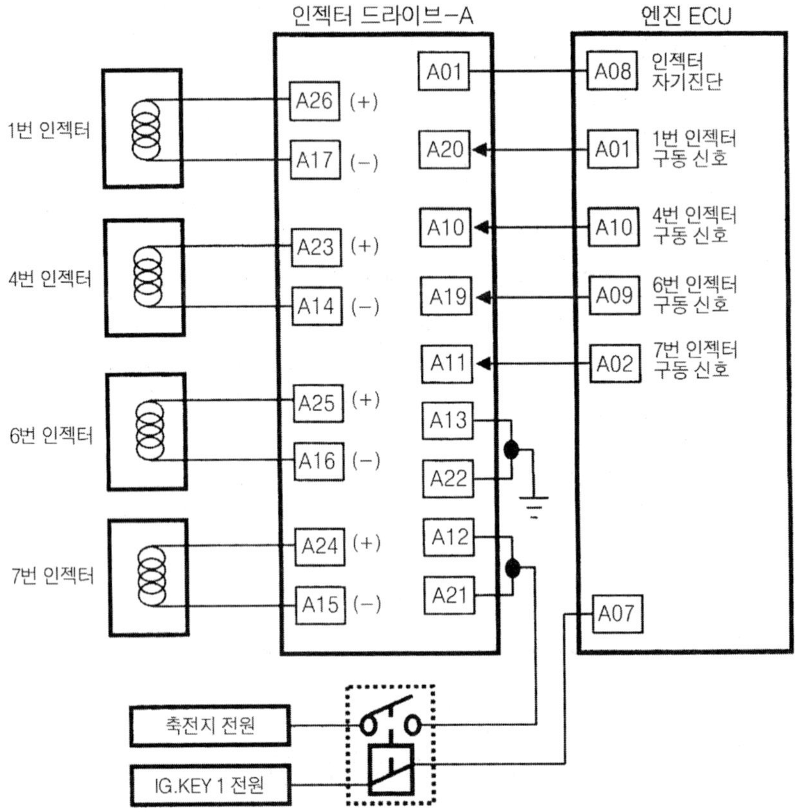

[그림 9-3] **인젝터 드라이브 A의 회로 구성**

[3] 고압 연료 펌프[High Pressure Fuel Pump]

(1) 고압 연료 펌프의 기능

압축된 연소실로 연료를 직접분사하기 위해서는 연료 탱크 내에 설치된 저압 연료 펌프만으로는 분사 압력(약 3kgf/cm²)이 매우 낮으므로 저압 연료 펌프에서 공급된 연료를 고압 연료 펌프에서 약 50kgf/cm² 정도의 압력으로 상승시켜 인젝터에 공급한다.

[4] 고압 레귤레이터[High Pressure Regulator]

연료 압력이 계속 상승하면 연료 분사량 등이 바뀔 수 있기 때문에 연료 파이프에 고압 레귤레이터를 설치하여 연료 압력이 약 50kgf/cm² 이상을 초과하면 바이패스 시킨다.

[5] 스월형 인젝터[swirl injector]

연료가 분사되면서 주위의 공기와 쉽게 혼합될 수 있도록 하기 위해 소용돌이를 이루면서 연료가 분사된다. 엔진 컴퓨터가 인젝터 드라이브 A & B에 연료 분사신호를 보내면 인젝터 드라이브는 해당 인젝터를 구동한다.

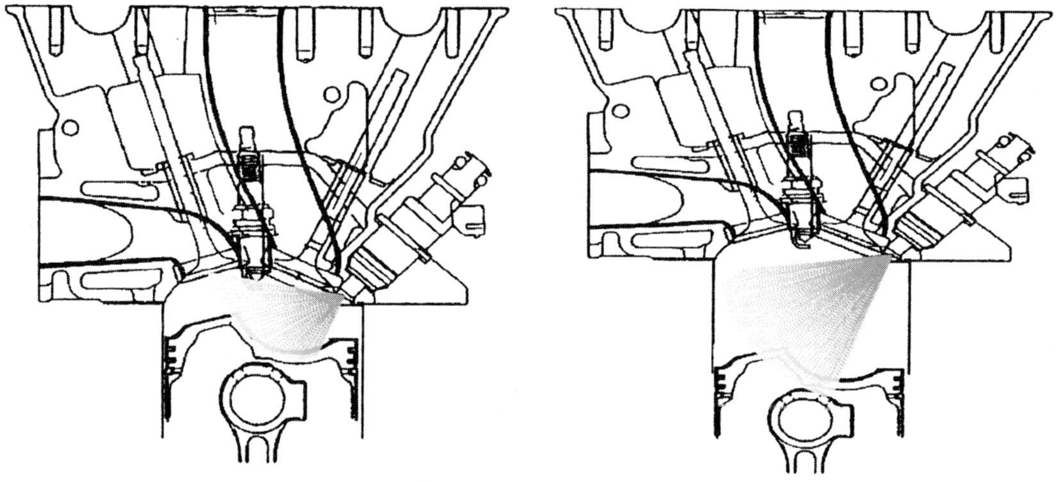

(a) 흡입행정시 분사(이론공연비 제어) (b) 압축행정시 분사(희박공연비 제어)

[그림 9-4] 스월형 인젝터의 분사 형상

[6] 연료 펌프 레지스터[Fuel Pump Resistor]

고압 펌프의 유량 특성은 엔진을 크랭킹할 때는 회전속도가 낮기 때문에 토출량이 적으며, 이 상태에서 저압 연료 펌프가 작동하면 연료 펌프의 전류 소모가 커지게 된다. 이를 방지하기 위해 저압 연료 펌프의 배선에 레지스터(저항)를 두어 연료 펌프가 천천히 구동되도록 엔진 컴퓨터에서 연료 펌프 릴레이를 제어한다.

[7] 연료 펌프 릴레이

(1) 연료 펌프 릴레이의 기능

연료 압력 센서의 고장으로 인한 엔진 경고등의 점등 또는 고압 모드에서 연료의 압력이 $70kgf/cm^2$ 이상일 때 엔진 컴퓨터는 연료 펌프 릴레이를 OFF시킨다. 또한 크랭크각 센서로부터 검출된 엔진 회전속도가 50rpm이하에서도 연료 펌프를 OFF시킨다.

(2) 연료 펌프 릴레이 구성 회로

연료 펌프 릴레이의 작동은 다음과 같다. 그림에서 점화 스위치가 ON과 동시에 컨트롤 릴레이로부터 전원이 공급되면 엔진 컴퓨터 D04번 단자에서 접지가 되며, 컨트롤 릴레이를 거쳐 연료 펌프 릴레이로 전원이 공급된다. 이때 엔진 컴퓨터 A33번 단자에서 고압 모드 상태일 경우에는 접지시키지 않고 저압 모드 상태에서만 접지시켜 연료 탱크 내의 저압 펌프로 전원을 공급한다.

2.3 점화 제어

가솔린 직접분사 엔진의 점화 계통은 점화 코일 내부에 설치된 파워 트랜지스터 베이스 단자를 컴퓨터가 제어하며, 각 실린더마다 설치되어 있다. 점화 페일 센서(Ignition fail sensor)는 점화 코일의 1차 코일에 전원을 공급한다. 점화 코일 내의 파워 트랜지스터가 OFF로 되었다가 ON으로 될 때 이 신호가 점화 페일 논리에 입력되며 점화 검출 신호를 컴퓨터로 입력시킨다.

점화 회로도 그림에서 점화 코일에 전원 공급과 점화 신호 검출, 실화 발생 여부 등을 검출하는 점화 페일 센서는 IG1의 전원을 공급받아 점화 코일 내부에 설치된 파워 트랜지스터의 커넥터로 보내고, 엔진 컴퓨터의 파워 트랜지스터 베이스를 제어하여 1차 전류를 단속하는 작용을 한다.

[1] 점화 코일[Ignition Coil]

점화 코일은 실린더 헤드 위쪽에 각 실린더마다 1개씩 설치되어 있으며, 파워 트랜지스터가 들어있다. 엔진 컴퓨터는 크랭크각 센서 및 NO1. TDC 센서의 신호를 받아서 각 실린더의 위치를 판단하여 점화 코일에 파워 트랜지스터의 베이스 단자를 제어하여 점화가 가능하도록 한다.

[2] 점화 페일 센서[Ignition Fail Sensor]

점화 코일 내부의 파워 트랜지스터 컬렉터 단자에 전원을 공급하고 계기판 내의 회전계를 구동한다. 점화 페일 센서는 2개가 설치되어 있는데, #1, #4, #6, #7번 점화 코일을 검출하는 점화 페일러 센서 1과 #2, #3, #5, #8번 점화 코일을 검출하는 점화 페일러 센서 2가 있다.

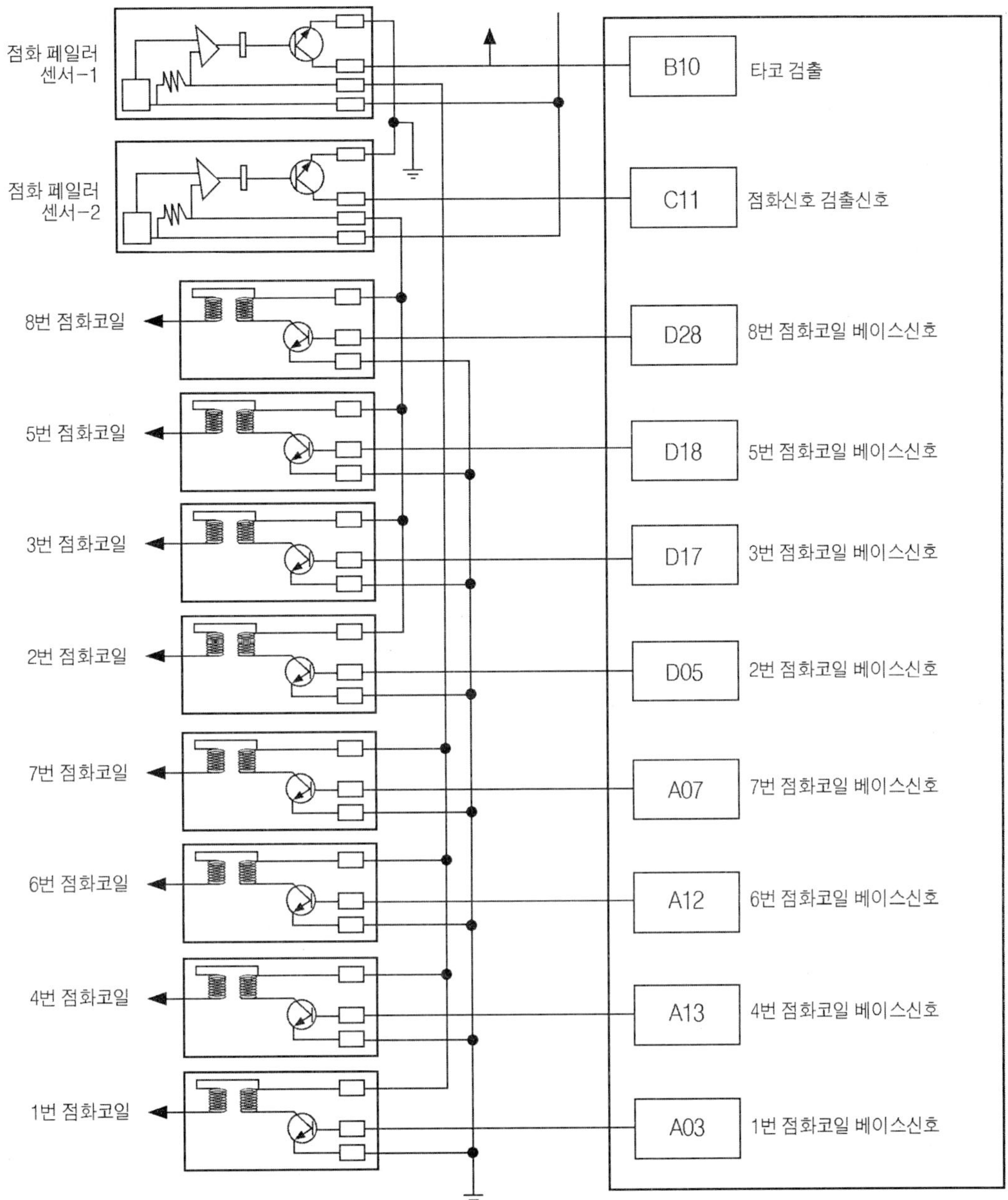

[그림 9-5] **점화 제어 회로도**

2.4 기타 제어

[1] 에어컨 릴레이 제어

(1) 자동차가 출발할 때

정차후 출발할 때 에어컨은 작동중이면 에어컨 릴레이를 약 1.5초 동안 OFF시킨다.

(2) 자동차를 가속할 때

스로틀 밸브 열림량이 약 3.9~4.1V이상일 때 에어컨 릴레이를 5초 동안 OFF시킨다.

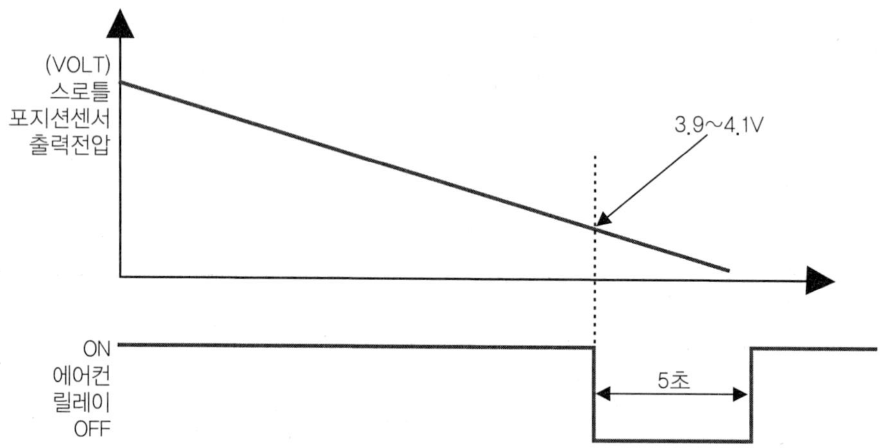

[그림 9-6] 에어컨 릴레이 제어

(3) 높은 수온일 때

엔진 시동 후 냉각수의 온도가 110~115 이상인 경우에는 에어컨 릴레이를 OFF시킨다.

(4) 에어컨 제어 회로도

에어컨 제어는 그림에서 엔진 컴퓨터에 의해 D01번 단자에서 접지가 되면 에어컨 릴레이가 작동되며, 급 출발, 급가속, 높은 수온, 시동을 할 경우 등에는 릴레이를 접지시키지 않는다. 엔진 컴퓨터 B21번 단자는 뒤 에어컨을 작동할 때 아이들 업(idle up)신호로 입력이 되며, 냉매의 압력에 따라 중압 스위치는 엔진 컴퓨터 C24번 단자에 입력되고 듀얼 압력 스위치는 C13번 단자로 입력된다.

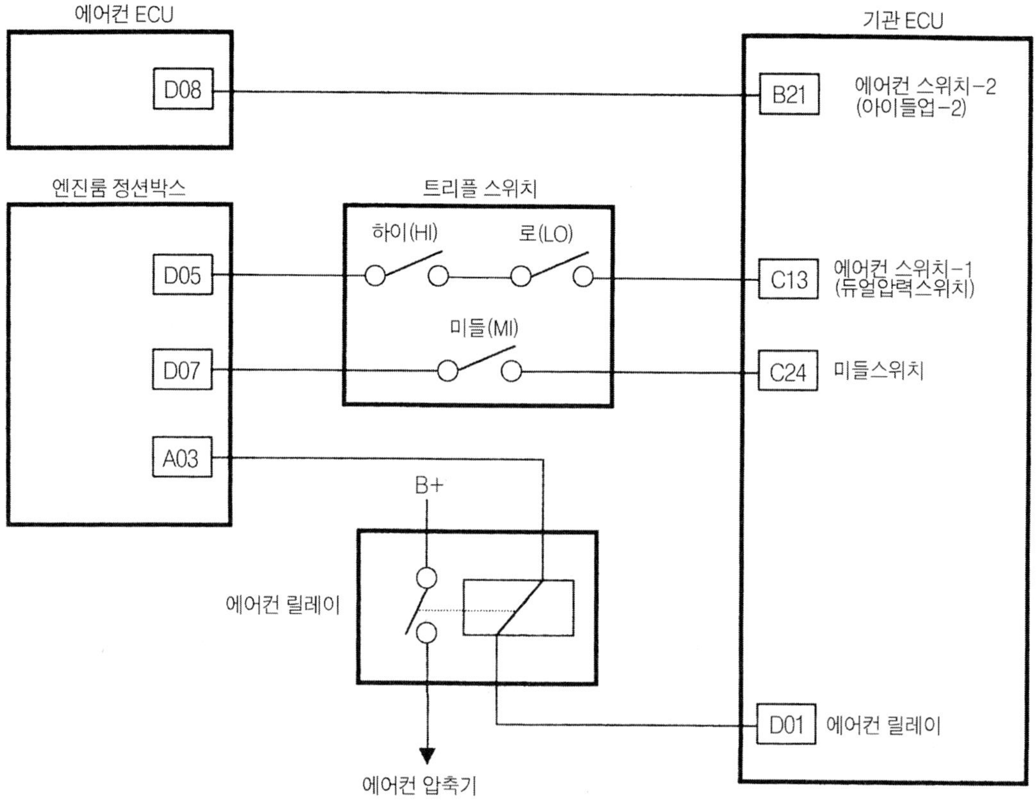

[그림 9-7] **에어컨 제어 회로도**

[2] 냉각 팬 제어

(1) 냉각 팬 컨트롤러

기존 차량의 냉각 팬 제어는 High/Low 2단계 제어 또는 High/Middle/Low 3단계 제어를 실행하였기 때문에 차량의 주행 조건에 따른 엔진 온도 보정을 정밀하게 실행하지 못하였으나 가솔린 직접분사 엔진의 냉각 팬 제어는 냉각 팬 컨트롤러를 추가하였다.

엔진 컴퓨터는 수온 센서, 차속 신호, 에어컨 신호등을 입력받아 냉각 팬 컨트롤러로 듀티 신호를 보내 냉각 팬을 무단 제어한다. 냉각 팬 컨트롤러는 엔진 컴퓨터로부터 입력된 듀티 신호에 따라 냉각 팬으로 흐르는 전류의 양을 제어함으로써 차량의 주행 조건에 부합되는 최적의 제어가 가능하게 되었다.

Chapter

10

자동차 배출가스

1. 자동차에서 배출되는 가스
2. 배기가스 생성 과정

01 자동차에서 배출되는 가스

자동차에서 배출되는 가스는 배기 파이프에서 나오는 CO,HC,NOx의 배기가스, 엔진 크랭크 실의 블로 바이 가스(blow-by gas)에 포함된 HC, 그리고 연료 탱크와 연료 공급 계통의 증발 가스에서 나오는 HC 등 3가지가 있다.

1.1 배기가스

배기가스의 주성분은 수증기(H_2O)와 이산화탄소(CO_2)이며 이외에 일산화탄소(CO), 탄화수소(HC), 질소산화물(NOx), 납산화물, 탄소입자 등이 있으며, 이 중에서 일산화탄소, 질소산화물, 탄화수소가 규제 배출 가스이다. 배기가스가 차지하는 비율은 60%이다.

1.2 블로바이 가스

블로바이 가스란 실린더와 피스톤 사이에서 크랭크 실(crank case)로 누출된 가스를 말하며, 조성은 70~95% 정도가 미연소 가스인 탄화수소(HC)이고 나머지가 연소가스 및 부분 산화된 혼합 가스이다. 블로바이 가스가 크랭크 실내에 체류(滯留)하면 엔진의 부식, 윤활유의 슬러지 발생 등을 촉진시킨다. 블로바이 가스가 차지하는 비율은 25%이다.

1.3 연료 증발 가스

연료 증발 가스는 연료 탱크나 연료 계통 등에서 가솔린이 증발하여 대기 중으로 방출되는 가스이며, 주성분은 탄화수소(HC)이다. 증발 가스가 차지하는 비율은 15%이다.

02 배기가스 생성 과정

2.1 일산화탄소의 생성 과정

가솔린은 여러 종류의 탄소와 수소의 화합물인 탄화수소이므로 완전 연소하였을 경우에는 탄소는 무해성 가스인 이산화탄소로, 수소는 수증기로 변화한다. 그러나 실린더 내에 산소의 공급이 부족한 상태로 연소하면 불완전 연소를 일으켜 일산화탄소가 발생한다.

2.2 탄화수소의 생성 과정

① 밸브 오버랩으로 인하여 혼합 가스가 누출된다.

② 엔진 감속시 스로틀 밸브가 닫히면 흡기다기관의 진공이 갑자기 높아지고 혼합 가스가 농후해져 탄화수소 배출량이 증가한다.

③ 연소실 내에서 혼합 가스가 연소할 때 안쪽 벽은 저온(低溫)이므로 연소 온도에 이르지 못하며, 불꽃은 안쪽 벽에 도달하기 전에 꺼지므로 이 미연소 가스가 탄화수소로 배출된다.

④ 혼합 가스가 희박하다.

탄화수소의 배출량을 감소시키려면 연소실의 형상, 밸브 개폐 시기 등을 적절히 설정하여 엔진을 감속시킬 때 혼합 가스가 농후해지는 것을 방지하여야 한다.

2.3 질소산화물 생성 과정

질소는 잘 산화(酸化)하지 않으나 고온, 고압 및 전기 불꽃 등이 존재하는 곳에서는 산화하여 질소산화물을 발생시킨다. 특히 연소 온도가 2,000℃이상인 고온 연소에서는 급증한다.

2.4 배기가스의 배출 특성

(1) 혼합비와의 관계

① 이론 공연비보다 약간 희박한 혼합비를 공급하면 질소산화물 발생량은 증가하고, 일산화탄소와 탄화수소의 발생량은 감소한다.

② 이론 공연비보다 매우 희박한 혼합비를 공급하면 질소산화물과 일산화탄소 발생량은 감소하고, 탄화수소의 발생량은 증가한다.

③ 이론 공연비(14.7 : 1)보다 농후한 혼합비를 공급하면 질소산화물 발생량은 감소하고, 일산화탄소와 탄화수소의 발생량은 증가한다.

(2) 엔진의 온도와의 관계

① 엔진이 고온일 경우에는 질소산화물의 발생량이 증가한다.

② 엔진이 저온일 경우에는 농후한 혼합비를 공급하므로 일산화탄소와 탄화수소는 증가하고, 연소 온도가 낮아 질소산화물의 발생량은 감소한다.

(3) 엔진을 감속 또는 가속하였을 때

① 엔진 감속시 질소산화물 발생량은 감소하지만, 일산화탄소와 탄화수소 발생량은 증가한다.

② 엔진을 가속할 때는 일산화탄소, 탄화수소, 질소산화물 모두 발생량이 증가한다.

2.5 배출가스 제어장치

(1) 블로바이 가스 제어 장치

① 경부하 및 중부하 영역에서 블로바이 가스는 PCV(Positive Crank case Ventilation) 밸브의 열림 정도에 따라서 유량(流量)이 조절되어 서지 탱크(흡기 다기관)로 들어간다.

② 급가속을 하거나 엔진의 고부하 영역에서는 흡기다기관 진공이 감소하여 PCV 밸브의 열림 정도가 작아지므로 블로바이 가스는 서지 탱크(흡기 다기관)로 들어간다.

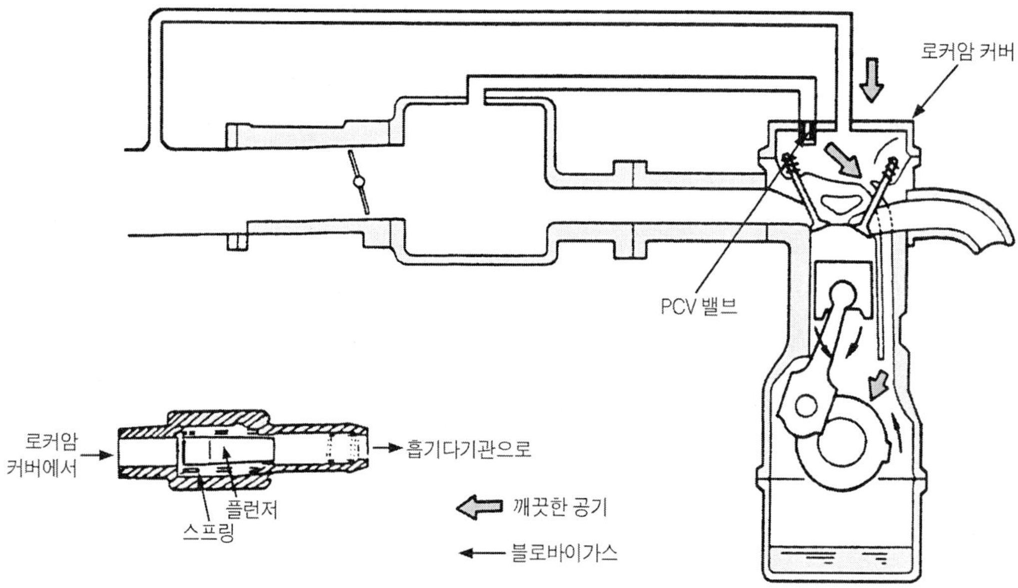

[그림 10-1] 블로바이 가스 제어장치

(2) 배기가스 제어장치

① 배기가스 재순환 장치(EGR ; Exhaust Gas Recirculation)

배기가스 재순환 장치는 흡기다기관의 진공에 의하여 열려 배기가스 중의 일부(혼합 가스의 약 15%)를 배기다기관에서 빼내어 흡기다기관으로 순환시켜 연소실로 다시 유입시킨다.

② 구성 부품

- 배기가스 재순환 밸브(EGR) : 이 밸브는 스로틀 밸브의 열림 정도에 따른 흡기다기관의 진공에 의하여 조절되며, 이 밸브에 신호 진공은 서모 밸브와 진공 조절 밸브에 의해 조절된다.
- 서모 밸브(thermo valve) : 이 밸브는 EGR 밸브의 진공 회로 중에 설치되며, 서모 밸브의 기능은 엔진의 냉각수 온도(약 65 ° C 이하)에 따라 EGR 밸브의 작동을 정지시킨다.
- 진공 조절 밸브 : 엔진의 작동 상태에 따라 EGR밸브를 조절하여 재순환되는 배기가스 양을 조절한다.

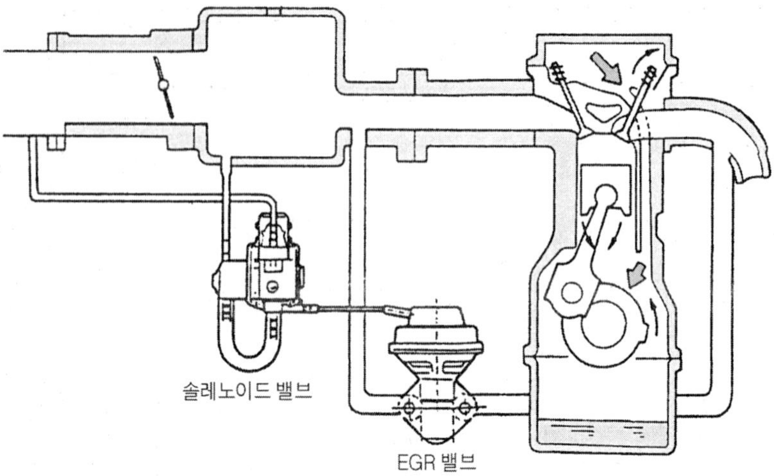

[그림 10-2] EGR 작동 계통도

(3) 연료 증발가스 제어장치

연료 탱크 및 연료계통 등에서 발생한 증발가스(주성분은 탄화수소이다.)를 캐니스터에 포집한 후 퍼지 컨트롤 솔레노이드 밸브(PCSV)의 조절에 의하여 흡기다기관을 통하여 연소실로 보내어 연소시킨다.

① **퍼지 컨트롤 솔레노이드 밸브**(Purge Control Solenoid Valve) : 퍼지 컨트롤 솔레노이드 밸브는 캐니스터에 포집된 연료 증발 가스를 조절하는 장치이며, 컴퓨터에 의하여 작동된다.

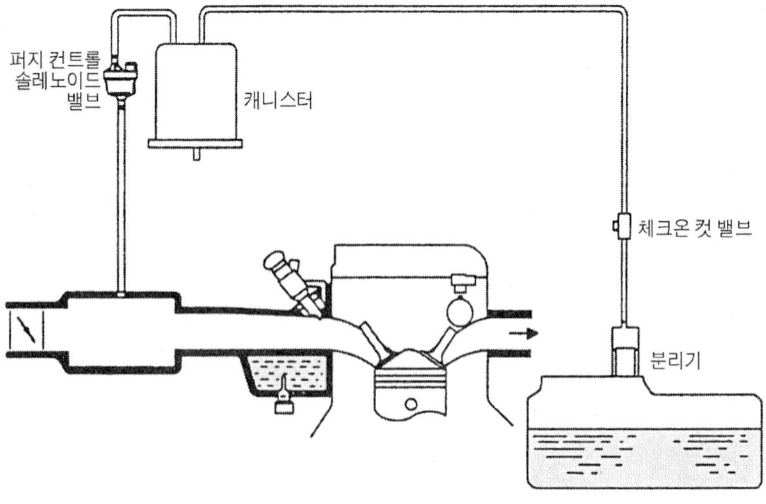

[그림 10-3] 연료 증발 가스 제어장치

② **캐니스터**(canister) : 캐니스터는 엔진이 작동하지 않을 때 연료 계통에서 발생한 연료 증발 가스를 캐니스터 내에 흡수 저장(포집)하였다가 엔진이 작동되면 PCSV를 통하여 서지 탱크로 보낸다.

(4) 산소 센서

① 산소 센서의 종류

산소 센서는 배기가스를 정화하기 위하여 촉매 컨버터를 사용할 경우 촉매의 정화율은 이론 공연비 부근일 때가 가장 높다. 공연비를 이론 공연비로 조정하기 위하여 산소 센서를 배기 다기관에 설치하여 배기가스 중의 산소 농도를 검출한다. 산소 센서에는 지르코니아 형식과 티타니아 형식이 있다.

- 지르코니아 형식 : 이 센서의 구조는 지르코니아 소자(ZrO_2) 양면에 백금 전극이 있으며, 이 전극을 보호하기 위해 바깥쪽은 세라믹으로 코팅하였다. 센서의 안쪽에는 산소 농도가 높은 대기(大氣)가 바깥쪽은 배기가스가 접촉한다.
  지르코니아 소자는 고온에서 양쪽의 산소 농도 차이가 크면 기전력을 발생시킨다. 즉, 대기쪽의 산소 농도와 배기가스 쪽의 산소 농도는 산소 분압이 큰 차이를 나타내므로 산소 이온은 분압이 높은 대기 쪽에서 분압이 낮은 배기가스 쪽으로 이동하며, 이때 기전력을 발생하고 이 기전력은 산소 분압 비율의 대수에 비례한다.

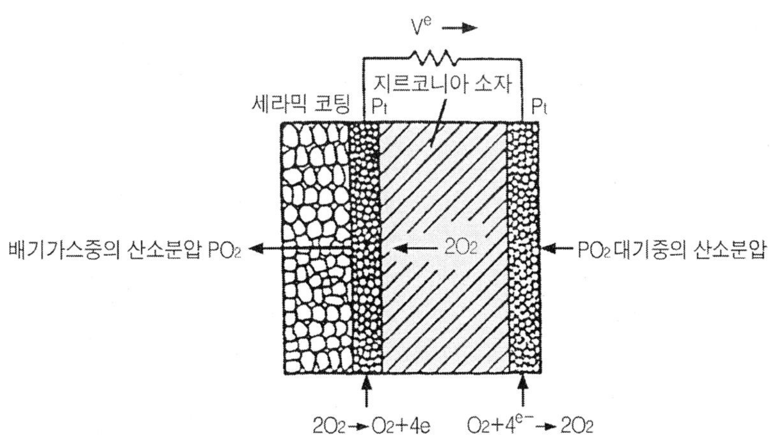

[그림 10-4] 지르코니아 산소센서의 원리

• 티타니아 형식 : 티타니아 산소센서는 세라믹 절연체의 끝에 티타니아 소자(TiO_2)를 두며 전자 전도체인 티타니아가 주위의 산소 분압에 대응하여 산화 또는 환원되어 전기저항이 변화하는 성질을 이용한 것이다.

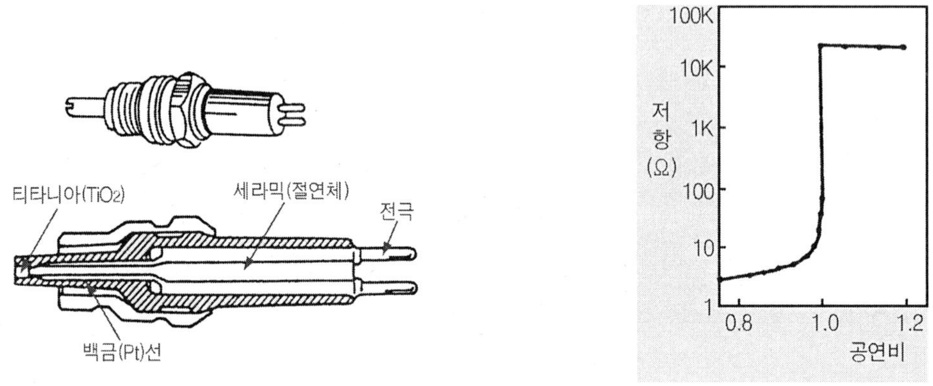

[그림 10-5] **티타니아 산소센서**

② 산소 센서의 작동

산소 센서는 배기가스 중의 산소 농도와 대기 중의 산소농도 차이에 따라 출력 전압이 급격히 변화하는 성질을 이용하여 피드백 기준 신호를 컴퓨터로 공급해준다. 이때 출력 전압은 혼합비가 희박할 때는 지르코니아의 경우 약 0.1V, 티타니아의 경우 약 0.3~0.8V, 혼합비가 농후하면 지르코니아의 경우 약 0.9V, 티타니아의 경우 약 4.3~4.7V의 전압을 발생시킨다.

센서가 정상작동할 때 센서 부분의 온도는 약 400~800℃정도이며, 엔진이 냉각 및 공전시에는 컴퓨터 자체의 보상 회로에 의해 개회로(open loop)가 되어 임의 보정 된다.

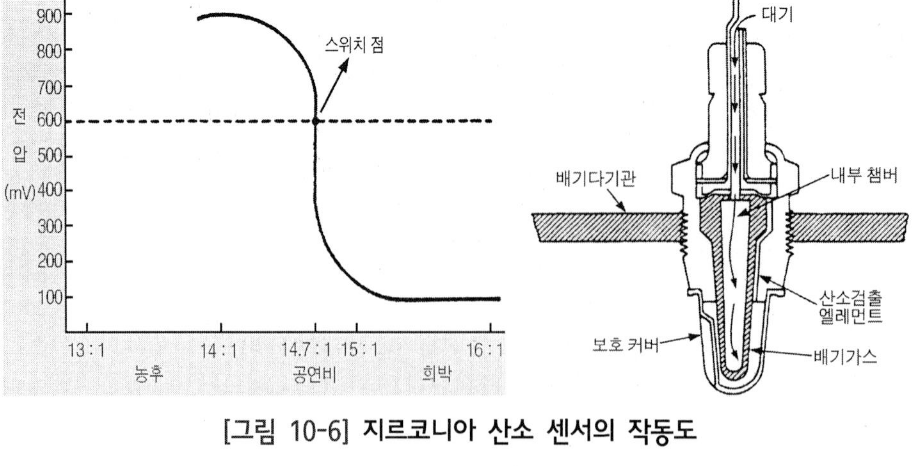

[그림 10-6] **지르코니아 산소 센서의 작동도**

2.6 촉매 컨버터

(1) 촉매 컨버터의 기능(技能)

배기다기관 아래쪽에 설치되어 배기가스가 촉매 컨버터를 통과할 때 유해 배기가스의 성분을 낮추어 주는 장치이다.

(2) 촉매 컨버터의 구조(構造)

촉매 컨버터의 구조는 벌집 모양의 단면을 가진 원통형 담체(honeycomb substrate)의 표면에 백금(Pt), 필라듐(Pd), 로듐(Rh)의 혼합물을 균일한 두께로 바른 것이다. 담체는 세라믹(Al_2O_3), 산화실리콘(SiO_2), 산화마그네슘(MgO)을 주원료로 하여 합성된 코디어라이트(cordierite)이며, 그 단면은 cm^2 당 60개 이상의 미세한 구멍으로 되어 있다.

♣ **촉매란 :** 그 자체는 별로 변화하지 않고, 반응물질을 적당한 조건하에서 산화(酸化) 또는 환원(還元)하는 것을 돕는 성질이 있는 물질이며, 그 종류에는 배기가스 중의 일산화탄소와 탄화수소를 이산화탄소와 수증기로 만드는 산화 촉매, 질소산화물을 환원하여 질소와 이산화탄소로 만드는 환원 촉매, 그리고 일산화탄소, 탄화수소 및 질소산화물을 동시에 1개의 촉매로 처리하는 삼원 촉매 등이 있다.

Chapter

11

디젤 엔진

1. 디젤 엔진의 개요
2. 디젤 엔진의 노크 및 방지 방법
3. 디젤 엔진의 연소 과정
4. 디젤 엔진의 연료와 그 성질
5. 배출 가스의 특성
6. 배출 가스의 저감 대책
7. 디젤 엔진의 연소실 종류

01 디젤 엔진의 개요

디젤 엔진은 공기만을 실린더 내에 흡입하여 압축하면 500~550℃의 압축열이 발생된다. 이때 분사노즐을 통하여 압축공기에 연료를 분사시키면 압축열에 의하여 연료가 자기착화(자연점화) 연소되어 발생된 열에너지가 기계적 에너지로 변환되는 엔진이다.

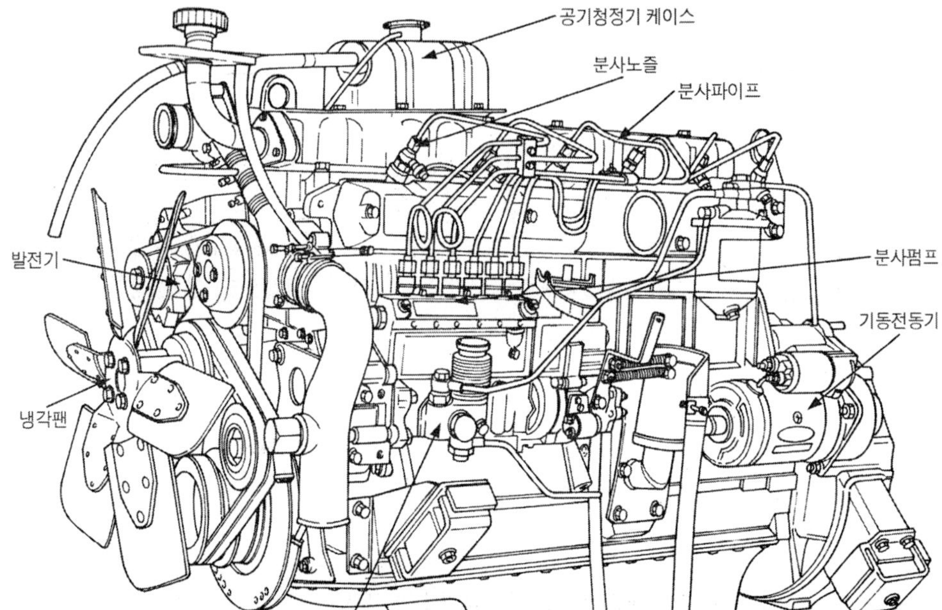

[그림 11-1]

1.1 디젤 엔진의 장·단점

(1) 장점

① 가솔린 엔진보다 연료소비량이 적다.
(가솔린 엔진 : 230~280g/ps-h , 디젤 엔진 : 160~230g/ps-h)

② 가솔린 엔진보다 열효율이 높다.
(가솔린 엔진 : 25~32% , 디젤 엔진 : 32~38%)

③ 전기 점화장치와 같은 고장 빈도가 높은 장치가 없어 수명이 길다.

④ 연료의 인화점이 높아 화재의 위험이 적다.

⑤ 공기 과잉 상태에서 연소가 진행되어 CO, HC의 유해 성분이 적다.

⑥ 넓은 회전속도 범위에서 회전력이 크다(회전력의 변동이 적다).

⑦ 대출력 엔진이 가능하다.

(2) 단점

① 압축 및 폭발 압력이 높아 작동이 거칠고 진동과 소음이 크다.

② 실린더 최대 압력이 높아 튼튼하게 제작해야 하므로 중량이 무겁다.

③ 가솔린 엔진보다 제작비가 비싸다.

④ 공기와 연료를 균일한 혼합기로 만들 수 없어 리터당 출력이 낮다.

⑤ 시동에 소요되는 동력이 크다. 즉, 기동 전동기의 출력이 커야 한다.

⑥ 가솔린 엔진보다 회전속도의 범위가 좁다.

1.2 디젤 엔진과 가솔린 엔진의 차이점

(1) 점화방식

① **디젤 엔진** : 공기만을 흡입 압축하여 고온 고압의 공기로 만들어 연료를 분사하면 연료 스스로 자기착화 되는 압축열에 의한 자기착화 방식이다.

② **가솔린 엔진** : 공기와 연료를 일정 비율로 혼합시켜 실린더 내로 흡입 압축시키고 외부로부터 전기 불꽃을 공급하여 점화시키는 전기 점화 방식이다.

(2) 사용 연료

① **디젤 엔진** : 세탄가(자기착화성)가 높은 연료를 필요로 하며, 자동차용으로는 주로 경유가 사용된다.

② **가솔린 엔진** : 외부 불꽃에 의해 쉽게 점화할 수 있으면서 착화성이 낮은 고옥탄가

의 연료를 필요로 한다. 자동차용으로는 가솔린(휘발유)이나 LPG(액화석유가스)가 사용된다.

(3) 출력 제어방식

① 디젤 엔진 : 실린더 내에 충진 또는 압축된 공기 중에 분사되는 연료 분사량을 가감시켜 엔진의 출력을 제어하는 분사량 제어 방식이다.

② 가솔린 엔진 : 적당한 혼합기를 형성하는 필요한 연료량과 공기량을 동시에 제어하여 엔진의 출력을 제어하는 혼합기 양과 질을 제어하는 방식(기화기 방식)과 흡기 밸브 전방 또는 흡기다기관에 분사되는 연료량을 제어하여 엔진의 출력을 제어하는 분사량 제어방식(전자제어 가솔린 분사방식)이 있다.

02 디젤 엔진의 노크 및 방지 방법

2.1 디젤 엔진의 노크[diesel knock]

디젤 엔진의 노크는 착화 지연 기간이 길 때 착화 지연 기간 중에 분사된 많은 양의 연료가 화염 전파 기간 중에 동시에 폭발적으로 연소되기 때문에 실린더 내의 압력이 급격하게 상승되므로 피스톤이 실린더 벽을 타격하여 소음을 발생하는 현상이다.

2.2 디젤 엔진의 노크 방지

디젤 엔진의 노크를 방지하기 위한 방법으로는 다음과 같다.

① 압축비를 높게 한다.

② 연료의 분사 시기를 알맞게 조정한다.

③ 세탄가가 높은 연료를 사용한다.

④ 흡입 공기의 온도를 높게 유지한다.

⑤ 실린더 벽의 온도를 높게 유지하고 회전속도를 높인다.

⑥ 착화 지연 기간 중에 연료의 분사량을 적게 한다.

03 디젤 엔진의 연소 과정

디젤 엔진은 압축 행정의 종료부분에서 연소실 내에 분사된 연료는 착화 지연 기간 → 화염 전파 기간 → 직접 연소 기간 → 후기 연소 기간의 순서로 연소된다.

3.1 착화 지연 기간[연소 준비 : 기간 A~B기간]

착화 지연 기간은 분사된 연료의 입자가 압축공기로부터 열을 흡수하여 연료 증기로 변화된 후 착화 연소를 일으킬 때까지의 기간으로서 1/1,000 ~ 4/1,000 sec 정도로 매우 짧다. 착화 지연 기간은 엔진이 2,000 rpm 을 할 때 크랭크축의 회전각으로 12° 정도가 된다.

3.2 화염 전파 기간[정적 연소 기간, 폭발 연소 기간 : B~C 기간]

화염 전파 기간은 분사된 연료에 화염이 전파되어 동시에 연소되는 기간으로 폭발적으로 연소하기 때문에 실린더 내의 압력과 온도가 급격히 상승한다.

3.3 직접 연소 기간[정압 연소기간, 제어 연소 기간 : C~D 기간]

분사된 연료가 분사와 거의 동시에 연소되는 기간으로 화염 전파 기간에 생긴 화염 때문에 연료가 분사와 동시에 연소된다. 이때의 연소 압력은 가장 높으며, 직접 연소 기간에서의 압력 변화는 연료의 분사량을 조정하여 어느 정도 조정할 수 있다.

3.4 후기 연소 기간[후 연소 기간 : D~E 기간]

직접 연소 기간에 연소하지 못한 연료가 연소, 팽창하는 기간으로 분사된 연료는 D점에서 연소가 완료되어 연소가스가 팽창되는 것이지만 D점까지에서도 완전히 연소되지 못한 것은 후기 연소 기간에 연소된다.

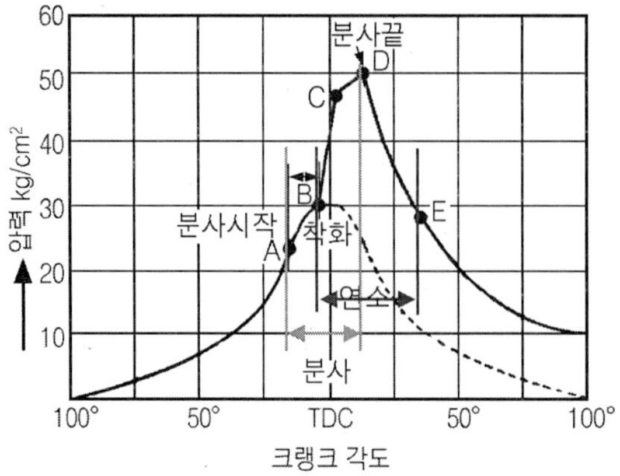

[그림 11-2] **디젤 엔진의 연소과정**

04 디젤 엔진의 연료와 그 성질

4.1 디젤 연료[경유]의 구비조건

① 세탄가가 높을 것

② 착화성이 좋을 것

③ 점도가 적당할 것

④ 불순물 함유가 없을 것

4.2 디젤연료의 성질

(1) 점도(viscosity)

액체가 유동할 때 분자 사이의 마찰에 의해 유동을 방해하는 힘을 받게 되는데 이를 점성이라고 하며, 유동에 대한 저항의 크기를 표시하는 양(量)을 점도라고 한다.

① 점도의 영향ㅌ

- 점도가 크면 : 분사 펌프의 출력이 증대되며, 연료의 분포가 불량하여 불완전 연소에 의해 배기색이 흑색이 되며, 연료소비율이 증대된다.

- 점도가 낮으면 : 윤활성 저하로 분사펌프 및 노즐의 마멸이 촉진되며, 단위 체적당 발열량이 감소함과 더불어 관통력이 약해져 디젤 노크를 초래한다.

② **점도 측정 방법** : 레드우드(Redwood), 세이볼트(Saybolt), 앵글러(Engler) 등의 점도계가 사용된다.

♣ 연료의 점도는 분자량이 증대되어 평균 비점이 높은 것일수록 커지고 분자량이 동일할 경우에는 수소의 함유율이 큰 것일수록 작고 온도에 의한 점도 변화도 적다. 따라서 분자량이 크거나 탄소 함유율이 크면서 점도가 높은 연료는 일반적으로 연소 후에 잔류 탄소가 많이 발생되어 연소실 내에 카본이 퇴적되거나 엔진 오일의 오손이 많다.

♣ 디젤 노크는 착화 지연 기간 중에 분사된 다량의 연료가 화염 전파 기간 중에 일시적으로 연소되어 실린더 내의 압력이 급격히 상승됨에 따라 피스톤이 실린더 벽을 타격하는 것으로 디젤 노크를 억제하려면 착화 늦음 기간을 짧게 하여야 한다. 디젤 노크는 연소 초기에 발생되고 가솔린 노크는 연소 후기에 발생되는 것이 차이점이다.

(2) 착화성

착화 늦음의 크기를 표시하는 방법으로 착화성이란 말을 사용하며, 착화성의 양·부를 결정하는 척도로서 세탄가, 어닐린 점 및 디젤지수 등이 있나.

① **세탄가**(Cetane Number) : 착화성을 정량적(定量的)으로 표시하는 것이며, 표준 연료는 착화성이 가장 우수한 세탄($C_{16}H_{34}$)과 착화성이 매우 불량한 α -메틸나프탈린($C_{11}H_{10}$)을 사용한다. 세탄의 세탄가를 100으로 하고 α -메틸나프탈린의 세탄가를 0으로 하여 체적량으로 표시된 계산식으로 구할 수 있다.

$$\text{세탄가(CN)} = \frac{\text{세탄}}{\text{세탄} + \alpha\text{-메틸나프탈린}} \times 100$$

② **어닐린 점**(aniline point) : 시험 연료와 동일한 양의 순수한 어닐린(C_6H_7N)과의 혼합액을 가열하여 완전히 용해하는 최저온도를 말한다. 이것은 착화하기 쉬운 파라핀족을 표시하는 표준이 된다.

③ **디젤지수**(D.I ; Diesel Index) : 디젤지수는 어닐린 점을 사용하여 다음과 같은 식으로 산출된다.

$$\text{D.I} = \frac{\text{어닐린점(°F)} \times \text{비중API 60(°F)}}{100}$$

♣ API비중이란 60℉를 표준으로 하는 비중이며 $API비중 = \frac{141.5}{131.5 + API도}$ 로 나타낸다.

④ 발화(착화) 촉진제 : 디젤 연료의 착화성 향상제이며, 연소 전에 반응을 촉진시켜 착화지연을 단축시키는 물질이며 초산에틸($C_2H_5NO_3$), 초산아밀($C_5H_{11}NO_3$), 아초산에틸($C_2H_5NO_2$), 아초산아밀($C_5H_{11}NO_2$), 질산에틸, 과산화테드랄린 등이 있다.

05 배출 가스의 특성

5.1 디젤 엔진의 유해 배출 가스

(1) 가스 상 유해 배출 가스

① 탄화수소(HC)의 생성 원인 : 연료가 연소되지 않은 상태 또는 화염이 온도가 낮은 연소실 벽면에 접촉하여 연소 반응이 정지되어 있을 때 미 연소 탄화수소로서 배출된다.

② 일산화탄소(CO)의 생성 원인 : 디젤 엔진은 공기 과잉률 1.2~10의 범위 내에서 작동되며, 가솔린 엔진에 비하여 공기 과잉률 상태에서 작동되기 때문에 일산화탄소의 배출량은 적다.

③ 질소산화물(NOx)의 생성 원인 : 예비 혼합 연소 중에는 산소가 충분히 있고 또 연료와의 혼합도 좋아 짧은 기간에 급속히 연소되기 때문에 연소 가스는 고온이 된다. 또한 연소 초기에서 고온이 오랫동안 유지되므로 NOx가 주로 이 기간에 생성된다.

(2) 입자상 유해 배출 가스

입자상 유해 물질은 가솔린 엔진에 비하여 훨씬 많이 발생되며, 일반적으로 매연으로 알려진 고형 탄소 입자는 연소 중에 국부적으로 산소가 부족하기 때문에 발생된다. 입자상 유해 물질의 구성은 대부분 탄소 입자 즉 흑연(soot)이다.

탄소 입자에 흡착된 물질들은 대부분 강한 냄새를 갖는 알데히드(Aldehydes : 고분자

결합체)이다. 흑연 외에도 탄화수소 결합과 소량의 유황 화합물이 에어러졸(aerosols) 형태로 포함되어 있으며, 유황 화합물은 대부분 연료에 포함된 유황 화합물에 원인 한다. 디젤 엔진으로부터 배출되는 입자상 물질은 환경 오염 물질이다.

연소 중 부분적으로 산소가 부족하면 탄화수소 분자가 해리 될 때 탄소는 작은 입자상으로 고형화되어 흑연이 된다.

06 배출 가스의 저감 대책

6.1 일산화탄소의 저감 대책

일산화탄소는 산소의 공급 부족으로 불완전 연소할 때 발생되며, 저감 대책으로는 직접 분사식 엔진, 예연소실식 엔진, 와류실식 엔진 모두 체적 효율을 개선하여 공기의 공급량을 증가시키고 연소실 및 연료 분사 계통을 개선하여 공기 이용률의 향상 등이 유효하다.

6.2 탄화수소의 저감 대책

탄화수소의 저감에는 압축비를 높이거나 흡입 공기의 온도를 높여 고온의 환경을 만들고 2차 분사, 후적 등 분사 계통의 문제점을 개량하는 것이 유효하다. 산화 촉매 장치를 이용하는 방법도 있으나 디젤 엔진은 가솔린 엔진에 비하여 배기의 온도가 낮고 배기량이 많기 때문에 저감 효과를 충분히 얻을 수 없다.

6.3 NOx의 저감 대책

(1) 연료 분사 시기의 지연

연료 분사시기를 지연시키면 피스톤이 TDC 부근에서 연소될 연료의 양이 감소되어 연소 가스의 최고 온도가 낮아지기 때문에 NOx의 저감 효과가 크다. 그러나 연료 분사시기를 지연시키면 엔진의 출력 감소, 연료 소비율 저하, 확산 연소 비율의 증가에 따른 일산화탄소의 증가, 평균 가스 온도의 저하에 따른 탄화수소의 증가, 배기 온도의 상승, 시동

성의 문제가 발생된다.

(2) 연소실의 개선

예연소실식, 와류실식에서는 주연소실에 대한 부연소실 체적 비율의 감소, 분사 구멍의 모양, 단면적의 개선으로 부연소실에서의 혼합비, 부연소실에서 주연소실로 연소 가스의 유출 속도, 방향 등의 상호 작용을 고려한 최량의 조합하는 방안이 필요하다.

(3) 연료 소비율

직접 분사식 엔진에서 연료 소비율을 높게 하면 상사점 부근에서 연소되는 연료의 양이 많아져 엔진의 출력이 증가된다. 동시에 연료와 공기의 혼합 상태가 개선되어 공기의 이용률이 향상되므로 매연의 농도가 감소된다.

(4) 과급

과급기와 인터쿨러를 이용하여 공기를 충분하게 공급함으로서 과잉 공기 속에서 연소시켜 매연, 일산화탄소, 탄화수소를 감소시키고 동시에 질소산화물도 저감시킨다.

(5) 배출 가스를 재순환

배출 가스의 재순환은 가솔린 엔진에서 NOx의 저감 대책으로 이용되어 큰 효과를 나타내고 있지만 디젤 엔진의 연소는 항상 과잉의 공기 속에서 연소가 이루어지기 때문에 배출 가스 속에는 많은 양의 공기가 포함되어 있고 특히 경 부하에서는 그 효과가 저하된다. 또한 재순환되는 배출 가스를 냉각하지 않고 연소실에 넣었을 경우에는 냉각한 다음 넣었을 경우에 비하여 NOx의 저감 효과를 크게 얻을 수 없을 뿐만 아니라 엔진의 출력 저하, 매연 및 일산화탄소의 증가를 초래한다.

6.4 배출 가스 후 처리

(1) 입자상 고형 물질의 분리

공기 중에 포함된 전체 입자상 오염 물질 중 약 10% 정도가 자동차로부터 배출되는 것으로 알려져 있다. 디젤 엔진으로부터 배출되는 흑색, 청색, 백색의 매연은 직접 육안으로 확인할 수 있으며, 이들은 악취와 마찬가지로 불쾌감을 주게 된다.

배기가스 후처리 시스템을 이용하여 최소한 이들 입자상 물질의 75% 정도를 감소시키고자 한다. 디젤 엔진에서 배출되는 입자상 고형 물질의 크기는 지름 0.01~10μ m 정도가 대부분이다. 평균 질량의 입자 크기는 직경 1μ m이하이며, 입자를 분리시키는 방법으로는 전기식 분리기와 여과기를 이용할 수 있다.

(2) 촉매 변환기

디젤 엔진에서 배출되는 가스 상의 유해 물질은 가솔린 엔진에 비하면 아주 낮다. 그러나 디젤 엔진에 촉매 변환기를 설치하면 가솔린 엔진에서와 같이 일산화탄소, 탄화수소의 양을 현저하게 감소시킬 수 있다. 입자상 물질에 흡착되어 있는 탄화수소도 제한되기는 하지만 촉매 변환기를 통하여 감소시킬 수 있다.

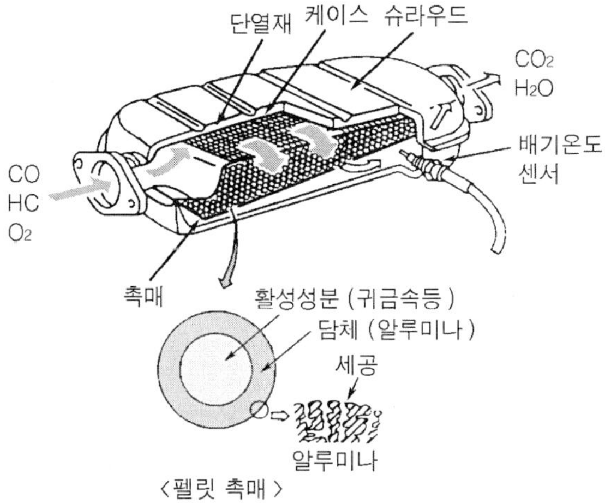

[그림 11-3] **촉매 변환기**

07 디젤 엔진의 연소실 종류

디젤 엔진의 연소실은 단실식인 직접 분사실식과 복실식인 예연소실식, 와류실식, 공기실식 등으로 나누어진다.

7.1 직접 분사실식[直接噴射室式]

직접 분사실식은 연소실이 실린더 헤드와 피스톤 헤드에 설치된 요철(凹凸)에 의하여 형성되고, 여기에 연료를 직접 분사시키는 방식이다. 압축비는 13~16 : 1, 분사 압력은 150~300kgf/cm² , 분사 노즐은 다공형을 사용한다.

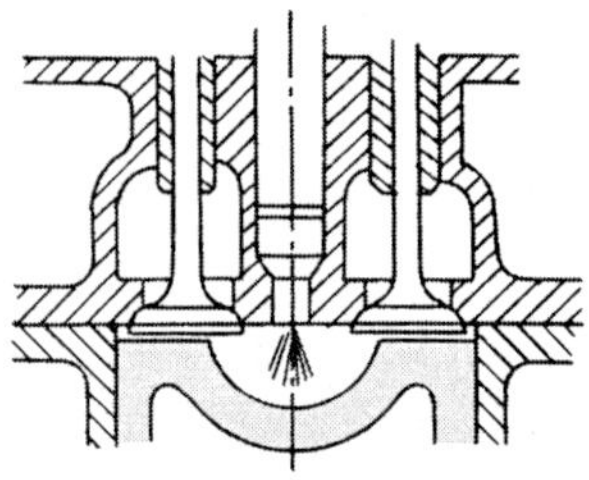

[그림 11-4] 직접분사실식

(1) 직접 분사실식의 장점

① 연소실 체적에 대한 표면적의 비율이 작아 냉각 손실이 작다.
② 실린더 헤드의 구조가 간단하기 때문에 열효율이 높고, 연료 소비율이 작다.
③ 엔진 시동이 쉽다.
④ 실린더 헤드의 구조가 간단하기 때문에 열변형이 적다.

(2) 직접 분실식의 단점

① 노크의 발생이 쉽다.
② 연료와 공기의 혼합을 위하여 분사 압력이 가장 높아 분사 펌프와 노즐의 수명이 짧다.
③ 사용 연료 변화에 매우 민감하다.
④ 엔진의 회전속도 및 부하의 변화에 대하여 민감하다.
⑤ 다공형 노즐을 사용하므로 값이 비싸다.
⑥ 분사 상태가 조금만 달라져도 엔진의 성능이 크게 변화한다.

7.2 예연소실식[豫燃燒室式]

예연소실식은 실린더 헤드와 피스톤 사이에 형성되는 주 연소실 위쪽에 예연소실을 둔 것이며, 먼저 분사된 연료가 예연소실에서 착화하여 고온, 고압의 가스를 발생시킨다.

예연소실의 체적은 전 압축 체적의 30~50%이며, 예연소실에서 주연소실의 분출 구멍의 면적은 피스톤 면적의 0.3~0.6%이다. 압축비는 15~20 : 1, 분사 압력은 100~120kgf/cm², 분사 노즐은 스로틀형을 주로 사용한다.

(1) 예연소실식의 장점

① 사용 연료 변화에 둔감하므로 연료의 선택 범위가 넓다.
② 운전 상태가 조용하고, 노크 발생이 적다.
③ 분사 압력이 낮아 연료 장치의 고장이 적고, 수명이 길다.
④ 제작하기가 쉽다.
⑤ 다른 형식의 엔진에 비해 유연성이 있다.

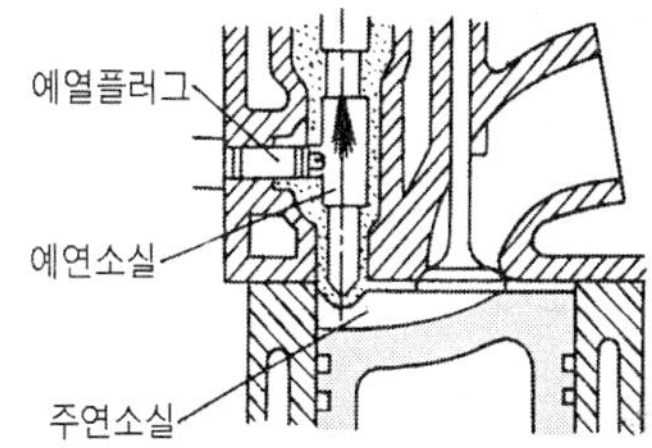

[그림 11-5] **예연소실식**

(2) 예연소실식의 단점

① 실린더 헤드의 구조가 복잡하고 열 변형의 우려가 있다.
② 연소실 표면적에 대한 체적 비율이 크므로 냉각 손실이 크다.
③ 냉각 손실이 크기 때문에 예열 플러그가 필요하다.
④ 압축비가 높아 큰 출력의 기동 전동기가 필요하다.
⑤ 연료 소비율이 직접 분사실식보다 크다.

7.3 와류실식[渦流室式]

와류실식은 실린더나 실린더 헤드에 와류실을 두고 압축 행정 중에 이 와류실에서 강한 와류가 발생하도록 한 형식이며, 와류실에 연료를 분사한다.

와류실의 체적은 전 압축 체적의 30~50%정도이고 분출 구멍의 면적은 피스톤 면적의 1~3.5%이며, 압축비는 15~17 : 1, 분사 압력은 100~140kgf/cm² 이다.

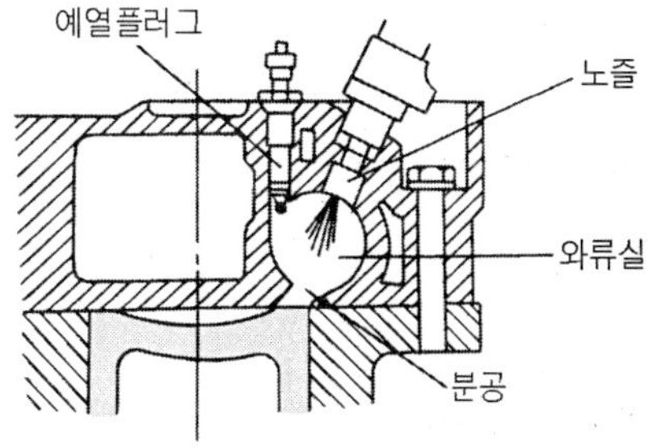

[그림 11-6] **와류실식**

(1) 와류실식의 장점

① 분사 압력이 낮아 연료장치의 고장이 적다.

② 강한 와류를 이용하므로 회전속도를 높일 수 있으며 평균 유효 압력이 높다.

③ 엔진의 사용 회전속도 범위가 넓고, 운전이 원활하다.

④ 연료 소비율이 예연소실보다 적다.

(2) 와류실식의 단점

① 저속에서 디젤 엔진의 노크가 발생되기 쉽다.

② 분출 구멍의 교축 작용, 연소실 표면적에 대한 체적 비율이 커 열효율이 낮다.

③ 실린더 헤드의 구조가 복잡하기 때문에 열변형이 되기 쉽다.

④ 엔진을 시동할 때 예열 플러그가 필요하며 기동성이 약간 좋지 않다.

7.4 공기실식[空氣室式]

공기실식은 주연소실과 연결된 공기실을 실린더 헤드와 피스톤 헤드 사이에 두고 연료를 주연소실에 직접 분사하는 형식이다. 압축 행정의 끝 부분에서 공기실에 강한 와류가 발생하며, 이때 연료가 공기실을 향하여 분사되면 주연소실에서 착화가 일어난다. 공기실 체적은 전 압축 체적의 6.5~20%이다. 압축비는 13~17 : 1, 분사 압력은 100~140kgf/cm² 이다.

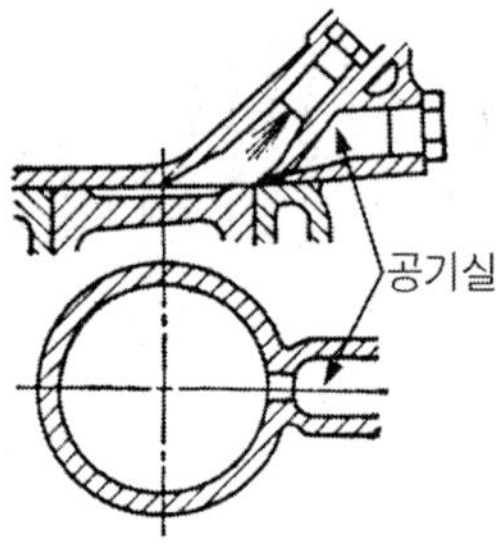

[그림 11-7] 공기실식

(1) 공기실식의 장점

① 연료가 주연소실로 분사되므로 시동성이 좋아 예열 플러그가 필요 없다.

② 연소의 진행이 완만(緩慢)하여 압력 상승이 낮고, 작동이 정숙하다.

③ 폭발 압력이 가장 낮다.

④ 평균 유효 압력이 높고 연료장치의 고장이 적다.

(2) 공기실식의 단점

① 후적(after drop)연소의 발생이 쉬워 배기가스 온도가 높다.

② 분사 시기가 엔진 작동에 영향을 미친다.

③ 연료 소비량이 많다.

④ 엔진의 회전속도 및 부하 변화에 대한 적응성이 낮다.

♣ 후적이란 연료 분사가 완료된 후 분사 노즐 팁(tip)에 연료 방울이 맺혔다가 연소실에 떨어지는 현상으로 후적이 발생하면 후 연소 기간이 길어지고 엔진이 과열하며 출력 저하의 원인이 된다.

♣ 디젤엔진에서 진동이 심하게 발생하는 주요 원인은

① 연료 공급 계통에 공기가 유입되었을 때.
② 분사노즐이 막혔을 때.
③ 분사압력, 분사량, 분사시기 등이 틀릴 때.
④ 커넥팅로드의 무게 차이가 2% 이상일 때.
⑤ 실린더간의 내경 차이가 심하거나, 크랭크축의 무게가 균등하지 않을 때.

Chapter

12

디젤 엔진의 시동 보조장치

1. 감압 장치(de-compression device)
2. 예열 장치(豫熱裝置)

01 감압 장치(de-compression device)

감압 장치는 엔진을 시동할 때 감압(減壓)시켜 기동 전동기에 무리가 가는 것을 방지할 수 있으며 엔진의 고장 발견을 하고자 할 때 크랭크축을 수동(手動)으로 가볍게 회전시킬 수 있도록 한다.

디젤 엔진은 한랭(寒冷)시 시동할 때 원활한 크랭킹에 의한 시동이 어렵다. 시동할 때 운전실에서 감압 레버를 당겨 흡,배기 밸브를 강제적으로 열어 실린더 내 압력을 감압시켜 엔진의 회전이 원활하게 이루어지도록 하는 장치로서 엔진의 시동이 쉽도록 하는 시동 보조 장치이다. 엔진을 정지시킬 때도 사용된다.

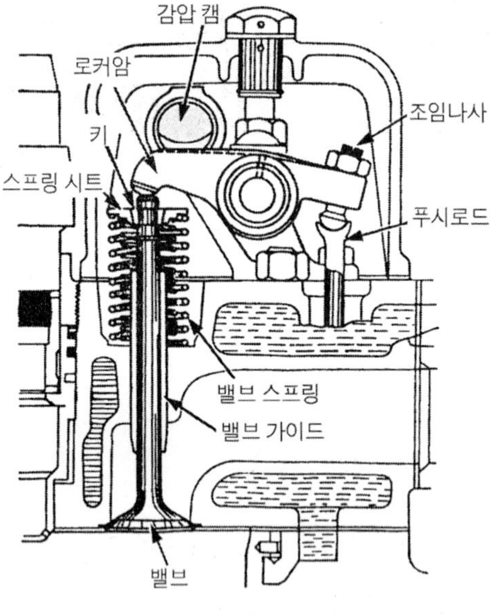

[그림 12-1] **감압 장치의 구조**

02 예열 장치(豫熱裝置)

(1) 예열 플러그 방식(glow plug type)

방식은 연소실 내의 압축 공기를 직접 예열하는 형식이며, 플러그, 플러그 파일럿, 플러그 저항기, 히트 릴레이 등으로 구성되어 있으며 주로 예연소실식과 와류실식에서 사용한다.

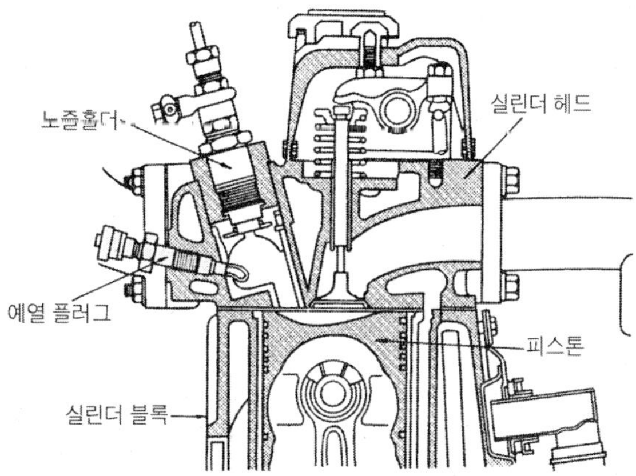

[그림 12-2] 예열 플러그 설치 상태

① **예열 플러그**(glow plug) : 예열 플러그에는 코일형과 실드형이 있다.

● 코일형(coil type)의 특징

- 저항 값이 적어 직렬로 결선 되며, 예열 플러그 저항기를 두어야 한다.
- 히트 코일이 연소 가스에 노출되므로 기계적 강도 및 내 부식성이 적다.
- 히트 코일이 연소실에 직접 노출되어 있어 적열(赤熱)시간이 짧다.

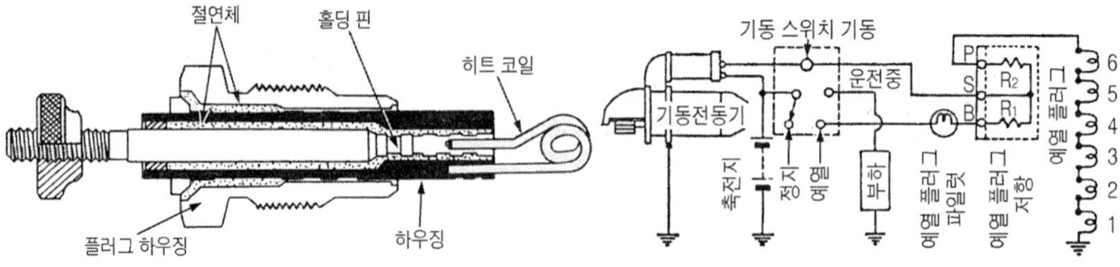

(a) 구 조 (b) 예열 회로

[그림 12-3] 코일형 예열 플러그

- 실드형(shield type)의 특징
  - 적열까지의 시간이 코일형에 비해 조금 길다. 그러나 1개 당의 발열량과 열 용량이 크다.
  - 열선을 금속 보호 튜브 속에 넣은 형식이다.
  - 병렬로 결선 되어 있으며, 전류가 흐르면 금속 보호 튜브 전체가 가열된다.
  - 히트 코일이 연소 열의 영향을 덜 받으며, 병렬 결선이므로 1개가 단선 되어도 다른 것들은 계속 작동한다.

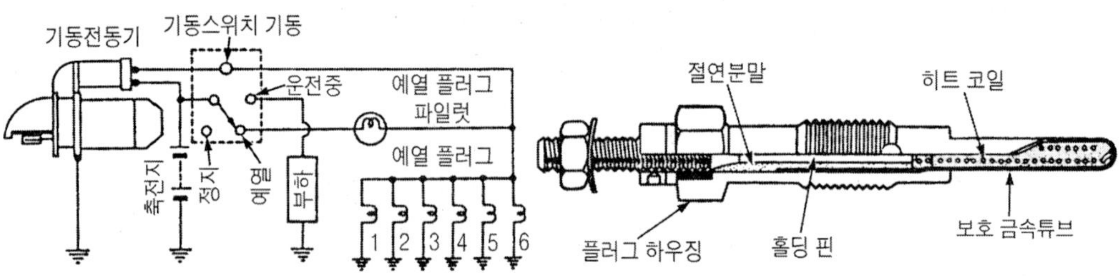

(b) 예열회로 (a) 구 조

[그림 12-4] 실드형 예열 플러그

예열 플러그 비교

항 목	코일형	실드형
발 열 량	30~40W	60~100W
발열부 온도	950~1050℃	
전 압	0.9~1.4V	24V식 20~23V 12V식 9~11V
전 류	30~60A	24V식 5~6A 12V식 10~11A
예 열 시 간	40~60초	60~90초
내 구 성	약 한 계절	약 두 계절

② **예열 플러그 파일럿**(glow plug pilot) : 이것은 예열플러그의 적열 상태를 점검하기 위하여 계기판에 설치되어 있다, 코일로 된 피일럿은 예열 플러그와 동시에 가열되며, 표시등으로 된 것은 예열 플러그의 가열이 완료됨과 동시에 소등된다.

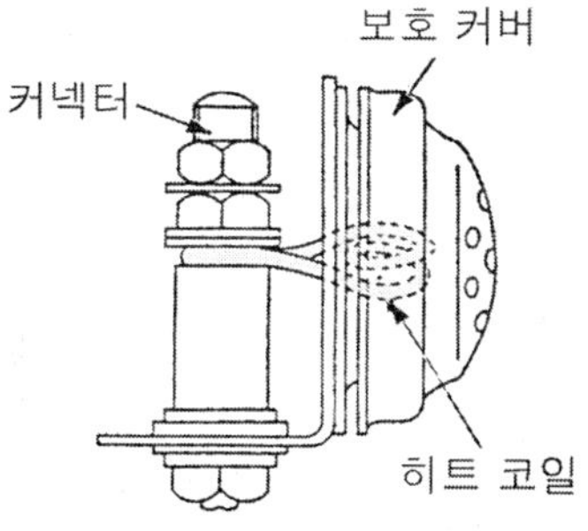

[그림 12-5] 예열 플러그 파일럿

③ **히트 릴레이**(heat relay) : 이것은 예열 회로에 흐르는 전류가 크기 때문에 스타팅 모터 솔레노이드 스위치의 소손을 방지하기 위하여 둔다.

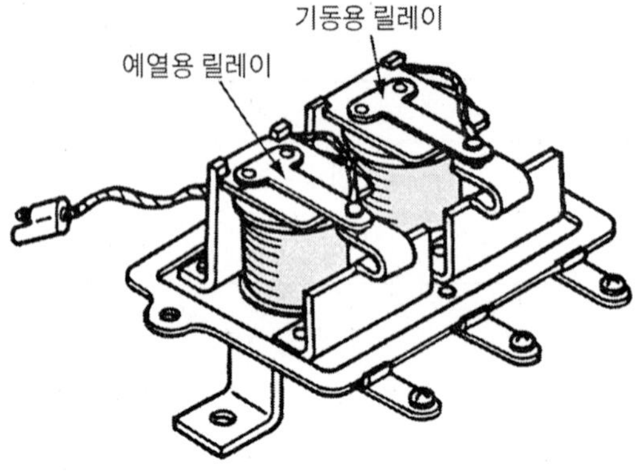

[그림 12-6] **히트 릴레이의 구조**

④ **예열 플러그 저항기**(glow plug resistor) : 코일형 예열 플러그 회로 내에 삽입하는 저항이다. 예열 플러그와 직렬로 연결되어 예열 플러그에 규정된 전압이 가해지도록 축전지 전압과 예열 플러그 전압 차이만큼 전압을 강하 시키는 역할을 한다.

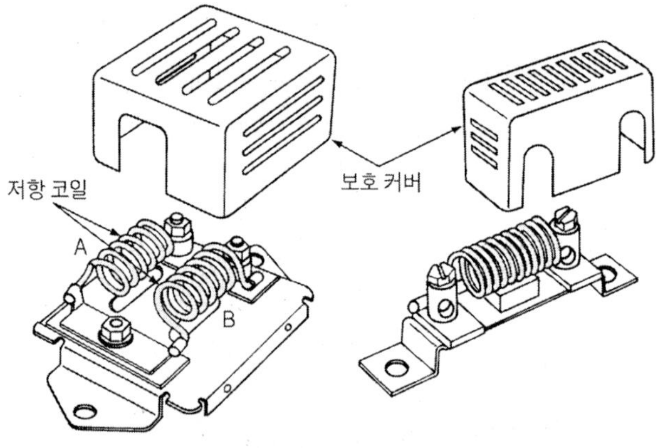

[그림 12-7] **예열 플러그 저항기의 구조**

디젤 엔진의 시동 보조 장치에는 감압 장치, 예열 장치, 연소 촉진제 공급 장치가 있으며, 연소 촉진제는 아초산에틸,초산아밀,초산에틸등이 있다.

♣ **예열 플러그 단선의 원인**

① 규정이상의 과대 전류가 흐를 때.
② 예열시간이 너무 길 때.
③ 엔진 작동 중에 예열을 시킬 때.
④ 엔진이 과열 되었을 때.
⑤ 예열 플러그의 설치가 불량할 때.

Chapter

13

독립형 분사 펌프

1. 디젤 엔진의 연료 장치
2. 분사 펌프(injection pump)
3. 독립형 분사 펌프의 구조와 그 기능
4. 분사 시기 조정기(timer)
5. 조속기(governor)
6. 앵글라이이히 장치(angleichen device)
7. 분사 노즐(injection nozzle)

01 디젤 엔진의 연료 장치

연료장치는 압축된 공기속에 엔진의 부하 상태에 따라 알맞은 연료를 각 실린더에 분사시키는 장치로 공급펌프에서 압송된 연료가 여과기에서 여과된 후 분사 펌프에 공급된다. 이때 연료 분사 펌프는 고압으로 분사순서에 맞추어 해당 노즐에 연료가 공급되어 실린더에 분사되고 나머지는 연료탱크로 되돌려 보낸다.

그리고 분사 펌프 한쪽에 설치된 조속기(거버너)는 엔진의 최고 회전속도를 조절하고, 저속 운전에서 그 회전속도를 안정시키는 일을 한다. 또 타이머는 엔진을 시동할 경우나 운전 중 필요에 따라 연료 분사 시기를 변화시키는 작용을 한다.

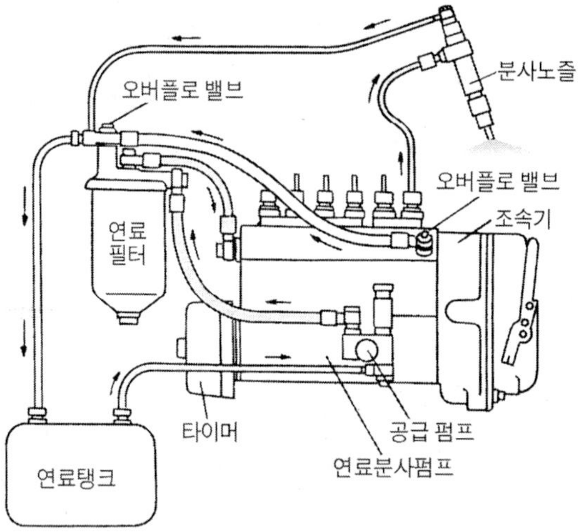

[그림 13-1] **디젤 엔진의 연료 장치**

1.1 공급 펌프[feed pump]

(1) 공급 펌프의 기능 및 작동

연료탱크 내의 연료를 2~3kgf/cm² 의 압력으로 가압하여 연료여과기를 통과하여 분사 펌프에 충분한 연료를 공급할수 있어야 하며, 연료 공급 계통의 공기 빼기 작업 및 공급 펌프를 수동으로 작동시켜 연료 탱크 내의 연료를 분사 펌프까지 공급하는 프라이밍(priming pump)을 두고 있다.

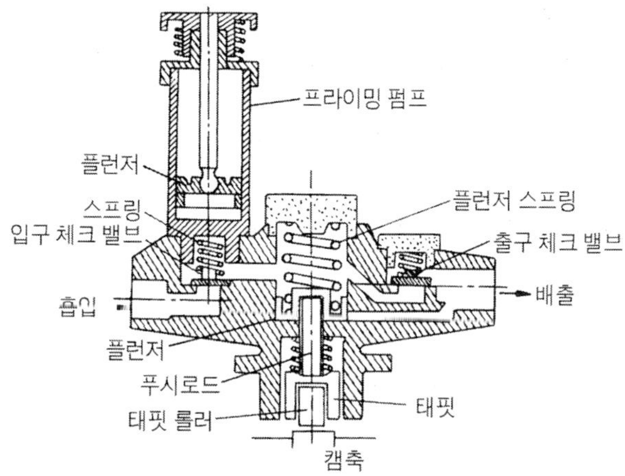

[그림 13-2] **공급 펌프의 구조**

1.2 연료 여과기[fuel filter]

연료 여과기는 연료 속에 포함되어 있는 먼지와 수분을 여과하여 분사 펌프에 공급하는 역할을 한다. 여과기의 구조는 보디, 엘리먼트, 중심 파이프, 커버, 오버플로 밸브, 드레인 플러그 등으로 구성되어 있으며, 엘리먼트는 여과지식(paper type)을 일반적으로 사용한다.

연료 탱크 주입구, 공급 펌프 입구 쪽, 연료 여과기(1~2개), 노즐 홀더 입구 커넥터 등 4개소에 여과 장치가 마련되어 있다. 여과기 내의 압력이 1.5kgf/cm² 이상으로 상승되면 연료의 압력에 의해서 오버플로 밸브 스프링이 압축되므로 밸브가 열려 과잉의 연료가 연료탱크로 리턴한다.

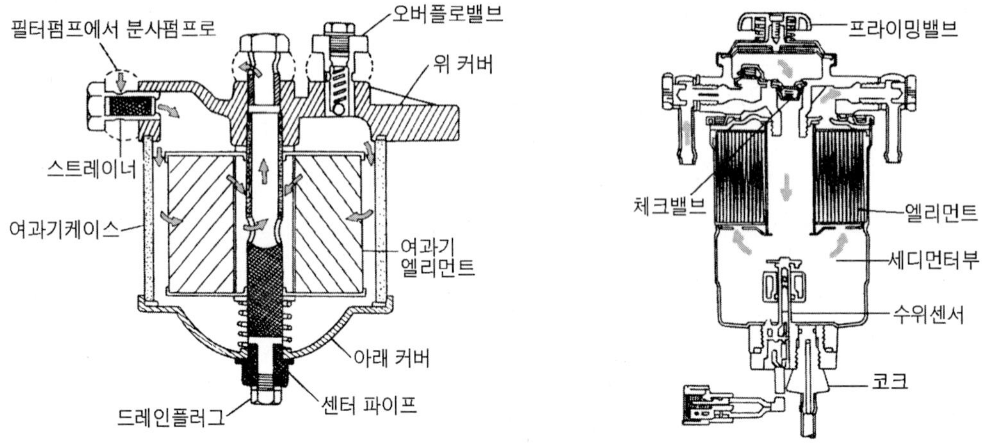

[그림 13-3] 연료 여과기의 구조

♣ **연료 여과기의 오버플로 밸브 :** 엘리먼트의 막힘 등으로 여과기 내의 압력이 규정값(일반적으로 1.5kgf/cm²)이상으로 상승하면 열려 과잉 압력의 연료를 탱크로 되돌아가게 하며 다음과 같은 일을 한다.

① 여과기 각 부분을 보호한다.
② 공급 펌프의 소음 발생을 억제한다.
③ 운전중 공기 빼기 작용을 한다.
④ 여과기의 성능을 향상시킨다.
⑤ 공급 펌프와 분사 펌프 내의 연료 균형을 유지한다.

02 분사 펌프(injection pump)

분사 펌프는 연료 공급펌프에 의해 공급된 연료를 분사 펌프 캠축으로 구동되는 플런저가 분사 순서에 맞추어 연료를 고압으로 만들어 연소실 내의 분사노즐로 압송하기 위한 장치이다.

2.1 분사 펌프의 형식

분사 펌프의 형식에는 독립형, 분배형, 공동형 등이 있다.

(1) 독립형 분사 펌프

이 방식은 엔진의 실린더마다 분사 펌프를 각각 한 개씩 갖는 방식이며, 구조가 복잡하고 조정이 어려우나 고속용 엔진에 적합하다.

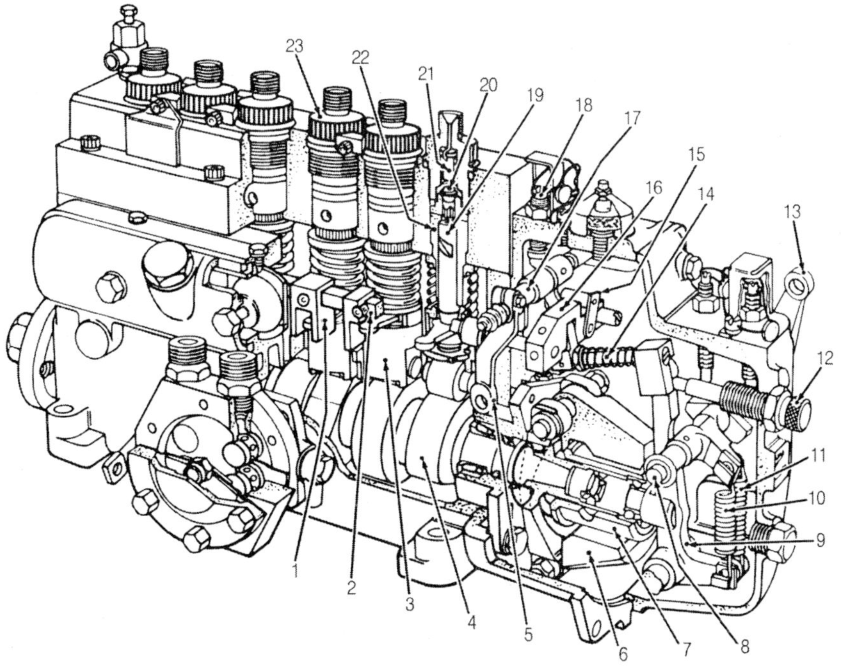

1. 조절 포크	2. 조절 로드	3. 태핏	4. 캠축
5. 스톱 조절 레버	6. 조속기	7. 조속기 슬리브	8. 속도 레버축
9. 크랭크 레버	10. 조속기 주 스프링	11. 조속기 공전 스프링	12. 댐퍼
13. 속도 조절 레버	14. 링크	15. 트립 레버	16. 브리지 링크
17. 과잉 연료 장치	18. 최대 연료 정지 스크루	19. 플런저	20. 딜리버리 밸브
21. 체적 변환실	22. 플런저 배럴	23. 딜리버리 밸브 홀더	

[그림 13-4] 분사 펌프의 구조

(2) 분배형 분사 펌프

이 방식은 실린더 수에 관계없이 1개의 분사 펌프에 의해서 각 실린더의 노즐에 연료를 공급하는 것이며, 구조가 간단하고 조정이 쉬우나 실린더 수가 많은 경우에는 부적합하다.

(3) 공동형 분사 펌프

이 방식은 1개의 분사 펌프와 레일과 노즐에 공급되는 연료의 압력을 일정하게 유지하는 어큐뮬레이터(accumulator)가 있어 이곳에 고압의 연료를 저장하였다가 분배기로 각 실린더에 공급한다.

2.2 분사 펌프의 분사 방식

(1) 유기 분사 방식(有氣噴射方式)

이 방식은 공기 분사 방식이라고도 하며, 70kg/cm² 정도의 압축공기를 이용하여 연료를 분사하는 것이다. 개방형 노즐을 사용하였다.

(2) 무기 분사 방식(無氣噴射方式)

이 방식은 기계력으로 작동하는 분사 펌프로 연료자체에 100~300kg/cm² 정도의 압력을 가하여 연소실에 분사시키는 방식이다. 밀폐형 노즐을 사용하며, 고속 디젤 엔진의 분사 방법이다.

03 독립형 분사 펌프의 구조와 그 기능

3.1 펌프 하우징

펌프 하우징은 분사 펌프의 주체(主體)부분으로 윗 부분에는 딜리버리 밸브 홀드와 딜리버리 밸브, 연소실이 설치되어 있으며 중앙부에는 플런저 배럴, 플런저, 조절 래크, 조절 피니언, 조절 슬리브, 스프링, 태핏이, 아래 부분에는 캠축이 설치되어 있다.

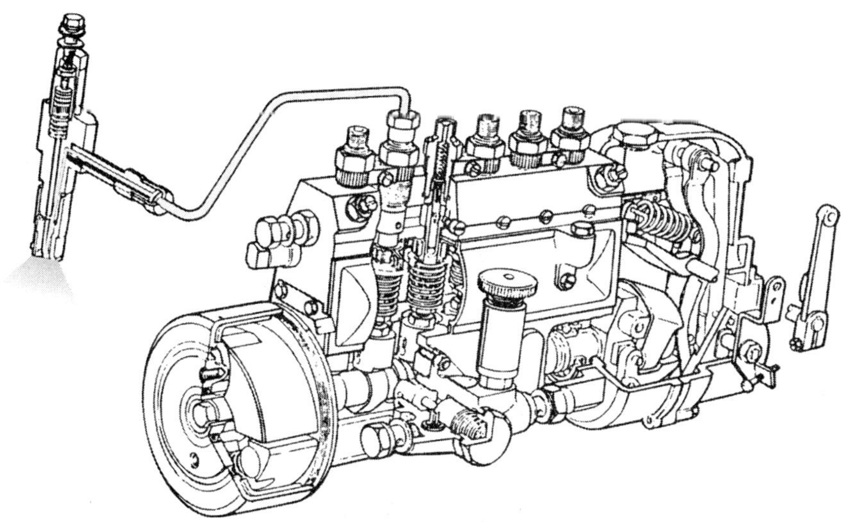

[그림 13-5] 펌프 하우징의 구조

3.2 캠축과 태핏

(1) 캠축(cam shaft)

캠축에는 연료 공급 펌프를 구동하기 위한 편심 캠과 태핏을 통하여 플런저를 작동시키는 캠이 노즐의 수와 동일하게 설치되어 있다. 캠축은 펌프 하우징의 양쪽에 볼 베어링 또는 테이퍼 롤러 베어링에 의해 지지되어 엔진의 동력을 받는 쪽에는 타이머를 설치하기 위한 나사가 있고, 다른 한쪽에는 조속기를 설치하기 위한 나사가 있다.

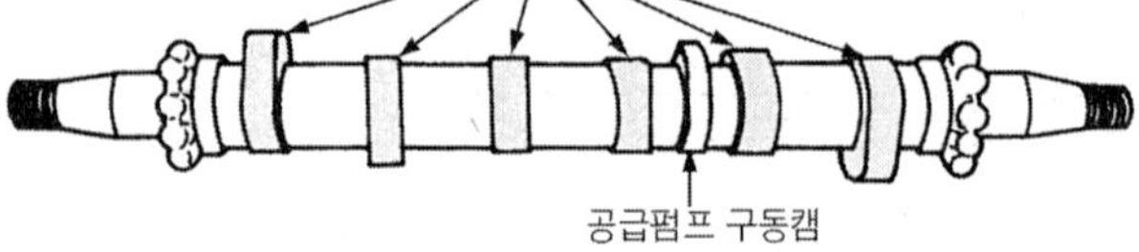

[그림 13-6] **캠축의 구조**

(2) 태 핏(tappet)

태핏은 펌프 하우징에 설치되어 구동캠에 의해 상하 운동을 하여 플런저를 작동시킨다. 구조는 캠과 접촉하는 부분은 롤러로 되어 있고 롤러는 태핏에 부싱과 핀으로 지지되며, 헤드 부분에는 태핏 간극 조정스크류가 있다. 고속 태핏은 간극 조정스크류가 없어 스프링 아래 시트와 태핏 사이에 심을 넣어 조정한다.

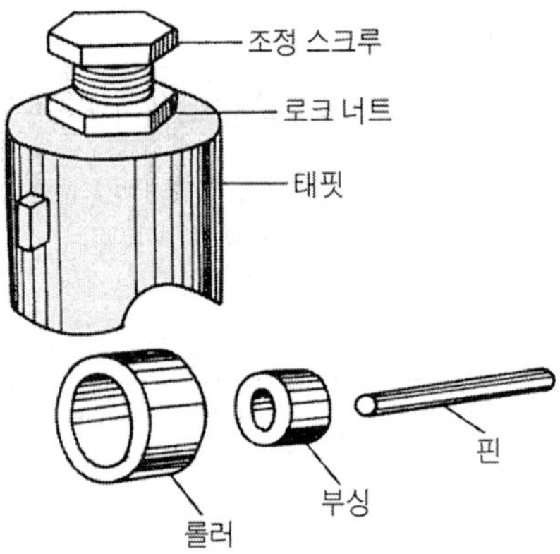

[그림 13-7] **태핏의 구조**

♣ 태핏 간극이란 플런저가 구동 캠에 의해 최고 위치까지(상사점) 밀어 올려졌을 때 플런저 헤드 부분과 배럴 윗면과의 간극으로 약 0.5mm정도이다. 태핏 간극이 일정하지 않게 되면 실린더 상호간의 분사 간격이 틀려지게 된다.

3.3 플런저 배럴과 플런저

(1) 플런저(plunger)

플런저는 플런저 배럴의 내면에서 상하로 섭동하여 100kg/cm² 이상의 압력을 발생시켜 노즐에 공급하는 피스톤 역할을 한다. 플런저의 상승 행정은 캠에 의해,하강 행정은 플런저 스프링에 의해서 이루어진다.

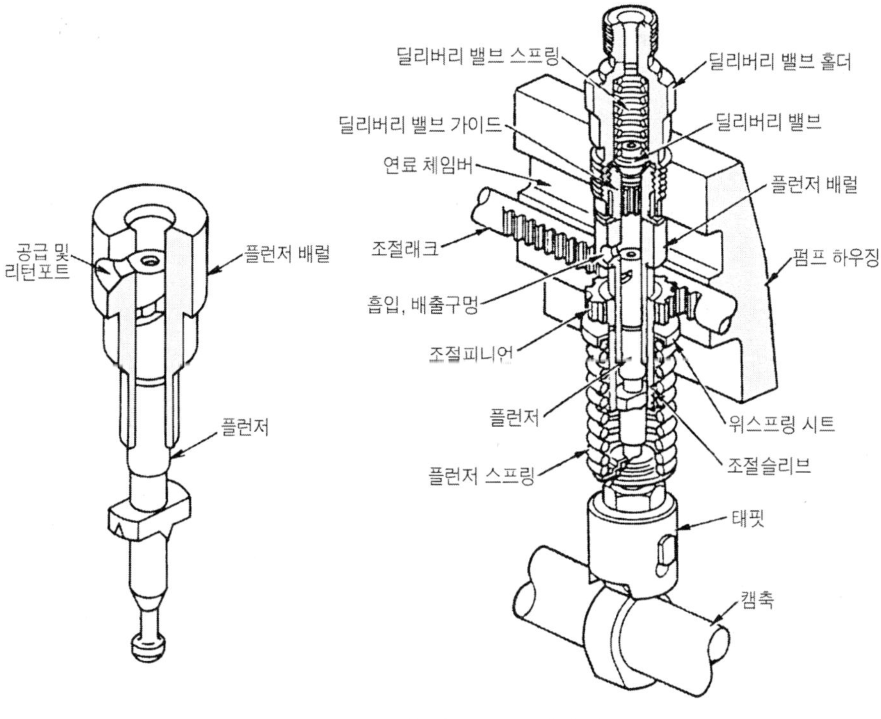

[그림 13-8] **플런저 배럴과 플런저의 구조**

(2) 플런저 배럴과 플런저의 작용

플런저가 하강하면서 플런저 헤드가 흡입 구멍을 열면 연료가 플런저 배럴 속으로 유입된다. 다음에 플런저가 상승하면서 흡입 및 배출 구멍을 막으면 플런저 배럴 속의 연료에 압력이 생성되기 시작하여 일정한 압력에 도달하면 딜리버리 밸브가 열려 분사 노즐로 압송되어 연료가 분사되기 시작한다. 플런저가 계속 상승하여 리드가 플런저 배럴의 흡입 및 배출 구멍과 통하게 되면 연료는 플런저 중앙에 있는 배출 구멍을 지나서 흡입 및 배출 구멍을 통해 바이패스 되어 펌프 하우징의 연료실로 복귀된다. 그러므로 연료의 압송이 중지되고 동시에 연료의 분사가 완료된다.

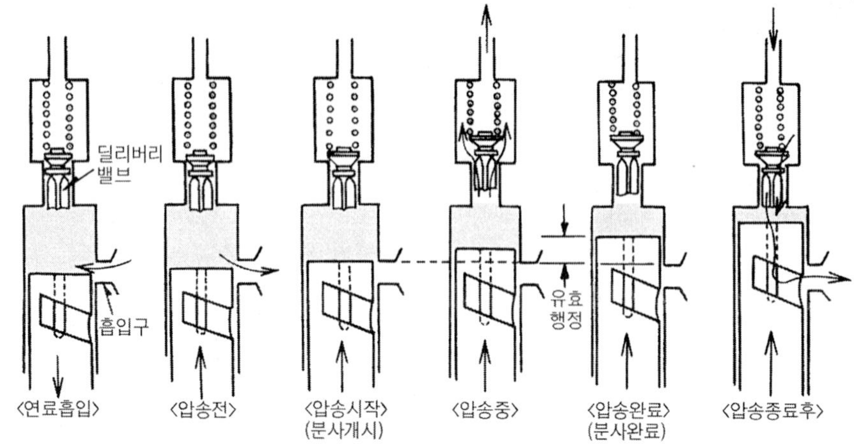

[그림 13-9] **플런저의 작동 과정**

(3) 플런저의 예 행정(plunger pre stroke)

플런저의 예 행정이란 플런저 헤드가 하사점에서부터 상승하여 흡입 구멍을 막을 때까지 플런저가 이동한 거리를 말한다. 즉, 연료의 압송 개시 전의 준비 기간이다.

(4) 플런저의 유효 행정(plunger available stroke)

플런저 헤드가 연료 공급을 차단한 후부터 리드가 플런저 배럴의 흡입 구멍에 도달할 때까지 플런저가 이동한 거리이다. 유효 행정을 크게 하면 분사량이 증가한다.

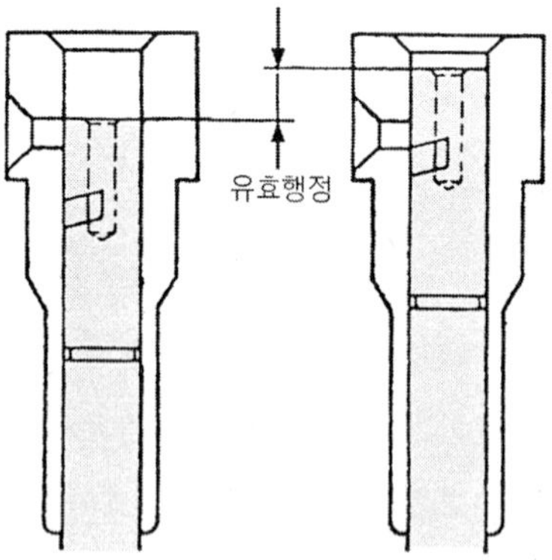

[그림 13-10] **플런저 유효 행정**

(5) 플런저 리드 방향과 분사량과의 관계

플런저의 유효 행정은 플런저를 회전시키는 것에 의하여 변화한다. 즉, 유효 행정이 커지면 분사량이 증가하고, 짧을수록 분사량은 감소한다. 플런저 리드에는 오른쪽으로 파진 것과 왼쪽으로 파진 것이 있다.

플런저를 오른쪽으로 회전시키면 유효행정이 증가하여 분사량이 증가하는 형식을 오른쪽 리드, 플런저를 왼쪽으로 회전시켰을 때 분사량이 증가하는 방식을 왼쪽 리드라고 한다.

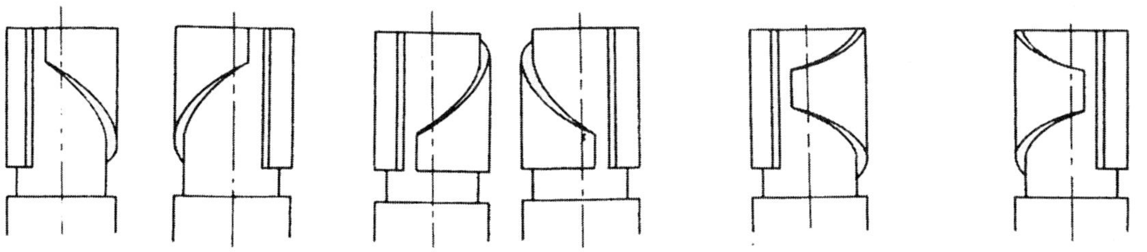

[그림 13-11] 오른쪽 리드와 왼쪽 리드

(6) 플런저의 리드 파는 방식과 분사 시기와의 관계

① **정 리드형** : 분사 초기는 일정하고, 분사 말기는 변화하는 리드이다.

② **역 리드형** : 이 형식은 리드가 플런저 헤드에도 홈이 파져 있으며, 분사 초기가 변화하고 분사 말기는 일정한 리드이다.

③ **양 리드형** : 상하로 리드를 파서 분사 초기와 말기의 분사시기가 모두 변화하는 리드이다.

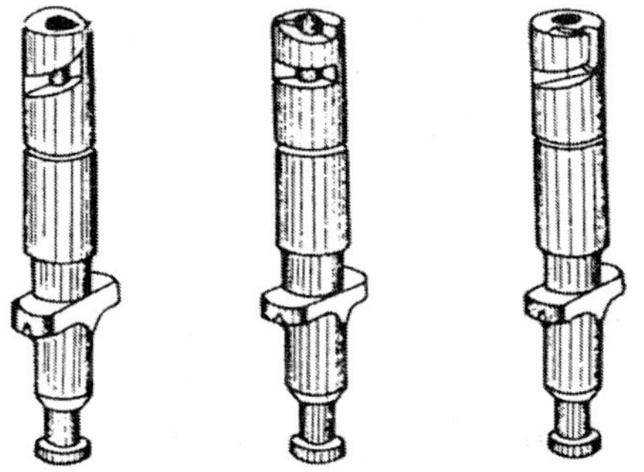

[그림 13-12] 플런저 리드의 형식

3.4 연료 조절 기구[플런저 회전 기구, 분사량 조절 기구]

연료 분사량 조절 기구는 조속기나 가속페달의 움직임을 플런저에 전달하여 유효행정을 변화시키는 기구이며 조속기, 조절 래크, 조절 피니언, 조절 슬리브 로 구성되어 있다. 이들의 전달 과정은 가속페달을 밟으면 조절 래크→조절 피니언→조절 슬리브→플런저 회전(분사량 변화)의 순서로 작동한다.

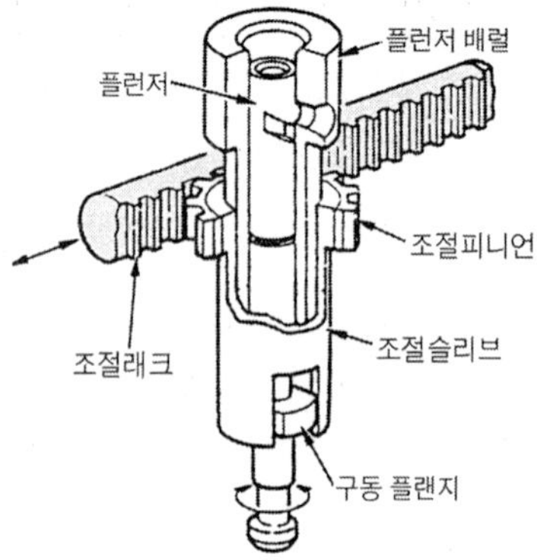

[그림 13-13] 그림 376

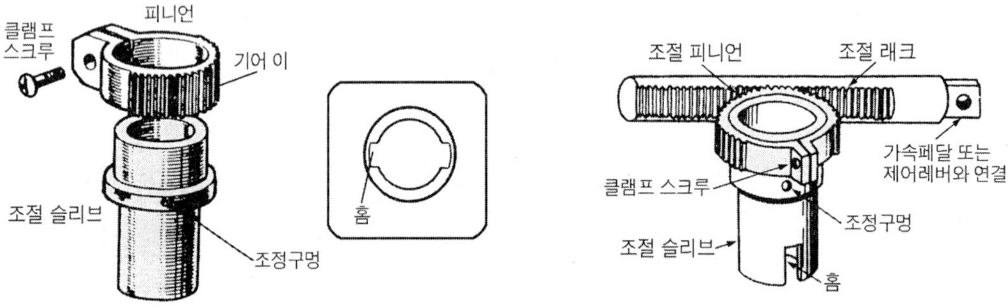

[그림 13-14] 연료 조절(플런저 회전) 기구

(1) 조절 래크(control rack)

슬리브에 끼워져 있는 피니언과 결합되어 있으며, 래크의 직선 운동을 피니언의 회전운동으로 바꾸어 모든 플런저를 동시에 회전시키는 일을 한다. 래크의 한쪽 끝은 링크(link)나 핀(pin)으로 조속기에 연결되어 있어 가속페달의 조작은 모두 조속기를 거쳐 래크로 전달된다.

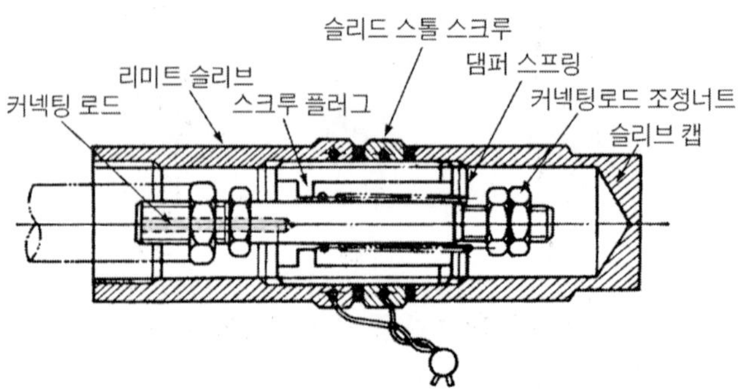

[그림 13-15] 리미트 슬리브의 구조

(2) 조절 슬리브(control sleeve)

조절 슬리브는 아래 쪽에 끼워진 플런저의 구동 플랜지를 통해 피니언의 회전운동을 플런저로 전달하여 플런저가 상하 운동을 하면서 회전할 수 있기 때문에 연료의 분사량이 운전 조건에 알맞게 조절 된다.

(3) 조절 피니언(control pinion)

조절 피니언은 조절 슬리브에 클램프 볼트에 의해 설치되어 조절 래크와 맞물려 있기 때문에 조절 래크의 직선 운동을 회전 운동으로 변환시켜 조절 슬리브에 전달하는 역할을 한다. 조절 피니언과 슬리브의 관계 위치를 변화시켜 각 플런저의 분사량을 조절할 수 있다.

3.5 딜리버리 밸브[delivery valve ; 송출 밸브]

딜리버리 밸브는 플런저의 상승 행정에 의해서 플런저 배럴 내의 연료 압력이 10kg/cm² 에 이르면 십자형 가이드 베인 사이로 유출되어 딜리버리 밸브가 열리므로 연료는 밸브 홀더와 분사 파이프를 통하여 분사 노즐로 압송된다. 플런저의 유효 행정이 완료되면 연료는 바이패스 되어 압력이 저하되기 때문에 딜리버리 밸브는 스프링의 장력에 의해서 밀착되어 연료의 역류를 방지하여 파이프 내 잔압을 유지한다. 또한 분사 파이프 내의 연료 압력이 딜리버리 밸브가 닫힐 때 시트까지 내려간 체적만큼 저하되어 후적이 방지된다.

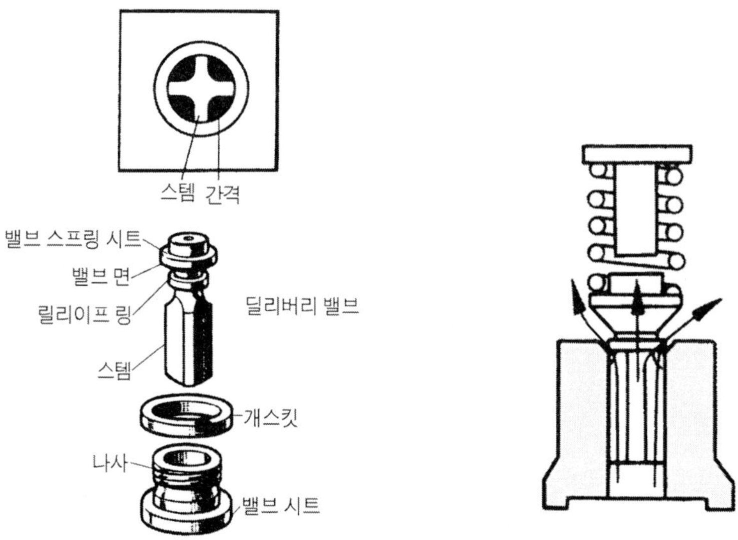

[그림 13-16] 딜리버리 밸브의 구조

04 분사 시기 조정기(timer)

타이머는 엔진의 회전 속도 및 부하 변동에 따라 연료의 분사시기를 자동적으로 조절하는 장치이다. 타이머는 엔진의 회전 속도에 따라서 분사 지연 기간과 착화 지연 기간을 자동적으로 보상하기 위하여 연료의 송출 개시점을 크랭크축 보다 분사펌프의 캠축을 약 8° 정도 더 회전시켜 분사 펌프의 송출시기를 진각시킨다.

4.1 타이머의 구조

타이머의 허브는 분사 펌프 캠축에 설치되어 구동 플랜지에 의해 원심추를 사이에 두고 구동된다. 타이머 스프링은 원심추 홀더에 고정된 베어링 핀과 구동 플랜지의 저널 사이에 설치되고 플랜지의 저널은 원심추의 곡면에 설치되며, 원심추는 베어링 핀을 중심으로 요동(搖動)할 수 있도록 되어 있고 구동 플랜지 저널을 사이에 두고 타이머 스프링에 의해 밀착되어 있다.

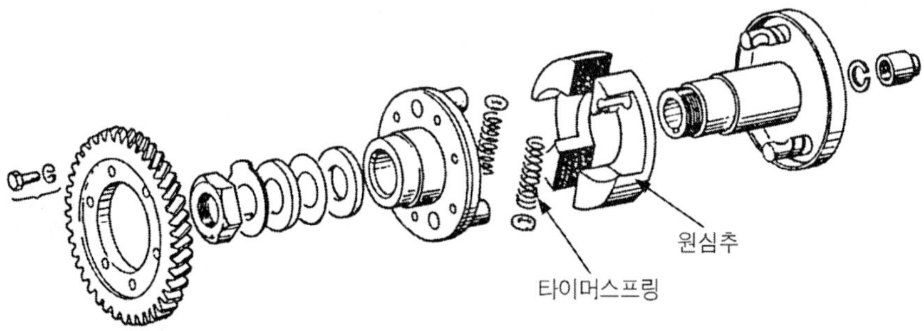

[그림 13-17] **타이머의 분해도**

4.2 타이머의 작동

엔진의 회전속도가 상승하면 원심추에 작용하는 원심력이 커져 타이머 스프링을 압축한다.이에 따라 구동 플랜지 저널은 원심추 면을 미끄럼 운동을 하고, 베어링 핀은 당겨진다. 따라서 분사 펌프 캠축이 구동 플랜지에 대하여 어느 각도 만큼 진각되어 연료의 분사시기를 조절한다.

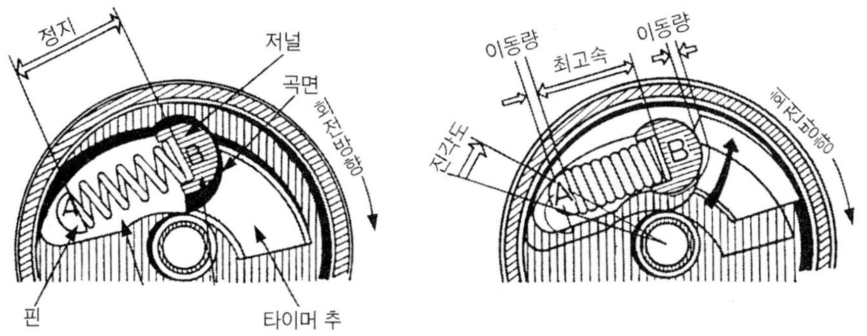

(a) 엔진 정지 상태 (b) 엔진 고속 회전

[그림 13-18] 타이머의 작동

05 조속기(governor)

5.1 조속기의 기능

디젤 엔진에서는 운전 조건의 변화가 많아 부하 및 회전 속도의 변동이 광범위하기 때문에 조속기를 설치하여 엔진의 회전 속도나 부하 변동에 따라 자동적으로 연료의 분사량을 가감함으로써 운전을 안정시킨다.

즉, 최고 회전속도를 조절하고 동시에 저속 운전을 안정시키는 작용을 한다. 특히 저속 운전에서는 분사량이 매우 적은 양이고, 조절 래크의 작은 움직임에 대하여 분사량의 변화가 크고 또 엔진의 부하 변동에 대해서도 조속기 없이는 조절이 어렵다. 조속기는 엔진의 회전속도나 부하의 변동에 따라서 자동적으로 조절 래크를 움직여 분사량을 가감하는 장치이다.

5.2 조속기의 분류

조속기를 구조상으로 분류하면 분사 펌프의 캠축에 설치된 원심추에 작용하는 원심력의 변화에 의해 작동하는 기계식과 회전속도와 부하에 의해 변화하는 흡기다기관의 진공을 이용하는 공기식이 있다.

기능상으로 분류하면 엔진 최고 회전속도와 최저 회전속도만을 조절하는 최고·최저속도 조속기와 최고 및 최저 회전속도뿐만 아니라 모든 회전속도 범위를 조절하는 전속도 조속기가 있다.

5.3 기계식 조속기의 작동[최고·최저속도 조속기]

조속기는 분사 펌프 캠축의 뒤끝에 설치되어 있으며, 구성은 캠축과 함께 회전하는 원심추, 원심추의 움직임을 조절 래크로 전달하는 벨 크랭크(bell crank), 가속페달과 원심추의 움직임을 조절 래크로 전달하는 부동 레버(floating lever) 및 링크 등으로 되어 있다.

작동은 분사 펌프 캠축의 회전속도가 상승하여 원심력이 커지면 원심추는 조속기 스프링의 장력을 이기고 바깥쪽으로 벌어지기 시작한다. 이 움직임이 부동 레버에 전달되어 조절 래크를 분사량이 감소 방향으로 잡아당긴다. 이에 따라 분사량이 감소하여 엔진 회전속도가 증가하는 것을 방지한다. 반대로 엔진의 회전속도가 감소하면 원심추가 조속기 스프링에 의해 안쪽으로 밀려져 조절 래크를 분사량 증대 방향으로 이동시킨다. 이에 따라 엔진 회전속도가 감소하는 것을 방지한다.

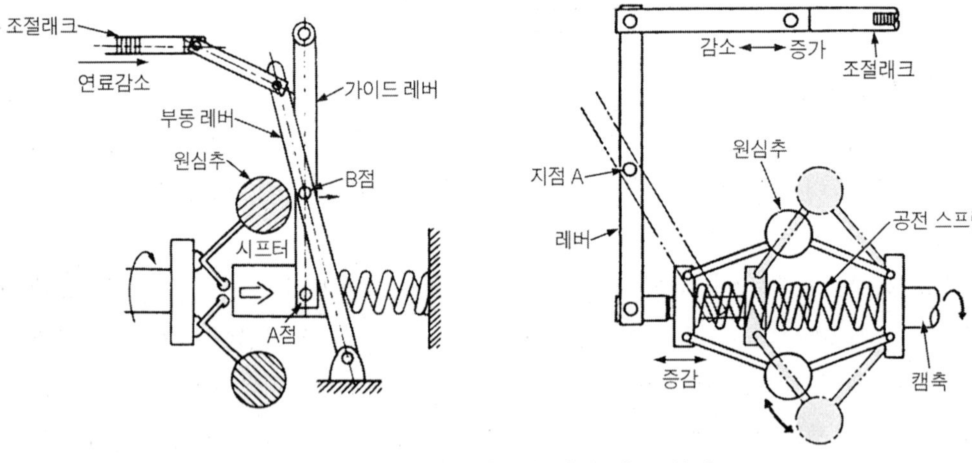

[그림 13-19] **기계식 조속기의 작동 원리**

한편 중속에서는 조속기의 조절 레버, 가이드 암(guide arm) 및 부동 레버가 움직이고 이 움직임이 조절 래크를 밀어 분사량을 증가시킨다. 또한 가속페달을 놓으면 조절 래크는 원래의 위치로 복귀하여 분사량이 감소한다. 또 가속페달에 의해 움직이는 조절 레버의 위치에 따라 부동 레버의 레버 비율이 바뀐다.

5.4 공기식 조속기의 작동

공기식 조속기는 엔진 회전속도와 흡기다기관의 진공도 변화에 의해 분사량을 조절하며, 모든 회전속도 범위를 조절하는 전속도 조속기이다. 구조는 조절 래크가 다이어프램에 연결되어 있고 다이어프램에 의하여 진공실과 대기압 실을 형성한다.

대기압 실은 공기청정기 입구에 파이프로 연결되며, 진공실은 벤투리부의 보조 벤투리에 연결되어 작용한다. 진공실의 주 스프링은 분사량이 증가하는 방향으로 조절 래크를 누르고 있으며 대기실에는 스톱 레버 및 앵글라이이히 스프링을 통하여 조절 래크를 눌러 최대 분사량 위치에 있게 한다.

엔진 회전속도가 증가하면 벤투리부의 진공도가 높아져 진공실에 진공이 작용하여 주 스프링의 장력을 이기고 다이어프램이 조절 래크를 분사량이 감소하는 방향으로 이동시켜 회전속도를 감소시킨다. 반대로 엔진 회전속도가 감소하면 벤투리부의 진공도가 낮아져 주 스프링의 장력에 의하여 분사량이 증가하는 방향으로 조절 래크를 밀어 회전속도를 증가시킨다. 스로틀 밸브가 닫힌 공전 운전에서는 진공실의 높은 진공으로 조속기 스프링이 모두 압축되어 엔진의 작동이 정지되기 때문에 이를 방지하기 위해 공전 기구(idle device)를 두고 있다.

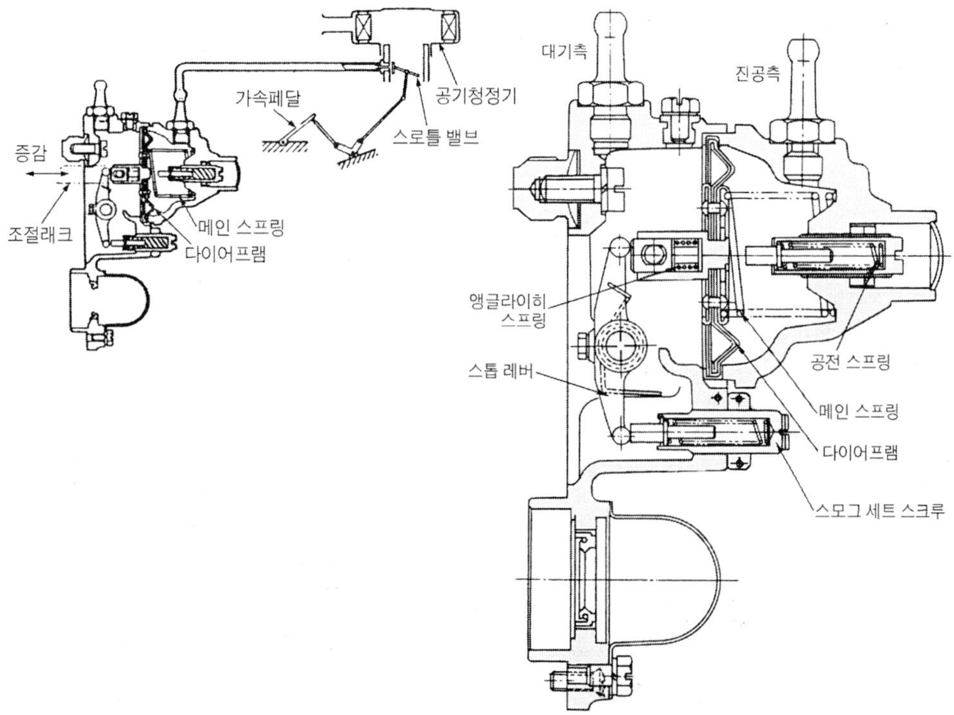

[그림 13-20] **공기식 조속기의 구조**

06 앵글라이히 장치(angleichen device)

일반적으로 분사 펌프는 조절 래크의 위치가 같아도 회전속도가 상승함에 따라 펌프의 1행정당 분사량이 증가하는 경향이 있고, 또 엔진에서는 회전속도가 상승하면 흡입 공기량이 감소하는 경향이 있다.

따라서 엔진이 저속 회전에서 공기와 연료의 비율이 알맞게 되도록 최대 분사량을 설정하면 고속 회전에서는 공기량이 부족 되어 불완전 연소가 이루어지고, 또 고속 회전에 알맞게 설정하면 저속 회전에서 연료가 부족하여 충분한 출력을 얻을 수 없게 된다. 이러한 현상을 방지하기 위해 엔진의 모든 회전속도 범위에서 공기와 연료의 비율이 알맞게 유지되도록 하는 기구가 앵글라이히 장치이다.

6.1 기계식 조속기의 경우

기계식 조속기는 시프트가 접촉되는 부분에 공전 스프링 대신 앵글라이히 스프링을 설치하여 저속에서는 스프링이 팽창하여 조절 래크를 최대 분사량 위치에 있도록 하고, 고속에서는 원심추에 의하여 시프트를 밀어 앵글라이히 스프링을 압축하여 조절 래크를 분사량 감소 방향으로 복귀한다.

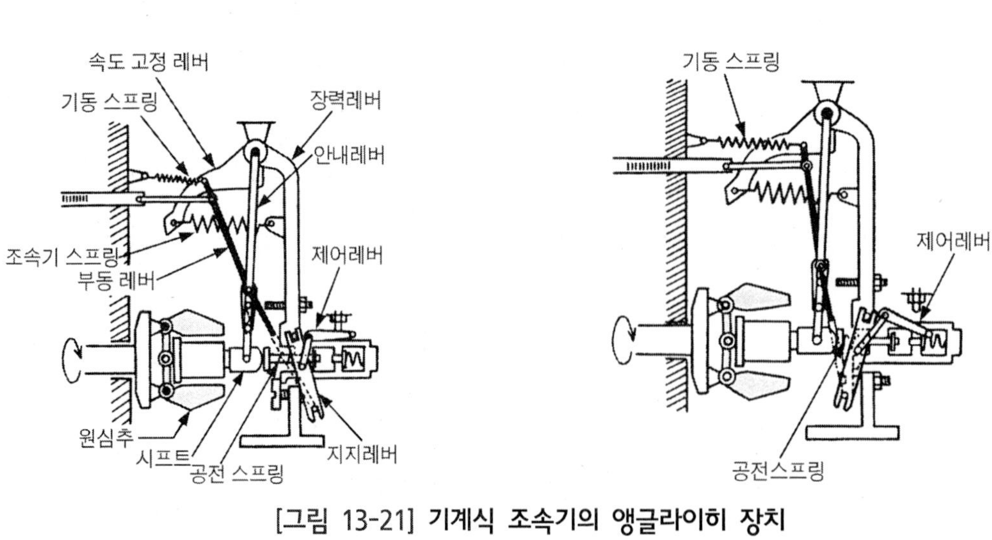

[그림 13-21] 기계식 조속기의 앵글라이히 장치

6.2 공기식 조속기의 경우

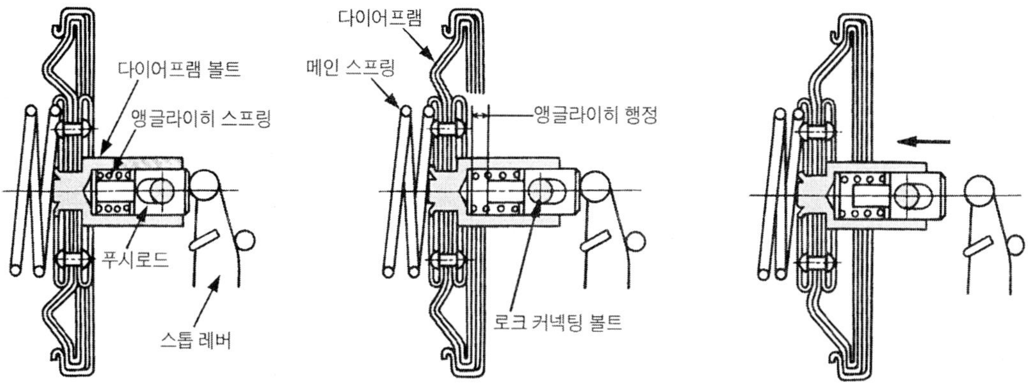

[그림 13-22] 공기식 조속기의 앵글라이히 장치

공기식 조속기의 앵글라이히 장치는 대기실에 설치된 앵글라이히 스프링이 주 스프링에 의하여 압축되어 최대 분사량 위치에 조절 래크를 밀고 있다가 엔진의 회전속도가 상승하면 진공실의 진공도가 높아지므로 앵글라이히 스프링이 팽창하여 조절 래크를 연료가 감소하는 방향으로 움직이도록 한다.

07 분사 노즐(injection nozzle)

분사 노즐은 분사 펌프에서 고압의 연료가 노즐의 압력실에 공급되면 압력 스프링의 장력에 의해서 노즐 보디의 시트에 압착되어 있는 니들 밸브가 연료의 압력에 의해서 분사 구멍이 열리게 되므로 고압의 연료를 미세한 안개 모양으로 연소실에 분사시키는 역할을 한다. 디젤 엔진은 연료의 분무 상태가 매우 중요하기 때문에 다음과 같은 조건이 요구된다.

① 분무를 연소실 구석구석까지 뿌려지게 할 것

② 연료의 분사 끝에서 완전히 차단하여 후적이 일어나지 않을 것

③ 연료를 미세한 안개 모양으로 하여 쉽게 착화하게 할 것

④ 고온·고압의 가혹한 조건에서 장시간 사용할 수 있을 것

7.1 분사 노즐의 종류

분사 노즐의 종류에는 개방형과 밀폐형(폐지형) 노즐이 있으며, 밀폐형에는 구멍형, 핀틀형 및 스로틀형 노즐이 있다. 현재는 개방형 노즐은 사용하지 않으므로 여기서는 밀폐형 노즐의 구조와 특징에 대해서만 설명하도록 한다. 밀폐형 노즐은 분사 펌프와 노즐 사이에 니들 밸브를 두고 필요할 때만 니들 밸브를 열어 연료를 연소실에 분사하는 형식이다.

(1) 구멍형 노즐(hole type nozzle)

구멍형 노즐은 니들 밸브 앞 끝이 원뿔 모양이며, 분사 구멍(噴空)은 볼록하게 된 노즐 보디의 앞 끝에 노즐 중심선에 대하여 대칭(對稱)으로 90~120° 각도를 두고 1~8개 뚫어져 있다.

분사 구멍의 지름은 0.2~0.4mm이고, 분사 개시 압력은 150~300kgf/cm^2 정도이며, 직접 분사실식에서 사용한다. 이 형식은 분사 구멍이 1개인 단공형과, 여러 개의 분사 구멍이 있는 다공형이 있다. 다공형은 분무의 미립화와 분산성을 향상시킬 수 있다. 구멍형의 장·단점은 다음과 같다.

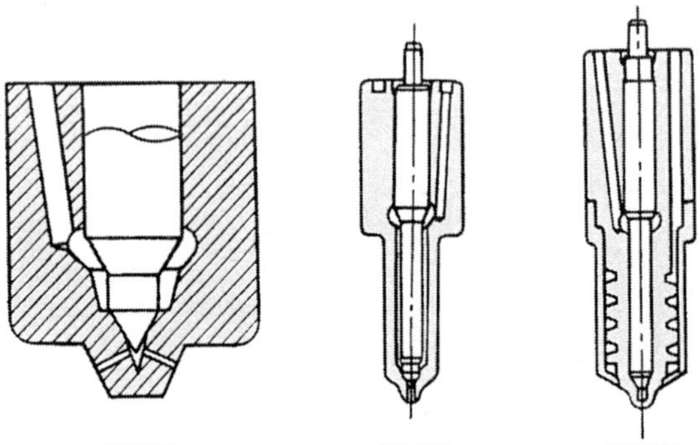

[그림 13-23] 구멍형 분사 노즐

① 구멍형 노즐의 장점

- 분사 구멍의 지름이 작고 분사 개시 압력이 높기 때문에 연료의 무화가 좋다.
- 연료의 무화 및 분산도가 향상되어 엔진의 시동이 쉽다.
- 연료가 완전 연소되기 때문에 연료 소비율이 적다.

② 구멍형 노즐의 단점

- 분사 구멍의 지름이 작기 때문에 가공이 어렵다.
- 분사 구멍의 지름이 작기 때문에 막힐 염려가 있다.
- 분사 압력이 높기 때문에 연결부에서 연료가 누출되기 쉽다.
- 분사 압력이 높아 분사 펌프(injection pump)의 수명이 짧다.

(2) 핀틀형 노즐(pintle type nozzle)

핀틀형 노즐은 원기둥 모양의 구멍과 구멍보다 조금 작은 원기둥 모양의 니들 밸브 앞 끝이 핀으로 구성되어 있으며, 고압의 연료에 의해 자동적으로 열려 4° 정도의 정각을 가지는 원뿔 모양으로 분사한다. 또한 니들 밸브의 앞 끝은 원기둥으로 노즐 보디보다 약간 노출되어 있으며, 연료의 분사 개시 압력이 80 ~ 150kgf/cm^2 로 예연소실식 및 와류실식에 사용된다. 분사 구멍의 면적은 밸브의 양정이 비례하여 증가한다. 핀틀형의 장·단점은 다음과 같다.

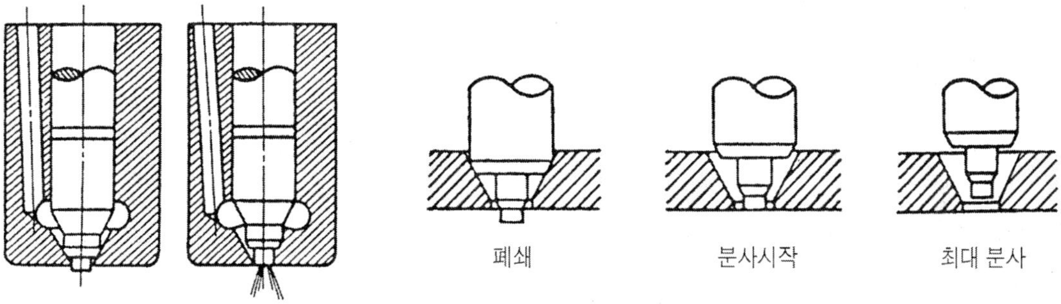

[그림 13-24] **핀틀형 분사 노즐**

① 핀틀형 노즐의 장점

- 분사 구멍이 크고 니들 밸브가 노즐 보디보다 노출되어 있기 때문에 막힘이 적다.
- 연료의 분사 개시 압력이 비교적 낮다.
- 노즐의 구조가 구멍형보다 간단하고 고장이 적다.
- 링 모양의 분사 구멍으로 연료가 분사되기 때문에 무화가 양호하고 분산성이 향상된다.

② 핀틀형 노즐의 단점

- 분무의 상태는 다공형 노즐보다 떨어진다.

• 연료의 소비량이 다공형 노즐에 비해 많다.

(3) 스로틀형 노즐(throttle type nozzle)

스로틀형 노즐은 니들 밸브의 앞 끝 부분이 길고 나팔 모양으로 테이퍼 가공되어 있으며, 노즐 보디에서 조금 돌출 되어 있다. 이 노즐은 핀틀형을 개량하여 분사 개시 때 분사량을 적게 하고 잠시 후 많은 양의 연료를 분사시켜 디젤 엔진의 노크를 방지할 수 있다. 지름이 1 ~ 2mm 인 분사 구멍은 분사 펌프에서 압력실에 공급된 연료의 높은 압력에 의해서 열려 45 ~ 60° 각도로 분사가 된다. 또한 니들 밸브는 핀틀형 노즐에 비해 길고 2단으로 되어 있다. 연료의 분사 개시 압력이 80 ~ 150kgf/cm² 로 예연소실식 및 와류실식에 사용된다. 분사 구멍의 면적은 밸브의 양정에 거의 변화가 없다가 급격히 증가된다.

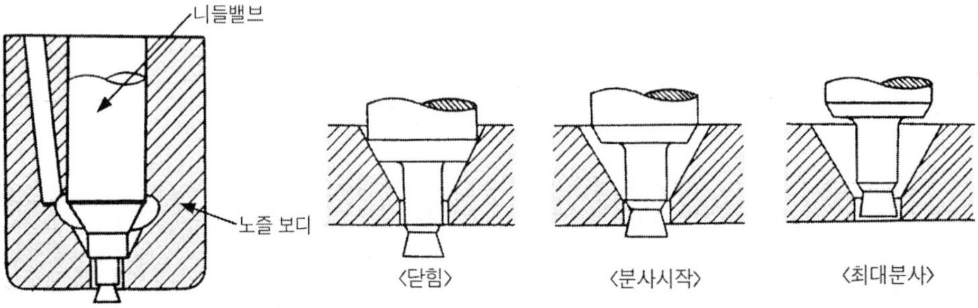

[그림 13-25] **스로틀형 분사 노즐**

7.2 분사 노즐의 구조

분사 노즐은 노즐 홀더 보디(nozzle holder body)를 중심으로 옆쪽에는 분사 펌프에서 보내준 고압의 연료가 들어오는 입구 커넥터가 설치되고, 위쪽으로는 분사압력 조절 스크루, 니들 밸브가 열릴 때 스프링을 밀어 올려 주는 푸시로드, 그리고 니들 밸브(needle valve)를 시트에 밀착시키는 스프링이 있다.

아래쪽에는 고압의 연료에 의해 정해진 시간 내에 열리는 니들 밸브와 이 밸브를 지지하는 노즐 보디, 노즐 보디를 노즐 홀더 보디에 고정하는 너트 등으로 구성되어 있다.

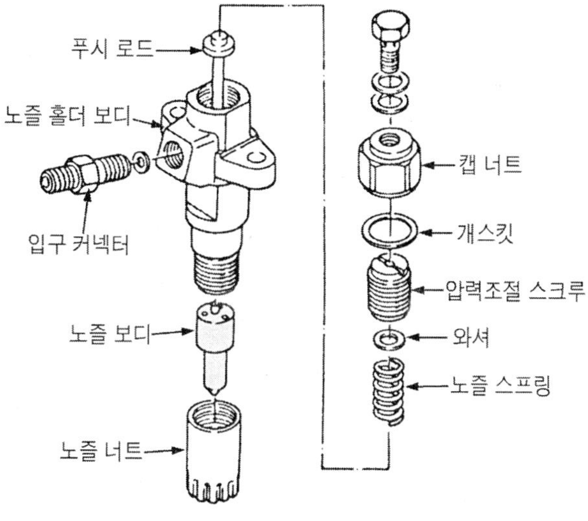

[그림 13-26] 분사 노즐의 구성 부품

7.3 분사 노즐의 작동

분사 노즐의 작동은 분사 펌프에서 고압의 연료가 입구 커넥터를 거쳐 노즐 보디 내로 들어오면 스프링에 의해 시트에 밀착되어 있던 니들 밸브를 상승시켜 연료가 연소실에 분사된다. 분사되는 동안 고압 연료의 일부는 노즐 보디와 니들 밸브 사이로 유출되면서 윤활작용을 하고, 푸시로드와 노즐 홀더 및 오버플로 파이프를 거쳐 연료 탱크로 리턴된다. 니들 밸브와 노즐 보디 사이의 간극은 0.001~0.0015mm정도이다.

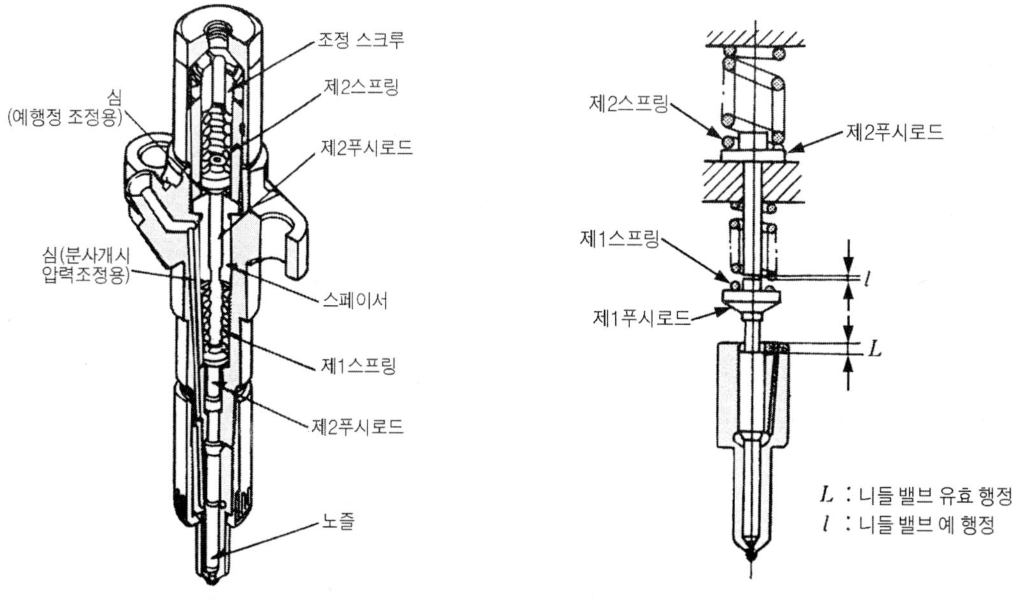

[그림 13-27] 분사 노즐의 작동

7.4 연료의 분무 상태가 갖추어야 할 조건

디젤 엔진에서는 연료의 분무 상태가 연소에 크게 영향을 한다. 또한 연료가 고온 고압의 연소실에 분사되어 연소가 완료될 때까지의 시간이 짧기 때문에 혼합 가스를 형성하는데 주어지는 시간도 짧다. 따라서 연료의 분무 상태는 다음과 같은 조건이 만족되어야 한다.

(1) 안개화(霧化)가 좋아야 한다

연료의 입자는 가능한 한 미세하여야 하지만 너무 미세하면 관통력이 낮아진다. 연료 입자의 평균 직경은 노즐 분사 구멍의 지름 및 형상, 분사 압력, 연소실 내의 온도, 공기의 와류 등에 의해서 좌우된다.

(2) 관통력이 커야 한다

관통력은 연료의 입자가 연소를 완료할 때까지 공기속을 진행할 수 있는 힘으로써 이 정도를 관통력 또는 도달 거리로서 표시한다. 관통력은 사용 연료의 점도에 의해 크게 될 뿐만 아니라 연료의 입자가 클수록 커진다. 그러나 연료의 입자가 너무 크면 분무가 연소실 벽에 부딪혀 연소 상태가 좋지 않기 때문에 엔진에 알맞은 관통력을 갖도록 하여야 한다.

(3) 분포(분산)가 골고루 이루어져야 한다

디젤 엔진에서는 흡입한 공기를 연소에 모두 사용하여야 한다는 것이 열효율상 매우 중요하다. 그러나 분무가 도달되지 않은 곳의 공기는 전혀 이용되지 않는다. 따라서 연료의 입자가 밀집된 부분에서는 공기가 부족되어 불완전 연소가 되므로 연료의 분무는 연소실 전체에 알맞게 분포되어야 한다.

(4) 분산도가 알맞아야 한다

분산도는 연료가 노즐로부터 소요의 방향으로 분사되었을 때 그 분사 범위의 각 장소에서의 분무의 중량 분포를 말한다. 분산도는 노즐의 형상과 설치각, 연소실의 형상, 공기의 와류 등 조건에 알맞도록 하여야 한다.분무의 상태가 양호하여도 분산도가 알맞지 않으면 연소는 불안정하게 되어 열손실이 증대된다.

Chapter

14

분배형 분사 펌프

1. 분배형 분사 펌프의 특징
2. 패스트 아이들(fast idle) 장치
3. 연료 차단 기구

01 분배형 분사 펌프의 특징

엔진의 실린더 수와 관계없이 1개의 연료 분사 펌프에 의해서 각 실린더의 분사 노즐에 연료를 분배하는 방식으로 엔진의 동력을 받아 분사 펌프의 구동축이 회전하면 각 실린더의 분사 노즐에 연료를 분배하는 플런저가 분사 순서에 따라서 연료가 공급되어 연소실에 분사된다.

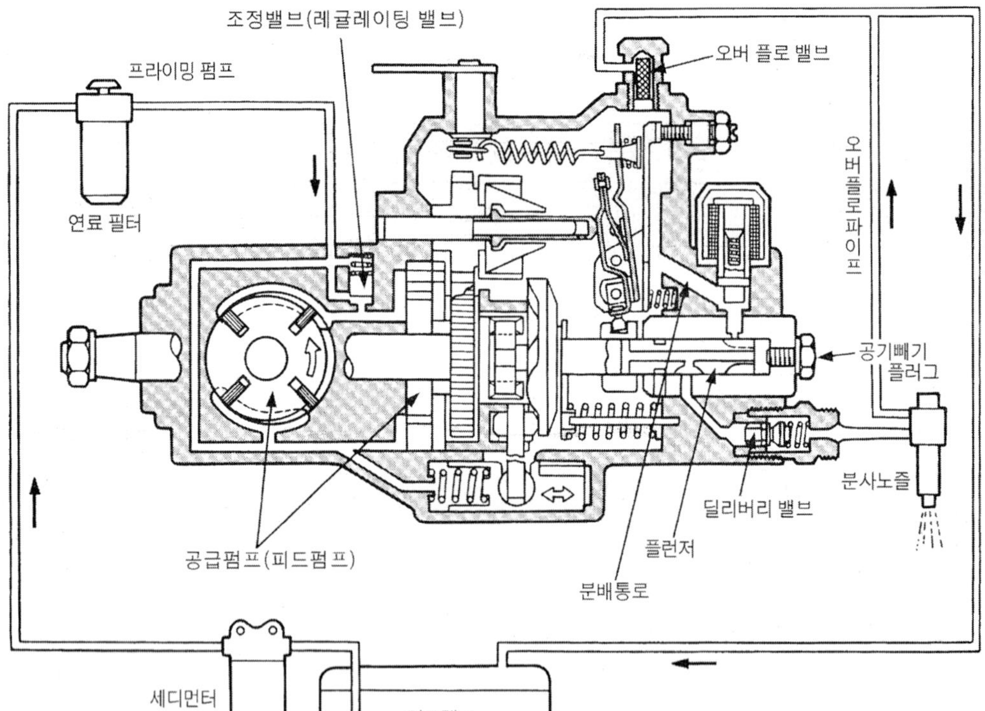

[그림 14-1] 보시 분배형 분사 펌프의 연료 공급 라인

1.1 분배형 분사 펌프의 특징

① 캠의 양정이 매우 작아 고속 회전이 가능하다.

② 소형·경량이며 부품 수가 적다.

③ 펌프 윤활을 위한 특별한 윤활유가 필요 없다.

④ 플런저가 왕복 운동과 회전운동을 하므로 편 마멸이 적다.

⑤ 실린더 수와 최고 회전속도의 제한을 받는다.

1.2 분배형 분사 펌프의 구조

연료의 양을 조절하여 플런저에 공급하는 미터링 밸브, 분배 배럴, 컷 오프 배럴 등으로 구성된 하이드로릭 헤드, 공급 펌프, 타이머 등으로 구성되어 있다.

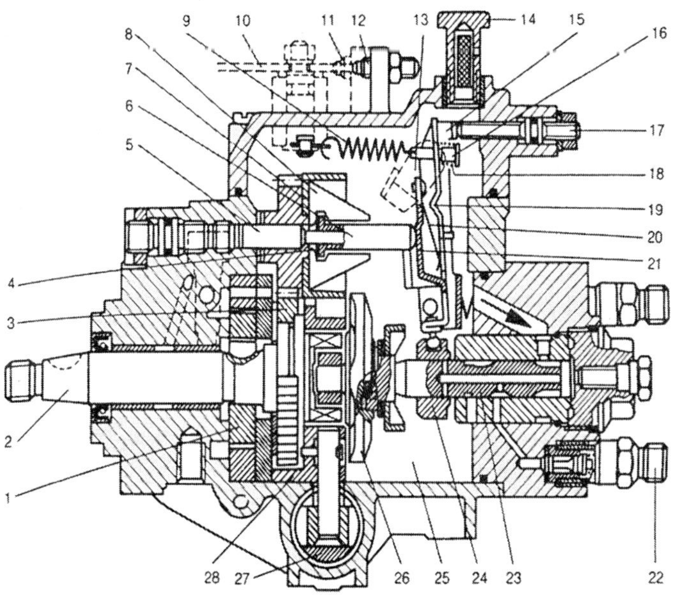

1. 연료 공급펌프 2. 구동축
3. 조속기 구동기어 4. 와셔
5. 조속기 축 6. 슬라이딩 슬리브
7. 조속기 케이지 8. 원심추
9. 조속기 스프링 10. 컨트롤 레버
11. 공전조정 스크루
12. 최고속도 조정 스크루
13. 스톱 레버 14. 오버플로 밸브
15. 보정 레버 16. 지지핀
17. 전부하 조정스크루
18. 공전 스프링 19. 텐션 레버
20. 스타팅 스프링 21. 스타팅 레버
22. 고압출구(분사파이프)
23. 분배 플런저 24. 컨트롤 스풀
25. 펌프 내부(저압실)
26. 캠 플레이트 27. 타이머 피스톤
28. 롤러 링

[그림 14-2] VE형 분사 펌프의 구조

(1) 구동축(drive shaft)

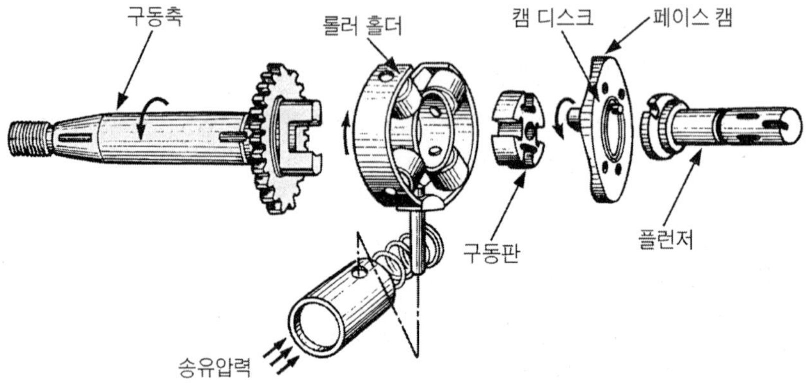

[그림 14-3] **구동축과 캠 디스크**

구동축은 기관의 1/2 로 회전하면서 연료의 분사시기를 조정하는 롤러 홀더, 롤러 홀더 내에 설치되어 회전하는 구동판, 플런저 스프링의 장력으로 롤러 홀더에 압착되어 플런저와 함께 회전하는 캠 디스크를 회전시키는 역할을 한다. 플런저는 분사 노즐에 연료를 송출한다.

(2) 공급 펌프 및 레귤레이팅 밸브

① **공급 펌프**(feed pump): 연료를 엔진의 회전속도에 따르는 압력으로 변환시켜 하이드로릭 헤드에 설치된 미터링 밸브와 타이머(분사시기 조정기)에 공급하는 역할을 한다.

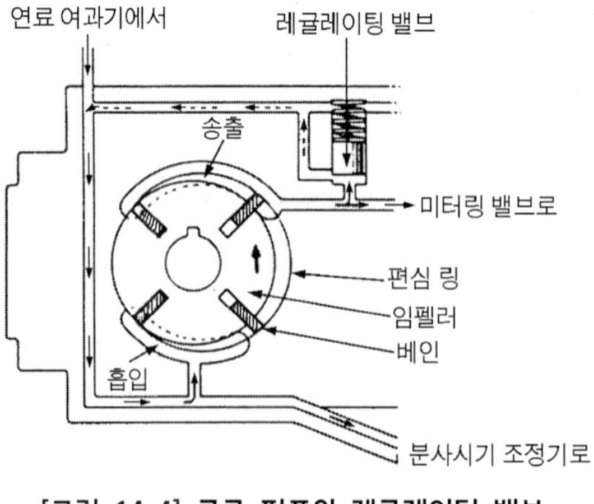

[그림 14-4] **공급 펌프와 레귤레이팅 밸브**

공급 펌프의 임펠러는 구동축에 반달 키를 통하여 고정되어 분사 펌프 내의 편심 링에 설치되어 있다. 임펠러 내면에 설치되어 있는 4개의 베인은 임펠러가 회전할 때 원심력에 의해서 편심 링 내면에 밀착되어 회전하기 때문에 체적의 변화가 이루어지며, 체적이 커지는 쪽에서 연료를 흡입하고, 체적이 감소되는 쪽으로 연료를 송출하게 된다.

② **레귤레이팅 밸브**(regulating valve) : 레귤레이팅 밸브는 공급 펌프의 회전 속도에 관계없이 연료의 압력을 규정값으로 유지하도록 조절하는 역할을 한다. 연료의 압력이 규정값 이상으로 상승하면 레귤레이팅 밸브는 리턴 스프링을 누르고 리턴 포트를 열면 연료는 공급 펌프의 흡입쪽으로 리턴 되어 연료의 압력이 조절된다. 또한 연료의 압력이 규정값 이하가 되면 레귤레이팅 밸브의 스프링 장력에 의해서 리턴 포트가 닫히게 되어 연료의 압력이 규정값으로 유지되도록 조절한다.

(3) 하이드로릭 헤드(hydraulic head)

① **하이드로릭 헤드의 구조** : 공급 펌프로부터 공급되는 연료의 양을 조절하여 플런저에 공급하는 미터링 밸브, 1개의 공급 포트와 4개의 출구 포트가 설치되어 있는 분배 배럴, 1개의 공급 포트를 통하여 미터링 밸브에서 공급된 연료를 고압으로 상승시키는 플런저, 4개의 출구 포트를 통하여 플런저에서 공급된 연료를 송출하는 딜리버리 밸브, 엔진 시동시에 연료의 분사량을 증가시켜 시동성을 향상시키는 컷오프 배럴 등으로 구성되어 공급 펌프에서 공급된 연료를 분사 노즐에 공급하는 역할을 한다.

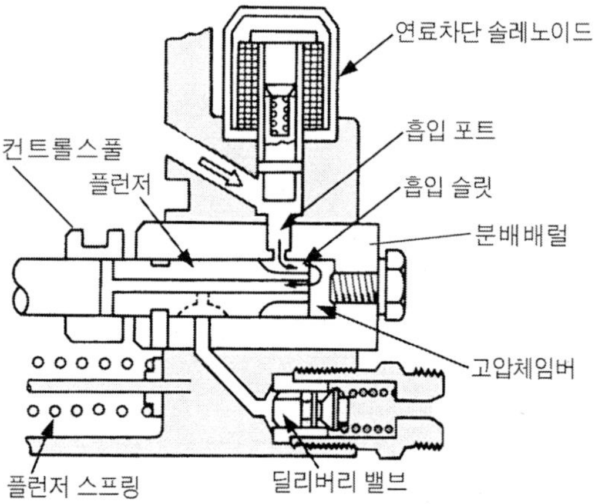

[그림 14-5] 하이드로릭 헤드의 구조

② **플런저의 구조** : 플런저는 분배 배럴의 입구 포트로부터 연료가 펌프실에 유입되는 4개의 공급 포트와 플런저가 이동하여 펌프실에서 가압된 고압의 연료를 분배 배럴의 출구 포트에 송출하는 1개의 출구 포트가 설치되어 있다. 또한 분사 행정의 후기에서 컷오프 포트와 일치되면 펌프실 내의 연료를 하이드로릭 헤드에 설치된 통로를 통하여 펌프 하우징에 보내어 각부의 윤활 작용과 냉각 작용을 한 다음 연료 탱크로 복귀시키는 컷오프 포트가 설치되어 있다.

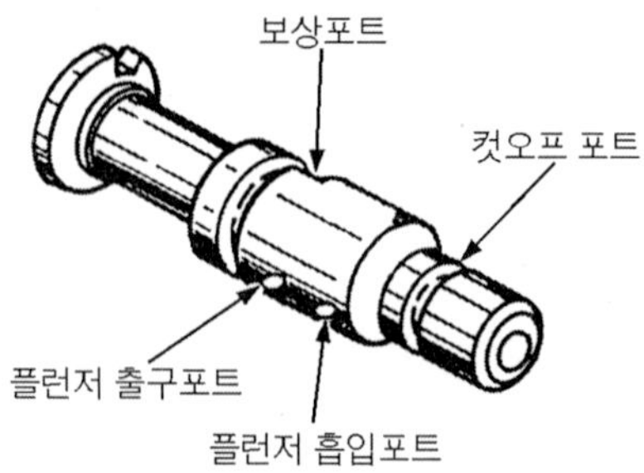

[그림 14-6] **플런저의 구조**

1.3 분배형 분사 펌프의 작동

(1) 흡입 행정

캠 디스크가 회전하여 오목한 부분이 롤러의 위치에 가면 플런저는 분배 배럴과 컷오프 배럴 내에서 회전하면서 왕복 운동을 하기 때문에 플런저가 회전하여 분배 배럴의 입구 포트와 플런저의 입구 포트가 일치되면 펌프실로 연료가 유입된다.

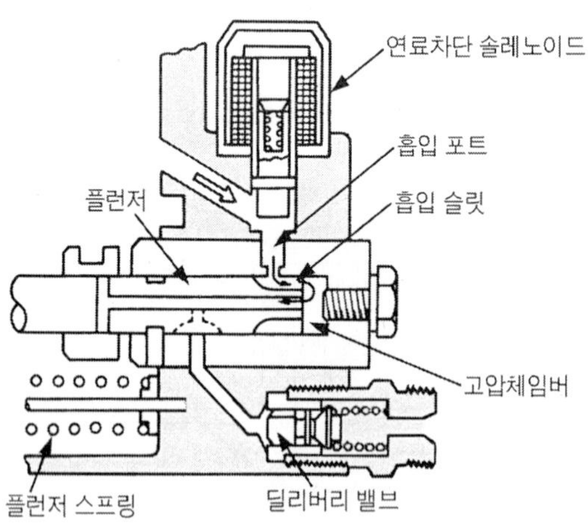

[그림 14-7] **흡입 행정**

(2) 분사 행정

캠 디스크의 돌출부가 롤러에 접촉하는 위치에 오면 플런저가 회전하여 입구 포트가 닫히고 출구 포트가 분배 배럴에 설치되어 있는 4 개의 출구 포트 중 1 개와 일치될 때까지 플런저의 왕복 운동으로 펌프실 내의 연료는 고압으로 상승되어 일치된 출구 포트를 통하여 딜리버리 밸브 및 분사 노즐에 공급되어 실린더 내에 연료가 분사된다.

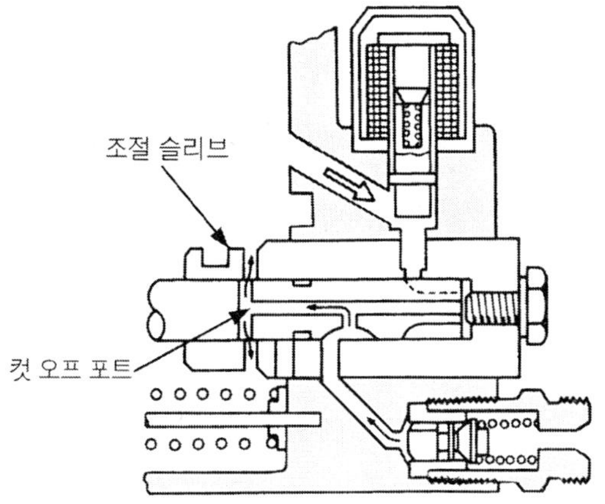

[그림 14-8] **분사 행정**

(3) 분사 완료

이때는 캠 디스크가 더 회전하여 볼록부의 정점이 롤러에 접하는 위치로 오면 분사가 계속 진행되어 플런저에 설치된 컷오프 홈이 분배 배럴의 컷오프 포트와 일치하면 분사 노즐에 압송되던 연료는 하이드로릭 헤드에 설치된 통로를 통하여 펌프 하우징에 송출되기 때문에 연료의 분사가 완료된다. 따라서 연료의 분사는 플런저의 입구 포트가 닫히고 컷오프 홈이 분배 배럴의 컷오프 포트와 일치될 때까지 이루어지며, 이 때를 플런저의 유효 행정이라 한다.

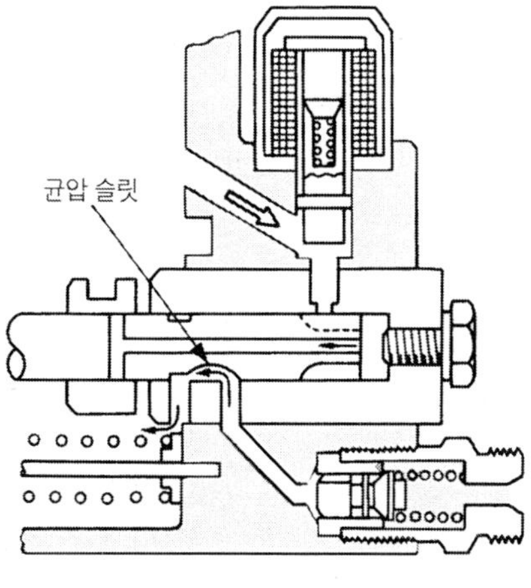

[그림 14-9] **분사 완료**

(4) 보상 작용

보상 작용은 연료의 분사가 종료되고 플런저의 보상 홈과 분배 배럴의 출구 포트가 일치되면 컷오프 배럴 뒷면에 공급 펌프로부터 유입된 연료를 하이드로릭 헤드에 설치되어 있는 통로를 통하여 딜리버리 밸브까지 보내어 분사 전의 연료 압력을 균일하게 하여 각 실린더 상호 간의 연료 분사량의 차이를 보상한다.

(5) 컷오프 배럴의 작동

엔진이 정지되어 있을 때는 공급 펌프에서 컷오프 배럴 뒷면에 연료가 공급되지 않기 때문에 기동 스프링의 장력에 의해서 컷오프 배럴은 오른쪽으로 밀려져 있다. 따라서 시동을 할 때에는 플런저의 유효 행정이 컷오프 배럴에 설치되어 있는 컷오프 포트가 오른쪽으로 이동된 만큼 길어져 연료의 분사량이 많아 시동이 원활하게 이루어지도록 한다. 엔진이 시동되면 플런저의 유효 행정은 공급 펌프에서 컷오프 배럴 뒷면에 연료가 공급되기 때문에 컷오프 배럴은 기동 스프링의 장력을 이기고 전 부하 한계에 닿을 때까지 이동되어 유효 행정이 짧아지기 때문에 연료 분사량이 감소된다.

02 패스트 아이들(fast idle) 장치

패스트 아이들 기구는 분사 시기를 진각시켜 냉간 시동 성능을 향상시키는 것으로 분사 시기 진각은 운전자가 운전석에서 진각 케이블을 조작하거나 또는 온도 변화에 따라 자동적으로 작동되는 진각 장치를 이용한다.

2.1 기계식 패스트 아이들 기구

(1) 패스트 아이들 기구의 구조

패스트 아이들 장치는 분사 펌프 하우징에 설치되어 있으며, 진각 레버는 축을 통해 내부의 레버와 연결되어 있다. 내부 레버의 선단에는 볼 핀이 편심으로 가공되어 있고 볼 핀은 롤러 링에 끼워진다.

진각 레버의 초기 위치는 스토퍼와 스프링에 의해서 결정되며, 진각 레버에는 조작 케이블이 연결되고 이 케이블은 다시 수동식 또는 자동식 조작 기구에 연결된다.

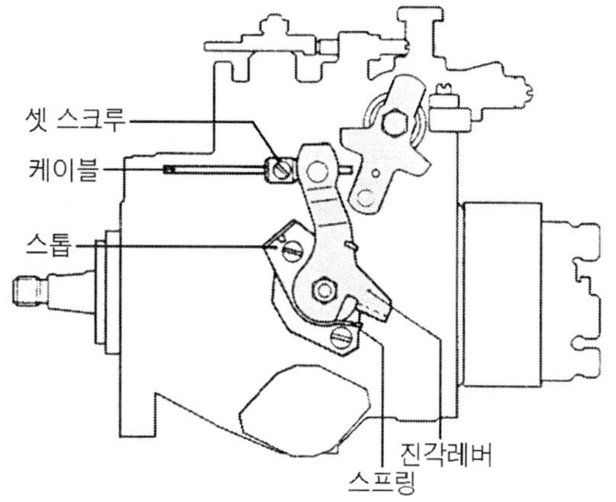

[그림 14-10] 기계식 패스트 아이들 기구

(2) 패스트 아이들 기구의 작동

케이블을 당기지 않으면 진각 레버는 스프링에 의해 밀착된 상태를 유지하기 때문에 볼 핀과 롤러 링은 초기 위치에 있다. 운전자가 진각 케이블을 당기면 진각 레버, 레버 축, 펌프 내부의 레버와 볼 핀이 동시에 회전하게 되며, 이 회전 운동은 롤러 링의 위치를 분사 시기가 진각되는 방향으로 변경시킨다.

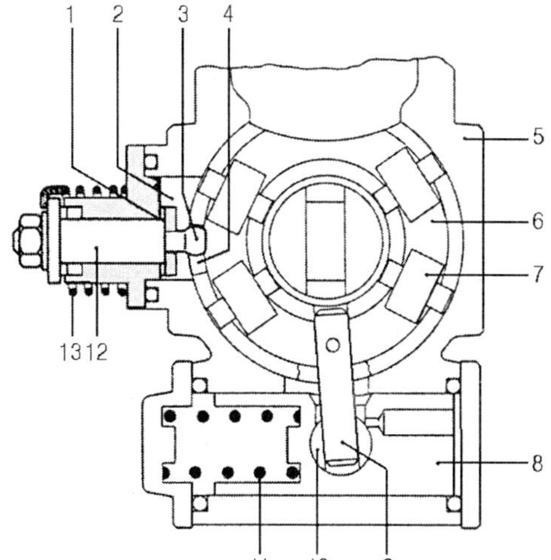

1. 레버
2. 통로
3. 볼 핀
4. 롤러 링 슬릿
5. 펌프 하우징
6. 롤러 링
7. 롤러
8. 타이밍 피스톤
9. 액추에이팅 핀
10. 슬라이딩 블록
11. 리턴 스프링
12. 축
13. 스프링

[그림 14-11] 패스트 아이들 기구의 작동

2.2 자동식 패스트 아이들 기구

자동식 패스트 아이들 기구는 왁스 엘리먼트를 이용하여 냉각수의 온도 변화를 기계적 운동으로 변환시켜 분사 시기를 진각시킨다. 이 방식은 냉각수의 온도 변화에 따라 최적의 분사 시기를 선택할 수 있는 장점이 있다.

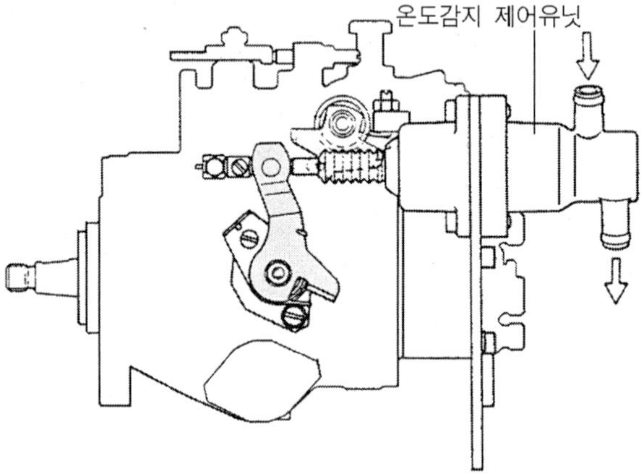

[그림 14-12] **자동식 패스트 아이들 기구**

2.3 온도 보상 고속 공전 기구

엔진이 한냉시 볼 핀은 컨트롤 레버를 공전 스톱 스크루로부터 들어올려 공전 속도를 증가시켜 엔진의 부조를 방지한다. 엔진이 정상 작동 온도에 도달하면 자동식 패스트 아이들 기구의 진각 레버는 자신의 스토퍼에 밀착되며, 컨트롤 레버는 공전 스톱 스크루와 밀착되어 온도 변화에 따른 고속 공전 기구는 더 이상 작동되지 않는다. 속도의 변화량은 엔진에 따라 각각 다르다.

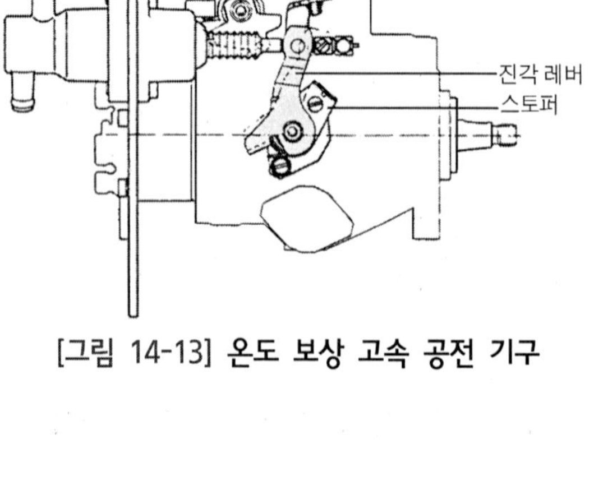

[그림 14-13] **온도 보상 고속 공전 기구**

2.4 온도 보상 시동 분사량 제어 기구

자동식 패스트 아이들 기구와 결합시킬 수 있는 추가 기구로서 엔진이 한냉 시동시에는 작동되지 않는다. 그 이유는 자동식 패스트 아이들 기구의 진각 레버가 온도 변화에 따라 이미 자동적으로 작동 위치에 있으며, 조속기 커버에 설치된 스톱 레버는 정상 위치에 있기 때문에 시동 분사량은 최대가 된다.

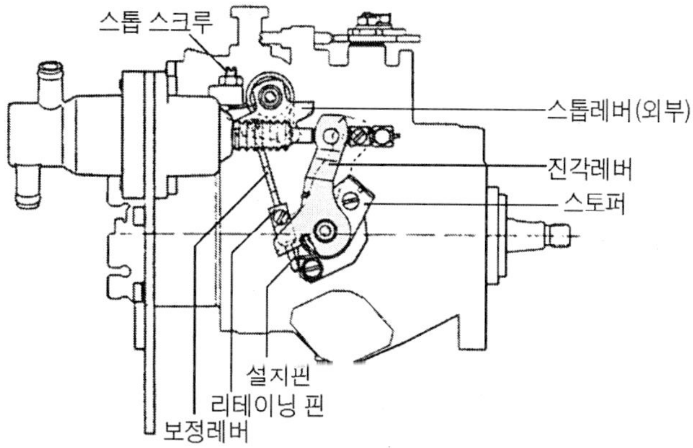

[그림 14-14] 온도 보상 시동 분사량 제어 기구

03 연료 차단 기구

3.1 전기식 연료 차단 기구

전기식 연료 차단 기구는 솔레노이드 밸브와 회로로 구성되어 있으며, 엔진의 시동 스위치를 ON시켜 솔레노이드 코일에 배터리 전류가 공급되면 전자력에 의해 플런저가 흡인되기 때문에 분배 플런저로 통하는 연료 공급 통로가 열리게 된다.

엔진의 시동 스위치를 OFF시키면 솔레노이드 코일에 공급되는 전류가 차단되면 전자력이 소멸되기 때문에 플런저는 스프링의 장력에 의해 밀려 내려가 분배 플런저로 통하는 연료 통로를 차단하게 된다. 따라서 분배 플런저의 내부에 연료가 공급되지 않으면 엔진은 정지된다.

3.2 기계식 연료 차단 기구

운전석에서 스톱 레버를 이용하여 케이블을 당기면 외부의 스톱 레버와 내부의 스톱 레버는 동시에 축을 중심으로 회전한다. 이때 내부의 스톱 레버가 조속기의 스타트 레버를 밀면 스타트 레버는 피벗점 M_2 를 중심으로 회전하면서 컨트롤 스풀을 연료의 분사가 중지되는 위치까지 밀게 된다.

따라서 컨트롤 스풀의 이동에 이해 분배 플런저의 컷오프가 열려 있기 때문에 분배 플런저는 연료의 고압을 형성할 수 없기 때문에 엔진의 각 실린더에 연료를 공급할 수 없게 된다.

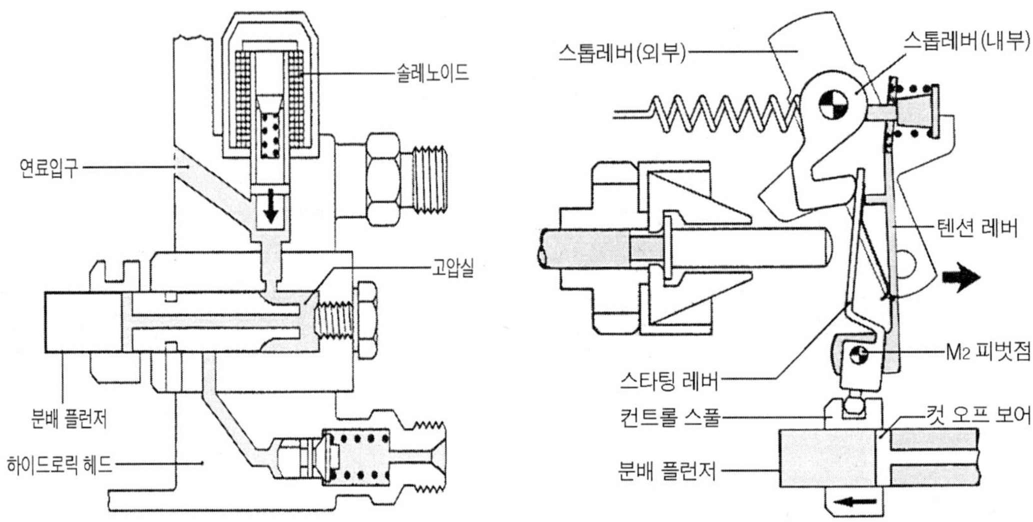

전기식 연료 차단 기구 기계식 연료 차단 기구

[그림 14-15]

Chapter

15

전자제어 디젤엔진

1. COVEC-F의 특징
2. COVEC-F의 구성
3. COVEC-F의 제어
4. COVEC-F의 구조
5. CRDI 엔진의 구성
6. CRDI 엔진 연료 장치의 특성
7. CRDI 엔진 전자 제어 장치

01 COVEC-F의 특징

기존의 기계식 분배형 분사 펌프와 비교하면 펌프의 밑 부분에 있는 타이머 부위에 Timer Control Valve가 설치되어 있고 기계식 거버너를 전자식 거버너로 대치시킨 구조로 되어 있다. 분사량을 전자 제어함에 따라서 여러 개의 부품이 전자식 거버너에 집약되어 있다.

컨트롤 슬리브는 솔레노이드의 제어 각도가 연료의 분사량을 결정한다. 또한 전자식 거버너에는 와류 방식의 회전각 센서가 내장되어 있으며, 이 센서는 검출의 정도가 높고, 비접촉 방식이기 때문에 내구성 및 신뢰성이 우수하다. 또한 온도 차이에 의한 검출 오차의 보정도 하도록 되어있다. 연료 분사량 제어는 출발 및 급가속을 할 때의 흑연 발생에 커다란 관계가 있다. 흑연의 발생은 분사량이 증가함에 따라 공기량이 불충분하기 때문에 여분의 연료가 불안전 연소가 되어 발생한다.

COVEC-F에서는 전자식 거버너의 작용으로 처음에는 분사량의 증가율을 적게 하고 최종 목표의 분사량에 근접하면 분사량을 증가시킨다.

1.1 동력 성능 향상

COVEC-F는 기존의 분사 펌프에 비해 가속 페달의 각도에 대한 분사량의 최적량 화로 가속 페달의 각도가 작은 상태에서도 회전력의 향상이 가능하고, 동력성능도 향상된다.

1.2 쾌적성 향상

기존의 분사 펌프는 제어 슬리브 위치가 미세하게 변동되지 않지만 COVEC-F는 공전 상태에서의 폭발과 같은 회전상태의 변동을 감지한다. 이에 따라 분사량을 증감하며 제어 슬리브의 위치를 제어한다.

1.3 가속시 매연 감소

가속 영역에도 분사량을 제어하여 가속성을 향상시켜 매연 발생을 방지하는 시스템이다.

1.4 부가 장치 불필요

부스트 보상장치 및 각종 분사 시기 보정 장치 등의 부가장치를 분사 펌프에 부착할 필요가 없고 각종 센서의 신호에 따라 분사 펌프의 외장 부품을 간소화할 수 있다.

02 COVEC-F의 구성

컴퓨터 제어 분배형 연료 분사 장치 펌프는 ECU에 의해 분사량 및 분사 시기를 제어하는 분배형 연료 분사장치이다. 동력 성능 향상, 쾌적성 향상, 저공해 화를 목적으로 개발되었다.

2.1 COVEC-F-I형

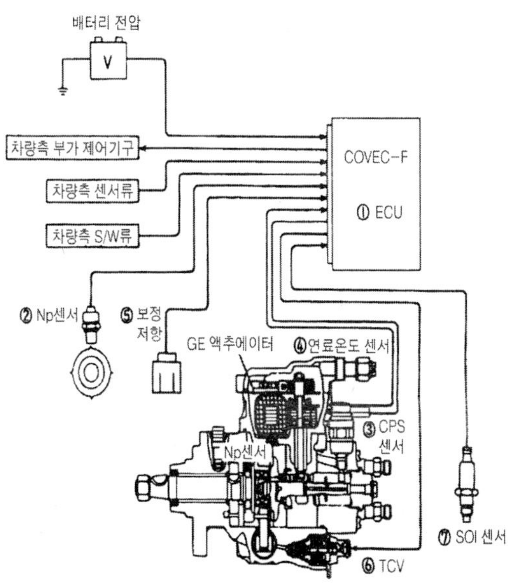

No	부품 명칭	기능
1	ECU	주행상황의 비교, 연산 처리
2	Np 센서	분사펌프 회전속도의 검출
3	CSP	컨트롤 슬리브 위치의 검출
4	연료 온도 센서	연료 온도의 검출
5	보정 저항	보정
6	TCV(타이밍 컨트롤 밸브)	분사시기의 조정
7	SOI 센서	분사시기의 검토

[그림 15-1]

2.2 CVEC-F-II형

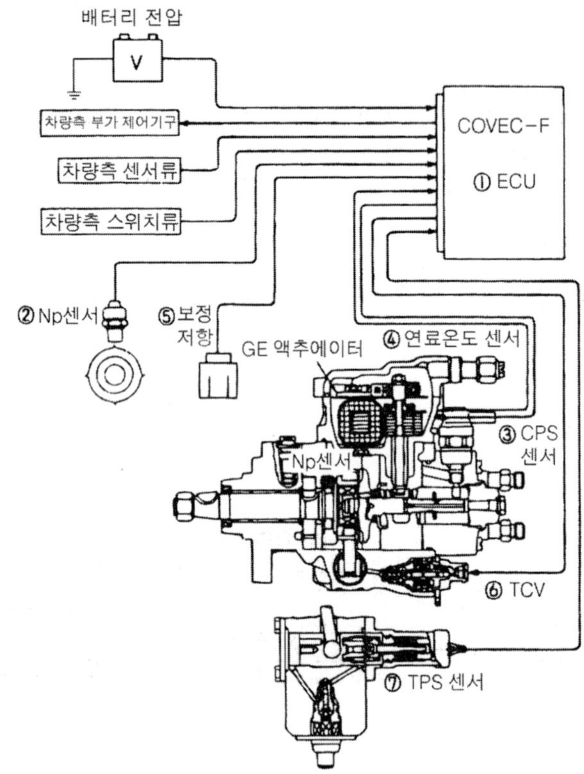

No	부품 명칭	기능
1	ECU	주행 상황의 비교, 연산 처리
2	Np 센서	분사 펌프 회전속도의 검출
3	CSP	컨트롤 슬리브 위치의 검출
4	연료 온도 센서	연료 온도의 검출
5	보정 저항	보정
6	TCV (타이밍 컨트롤 밸브)	분사 시기 조정
7	TPS 센서	타이머 피스톤 위치의 검출

[그림 15-2]

03 COVEC-F의 제어

COVEC-F는 각종 센서, 스위치 등에 의해 물리적 신호를 전기적 신호로 검출하고, 제어 유닛에 의해 비교 연산 처리를 하며, 그 처리 결과에 따라서 연료 분사 시기, 분사량을 제어하는 전자 제어 방식이다.

3.1 SOI 센서

분사 노즐의 니들 밸브 양정(리프트)에 의해 분사시기를 전기적인 신호로, 검출하는 센서이다.

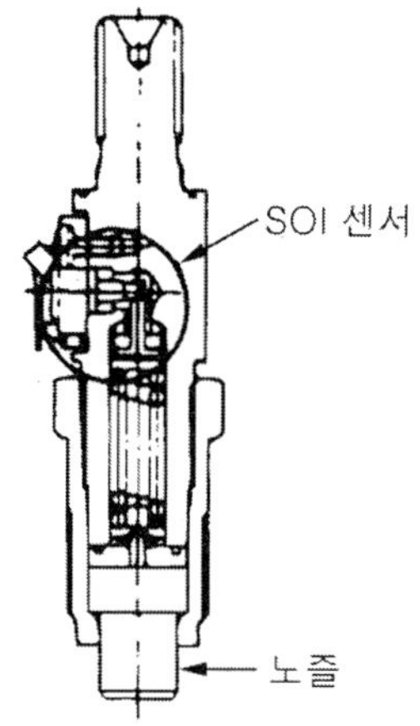

[그림 15-3] SOI 센서

04 COVEC-F의 구조

4.1 COVEC-F본체

COVEC-F의 본체는 연료의 흡입 및 압송 등이 기존의 분사펌프와 변함이 없으며 내부에는 분사량 제어를 하는 거버너 실과 연료의 흡입, 압송을 하는 펌프실로 구분한다. 기존의 분사펌프는 원심력으로 거버너를 제어하지만, COVEC-F는 GE 액추에이터(전자식 거버너)가 사용되기 때문에 원심추는 사용하지 않는다.

또, 기존의 분사 펌프는 원심추 홀더 기어(23개)를 사용하여, 회전속도를 검출하고 있지만, COVEC-F는 구동 축에 설치된 4개의 돌출 된 센싱 기어 판(sensing gear plate)에 의해 회전속도를 검출하고 있다. 펌프 본체의 아래쪽에는 TCV(타이밍 제어밸브)가 타이머의 분사 시기가 진각이 되도록 압력을 조정한다. 기존의 분사 펌프는 오버플로 밸브(over flow valve) 내에는 일부만 체크 밸브(check valve)가 설치되어 있는데 COVEC-F

의 오버플로 밸브는 모두 체크 밸브가 설치되어 있어 일정의 압력이 될 때까지 오버플로 되지 않는 구조로 되어있다. COVEC-F-II형은 분사펌프 아래쪽에 타이머 피스톤 위치를 검출하는 TPS(타이머 피스톤 센서)가 설치되어 있는 점이 COVEC-F-I형과 다르다.

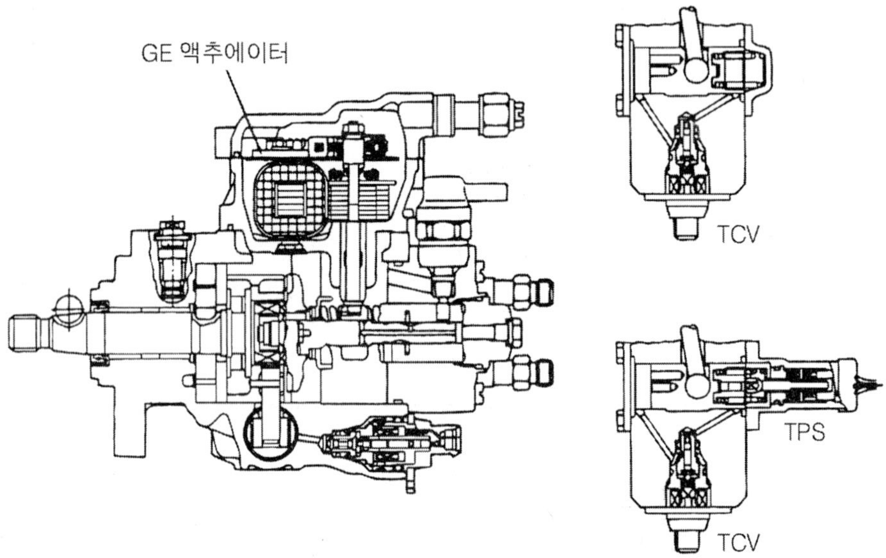

[그림 15-4] COVEC-F 본체

4.2 GE 액추에이터[전자 거버너]

GE(governor electric) 액추에이터는 분사펌프 위쪽의 거버너 실에 설치되어 있다. 마그네트 필터는 GE 액추에이터 내의 철분 등의 유입을 방지한다. 로터에 압입되어 있는 축(shaft)의 끝에는 축에 대해 편심된 볼 핀이 있으며, 이 볼핀은 컨트롤 슬리브의 구멍에 삽입된다. COVEC-F는 전자식으로 분사량을 조절한다. 즉 조절슬리브 위치를 검출하여 ECU에 피드백하고 있다.

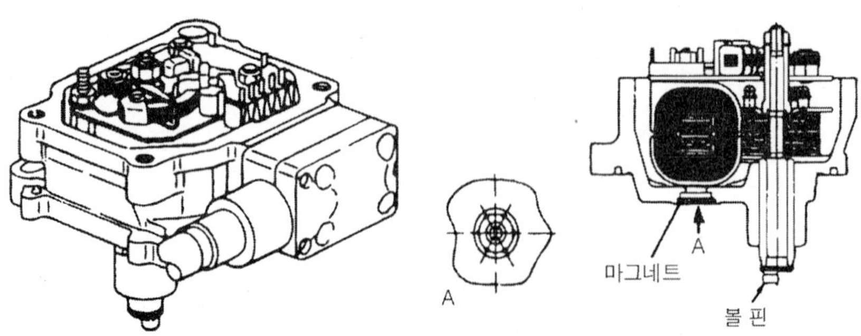

[그림 15-5] GE 액추에이터

4.3 타이밍 컨트롤 밸브[TCV, timing control valve]

TCV는 본체 중앙부의 옆면에는 연료 흡입구가 있고, 여과기가 부착되어 있으며, 타이머 고압실 내의 압력을 제어하는 역할을 한다. 분사 시기의 변화는 타이머 피스톤의 움직임을 롤러 홀더에 연결되어 변화시킨다. 기존의 분사 펌프는 타이머 고압실 내의 압력은 회전속도에 따라 변화하지만 COVEC-F는 TCV로 타이머 고압실 내의 압력을 제어한다.

4.4 Np 센서[회전 센서]

Np 센서는 각종 제어에 필요한 분사 펌프의 회전속도를 검출하여 ECU에 신호를 보내는 장치이다. Np 센서는 영구 자석과 코일로 구성되어 센싱 기어의 통과에 의한 자계의 변화로 발생 전압을 이용하여 회전 신호를 검출한다.

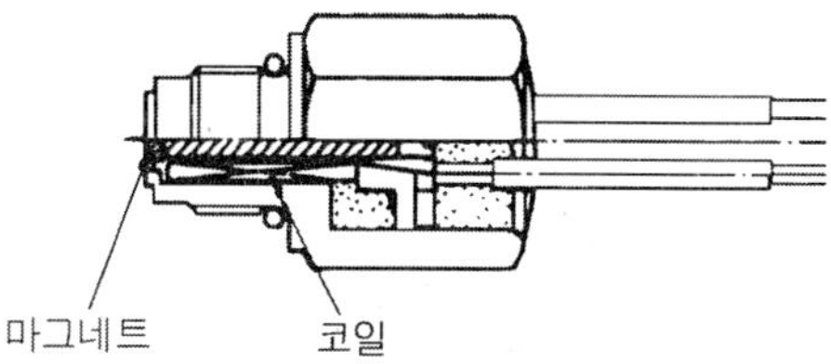

[그림 15-6] Np 센서

4.5 TPS[타이머 피스톤 센서]

TPS는 타이머의 저압측에 부착되어 있으며. TPS는 코어측 및 보빈(bobbin, 코일을 감아 놓은 통)으로 구성되어, 타이머 피스톤의 위치를 전기적으로 검출하는 센서이다.

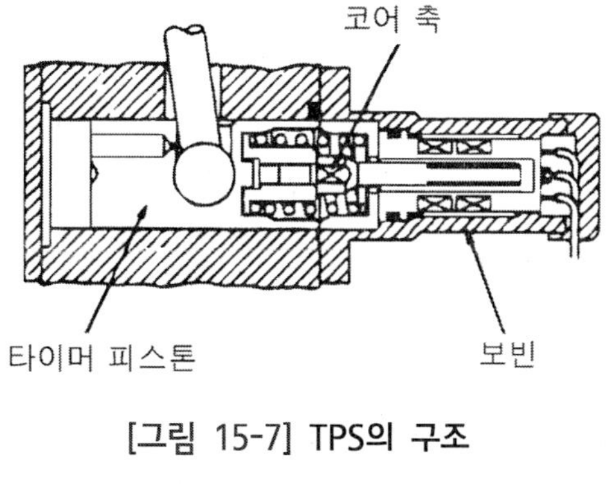

[그림 15-7] TPS의 구조

4.6 오버플로 밸브[체크 밸브 부착]

오버플로 밸브는 GE 액추에이터 위쪽 커버에 설치되어 있으며, 밸브는 펌프실내에 어떤 일정의 압력이 될 때까지 볼 및 스프링의 힘에 의해 오버플로가 되지 않는 구조로 되어 있다.

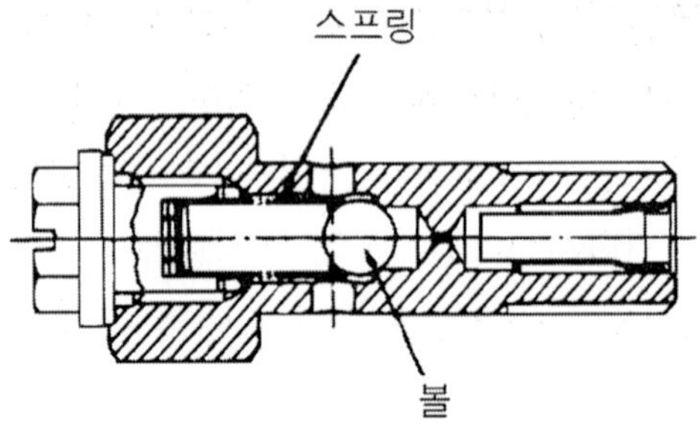

[그림 15-8] 오버플로 밸브

05 CRDI 엔진의 구성

[1] CRDI 엔진의 개요

CRDI는 배출가스 규제 강화에 대응하기 위하여 초고압 축압식 연료분사 장치가 적용된 디젤 엔진이다. 이 엔진은 기존의 기계식 인젝션 펌프 연료 분사 방식에서 벗어난 초고압 직접 분사 방식의 전자 제어 디젤 엔진으로 커먼 레일(Common Rail)에 연료를 고압으로 압축 저장하고 이를 엔진의 ECU가 각종 차량의 입력 센서의 신호를 바탕으로 연료 분사량을 결정하여 인젝터를 통하여 연소실에 분사하는 방식이다.

[2] CRDI 엔진의 특징

① 유해 배출가스 감소 및 연료소비율을 향상시킬수 있다.
② 기관성능 및 운전성능을 향상시킬수 있다.
③ 터보 차저와 인터 쿨러를 사용하는 초고압 직접 분사 방식의 전자 제어 디젤 엔진이다.
④ 캠축의 구동은 체인 구동 방식이다.
⑤ EGR 냉각기를 이용하여 PM(입자상 물질)을 감소시킨다.
⑥ 연료의 압력 제어가 입구 제어 방식으로 보시 2세대를 적용시켰다.
⑦ 평형 축 및 라더 프레임을 이용하여 소음 및 진동의 감소 및 변속기의 결합인 강성을 증대시켰다.

5.1 흡 · 배기 장치

엔진의 출력을 증대시키기 위해서는 각 실린더의 행정체적을 크게 하거나, 실린더 수를 늘리거나 엔진의 회전속도를 높여야 한다. 터보 차저와 인터쿨러를 이용하여 충전 효율을 높여 엔진의 출력을 증가시킨다.

(1) 터보 차저(Turbo Charge)

배기가스를 이용하는 것으로 배기가스가 터빈을 구동시키면 터빈 축에 설치되어 있는 펌프를 구동시키는 방법으로 펌프가 공기를 압축한 다음 실린더에 공급한다. 그러나 터보 차저에 의해 압축된 공기는 온도가 상당히 높기 때문에 실린더에 공급하기 전에 냉각수나 외부 공기로 냉각시킨 다음에 실린더 실린더에 공급하면 충전 효율이 개선된다.

(2) 인터 쿨러(inter cooler)

배기량이 일정한 상태에서 연소실에 강압적으로 많은 공기를 주입함으로써 엔진의 폭발력을 높여 출력과 회전력을 증대시키는 구조이다.

(3) 웨스트 게이트

터빈이 약 120,000rpm까지 회전하면 오일의 단속적인 공급 및 오일의 오염은 베어링에 손상을 주어 연결 축에 심한 과열로 인하여 축과 센터 하우징이 고착되기 때문에 터보 차저에 손상을 준다. 이를 방지하기 위하여 일정한 회전속도 이상이 되면 압력에 의해 웨스트 게이트 밸브가 열려 터보 차저의 기능을 유지시켜 주는 역할을 한다.

5.2 자동 냉각 팬

자동 냉각 팬 커플링은 엔진의 냉각수 온도에 따라 팬의 회전속도를 조절하며, 팬의 회전속도 조절은 라디에이터를 경유하여 흐르는 공기를 감지하여 유동 커플링의 유체(점성 오일) 양을 변화시키는 바이메탈에 의해 이루어진다. 라디에이터를 경유하여 흐르는 공기의 온도가 높을 때 앞 끝의 바이메탈이 변형되어 저장실의 밸브를 열게 된다.

(1) 작동 원리

라디에이터를 경유하는 공기의 온도가 낮을 경우 밸브는 분배 관의 조절 구멍을 막는다. 따라서 펌프 구멍으로부터 역 방향으로 힘을 받은 실리콘 오일이 저장실에 저장되면 작동실로 보내지지 않는다. 따라서 점성 오일은 작동실에서 감소되고 케이스와 커버의 슬립으로 인해 로터는 저속으로 회전하게 된다.

06 CRDI 엔진 연료 장치의 특성

6.1 연료 분사 장치의 적용 배경

디젤 엔진에 대한 사용자의 요구는 출력의 증가뿐만 아니라 연료 소비율의 감소, 그리고 소음과 진동의 감소 및 배출 가스의 감소 등을 원하고 있으며, 디젤 엔진의 소음 감소에 대한 요구와 함께 연료의 경제성과 유해 배기가스의 감소에 대한 필요성의 증대는 기계적으로 제어되는 연료 분사 장치로는 더 이상 대처할 수 없으며, 사용자의 요구 사항을 만족하기 위해서는 정밀한 방출율 곡선과 정확하게 측정되는 분사량과 결합된 고압 분사 압력이 요구하는 장치가 필요하다.

6.2 연료 장치 단계별 구성

(1) 연료 장치의 다이어그램(diagram)

커먼 레일 연료 분사장치는 연료의 저압 이송에 대한 저압단계, 고압 이송에 대한 고압단계, 그리고 제어부분인 ECU로 구성되어 있다. 그리고 연료 공급과정은 연료 탱크 → 연료 필터 → 저압 연료펌프 → 연료 압력 조절 밸브 → 고압 연료펌프 → 커먼 레일 → 인젝터이다.

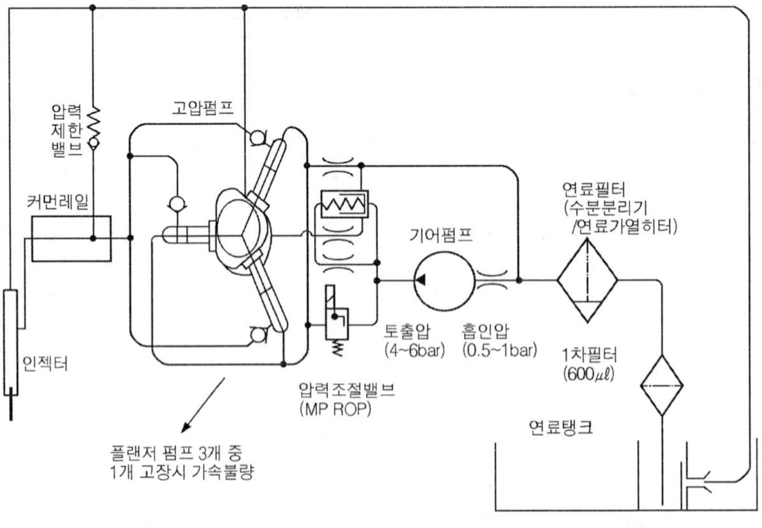

[그림 15-9] 연료 라인 장치

(2) 저압 연료 계통

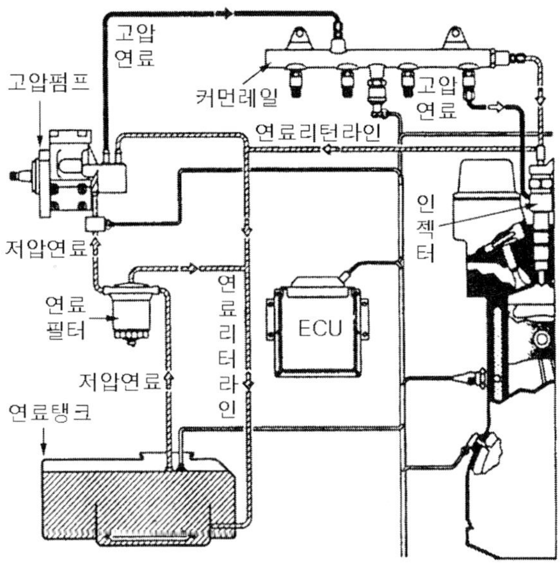

[그림 15-10] **연료 라인**

① **연료 탱크** : 스트레이너, 연료 센더, 그리고 연료 저장실로 사용되는 스월 포트로 구성된다.

② **연료 필터** : 연료에 이물질이 있으면 펌프의 구성 요소, 밸브, 인젝터 등에 손상을 초래하므로 연료가 고압 연료 펌프에 도달하기 이전에 정화하여 고압 연료 펌프의 조기 마모를 방지하고 손상을 방지한다.

③ **저압 연료 펌프(1차 연료 공급 펌프)** : 저압 연료 펌프는 고압 펌프 뒤에 설치되어 있으며, 기어 펌프 형식으로 연료 탱크로부터 연속적으로 요구되는 연료량을 고압 연료 펌프 쪽으로 전달한다.

(3) 고압 연료 계통

고압의 연료 계통은 고압 연료 펌프, 압력 조절 밸브, 고압 연료 라인, 커먼 레일(압력 제한 밸브, 레일 압력 센서), 연료 리턴 라인, 인젝터로 구성되어 있다.

① **고압 연료 펌프** : 고압 연료 펌프는 연료를 약 1350bar로 가압시킨 후 고압 라인을 통하여 관(管)모양의 고압 연료 커먼 레일(어큐뮬레이터)로 이송한다.

② **커먼 레일**(common rail) : 커먼 레일은 고압펌프로부터 공급된 연료를 저장하는 부분이며, 실제적으로 고압의 연료 압력을 지닌 부분이다. 그리고 인젝터가 분사하더라도 커먼 레일 내의 연료 압력은 항상 일정하게 유지된다. 또한 레일의 연료 압력은 레일 압력 센서에 의해 측정되며, 고압 연료펌프에 내장되어 있는 압력 제어 밸브에 의해 원하는 값으로 유지된다. 연료의 압력을 커먼 레일 내에서 1750bar 이상으로 압력이 상승하면 압력 제어 밸브가 열려 연료를 복귀시켜 과잉의 연료가 인젝터에 공급되지 않도록 한다.

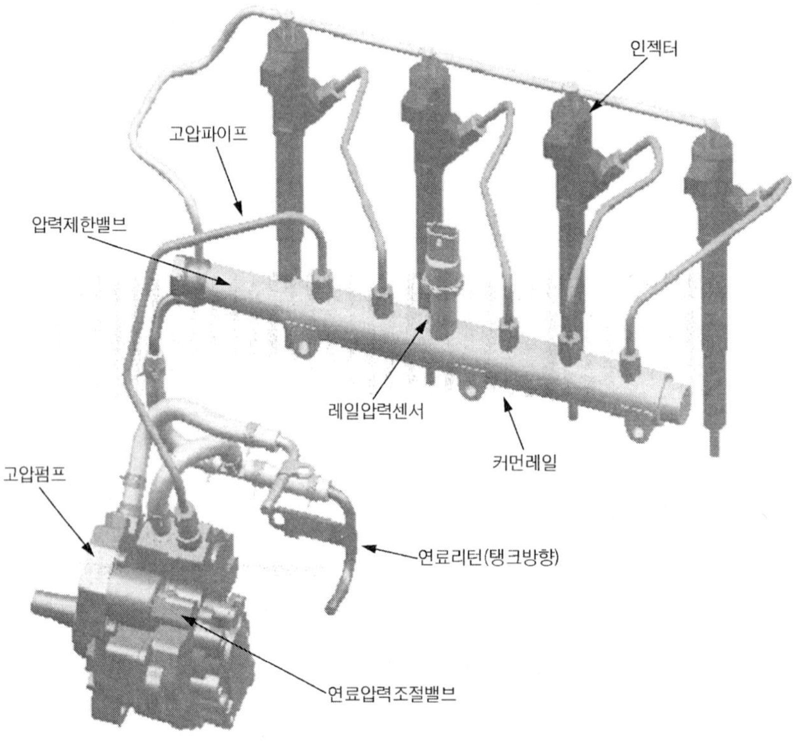

[그림 15-11] **고압 연료 라인**

③ **인젝터**(injector) : 인젝터는 연료 분사장치로서 솔레노이드 밸브와 니들 밸브 및 노즐로 구성되어 있으며, 엔진 ECU에 의해 제어된다.

④ **고압 파이프** : 연료 라인은 고압의 연료를 이송하므로 계통 내의 최대 압력과 분사를 정지할 때 간헐적으로 일어나는 높은 주파수의 압력 변화에 견딜 수 있어야 하므로 연료 라인의 파이프는 강철(steel)을 사용한다.

6.3 저압 연료라인

(1) 저압 연료 펌프

저압 연료펌프는 고압의 연료라인에 연료를 공급하기 위한 장치이며, 저압 연료펌프는 타이밍 체인에 의해 구동되며, 연료가 없는 상태에서는 저압의 연료 라인에 공기가 유입될 수 있으므로 수동의 에어 플라이밍 펌프가 연료 필터의 상단에 설치되어 있다.

(2) 연료 필터

연료필터는 연료장치의 일부 부품이 정밀가공 된 부품이기 때문에 아주 미세한 이물질에 의한 정밀부품이 손상될수 있다. 순정품 사용 및 교체 주기를 반드시 준수해야 한다. 연료라인에 공기가 유입되었을 때 공기빼기 작업을 할 수 있는 플라이밍 펌프가 설치되어 있다.

(3) 연료 필터 가열장치

경유의 특성상 온도가 저온으로 떨어질 경우 디젤 연료의 일부 성분인 파라핀이 고체화 되는 현상이 있으며, 연료의 고체화를 방지하기 위해 연료의 가열장치가 설치되어 있다.

6.4 고압 연료 펌프

(1) 고압 연료 펌프의 역할

고압 펌프는 엔진의 타이밍 체인에 의해 구동되며, 저압 연료 펌프와 일체화되어 있는 형식으로 저압 연료 펌프에서 송출된 연료를 다시 고압으로 형성하여 커먼 레일로 배출한다.

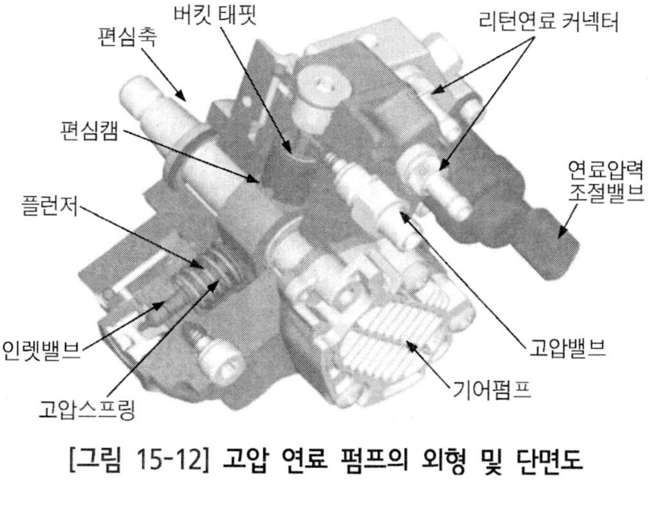

[그림 15-12] 고압 연료 펌프의 외형 및 단면도

저압 연료 펌프에서 이송된 연료는 고압 펌프에 유입되기 전에 엔진 ECU로부터 제어되는 연료 압력 조절 밸브를 경유하여야 한다. 엔진 ECU는 연료 압력을 결정하고, 레일 압력 센서로부터 피드백을 받아 설정 목표의 커먼 레일 압력에 따라 연료 압력 조절 밸브를 컨트롤하여 고압 펌프에서 얼마의 고압으로 형성할 것인가를 결정한다.

(2) 고압 연료 펌프의 작동 원리

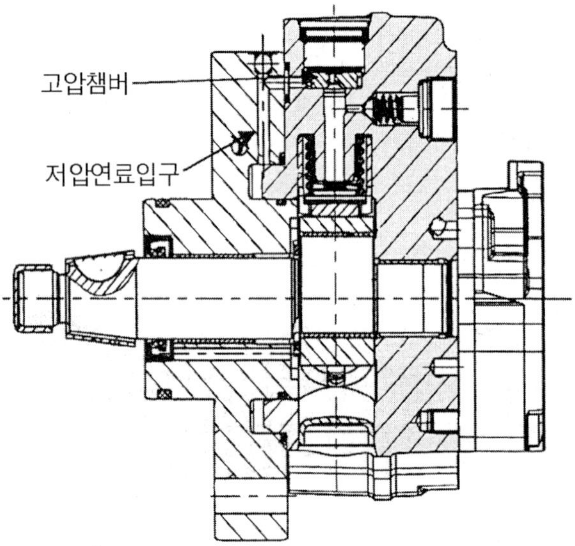

[그림 15-13] **고압 펌프의 구조**

① **기본 원리 :** 기존의 기계식과 커먼 레일의 가장 큰 차이점 중의 하나가 연료 압력이 고압 펌프의 회전속도에 영향을 받지 않는 것이다. 고압 펌프의 안쪽에는 120° 의 각도로 되어 있는 3개의 펌프 피스톤에 의해 연료에 압력이 형성된다. 따라서 매 회전마다 3회의 이송행정이 이루어지기 때문에 비교적 작은 구동력으로도 펌프 구동장치에 응력이 일정하게 유지되도록 할 수 있다, 연료 압력의 생성은 연료 압력 조절 밸브가 커먼 레일에 설정된 압력 1,350bar로 제어하며, 엔진의 출력은 이것을 바탕으로 인젝터의 분사량에 의해 결정된다.

② **고압의 생성 :** 고압펌프와 일체로 설치되어 있는 저압 연료펌프는 엔진의 구동과 동시에 연료 탱크의 연료를 흡입하여 연료 필터를 통해 저압 연료펌프로 공급된다. 이때 흡입압력은 약 0.5~1bar 정도이며, 저압 연료펌프를 통과하면서 연료의 압력은 4~6bar 정도로 상승되어 고압펌프로 송출된다.

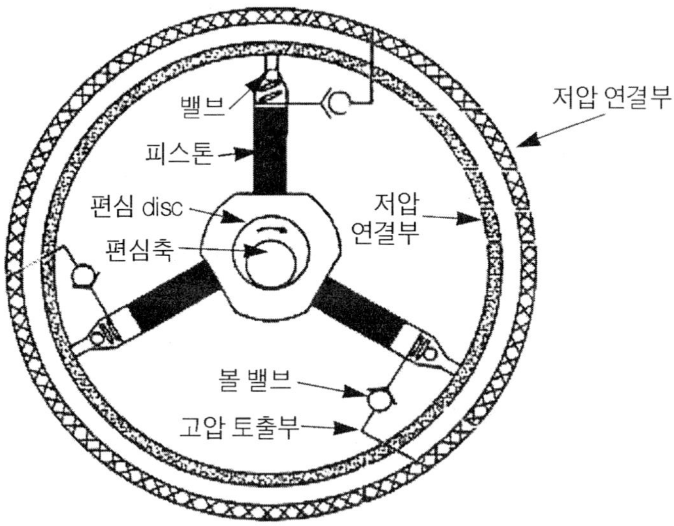

[그림 15-14] **고압 연료 펌프 내부 구조**

송출되는 연료는 저압 연료펌프와 고압 연료펌프 사이에서 연료 압력 조절 밸브를 통과한 연료가 고압 연료펌프의 피스톤(플런저)에 의해서 고압으로 형성되고 일부 연료는 윤활과 냉각 회로로 압송된다.

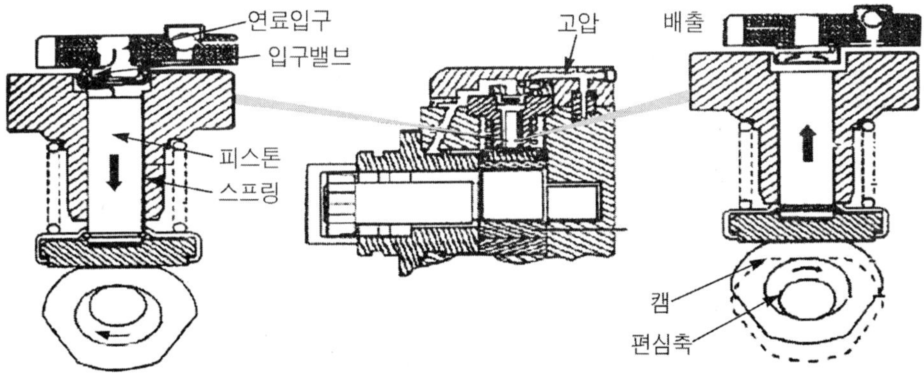

[그림 15-15] **고압 펌프의 작동 원리**

흡입 행정에서 펌프 피스톤이 하사점을 지나면 입구 밸브가 닫힌다. 압축 행정에서는 연료가 펌프 실에서 이송되는 것이 체크 밸브에 의해 불가능하기 때문에 연료는 이송 압력 이상으로 압력이 생성된다.

연료 압력이 상승하여 레일 압력에 도달하게 되면 출구 밸브를 열고 고압 연료 라인으로 송출되며, 펌프 피스톤이 상사점에 도달할 때까지 계속 연료의 송출이 이루어져 압력이 낮아지면 출구 밸브가 닫힌다.

(3) 연료 압력 조절 밸브

연료 압력 조절 밸브는 저압 연료 펌프와 고압 연료 펌프의 연료 통로 사이에 설치되어 있으며, 고압 펌프에 송출되는 연료를 조절한다.

6.5 압력 제한 밸브

압력 제한 밸브는 커먼 레일에 설치되어 1,750bar를 초과하는 과도한 압력이 발생될 경우 연료의 리턴 통로를 열어 커먼 레일의 압력을 제한하는 안전밸브의 역할을 한다.

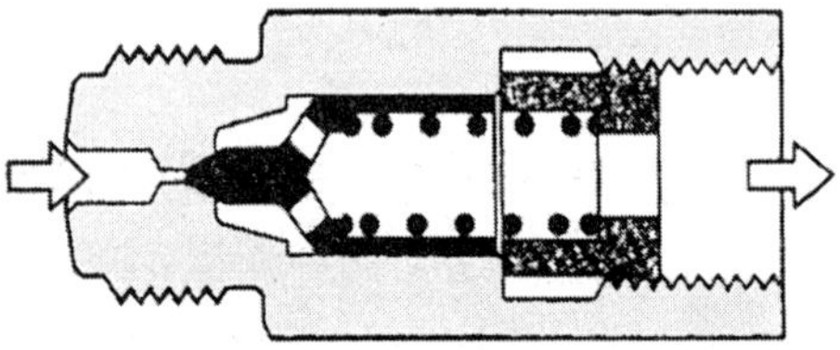

[그림 15-16] **연료 압력 제한 밸브**

6.6 커먼 레일[고압 어큐뮬레이터]

고압 연료펌프로부터 이송된 연료가 저장되는 곳으로 커먼레일을 통해 모든 실린더의 인젝터에 균등하게 연료를 공급하는데 사용된다.

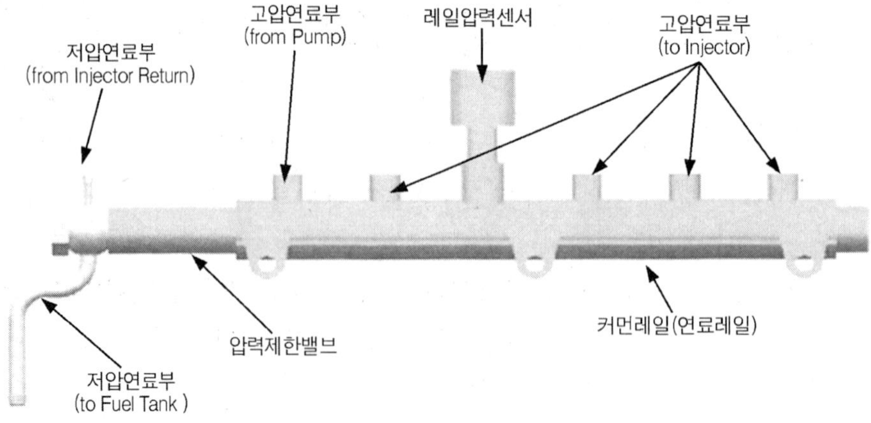

[그림 15-17] **커먼 레일의 구조**

6.7 인젝터[Injector]

고압 연료펌프로부터 송출되어 커먼레일을 통해 공급받은 연료를 연소실로 공급하는 기구로서 전기적 신호에 의해 작동하는 구조를 가져야 하며 분사개시 시점과 분사량은 ECU에 의해 제어 된다. 노즐의 형태는 직접분사식 디젤 엔진에 사용되는 구멍형 노즐과 비슷하며, 인젝터 클램프에 의해 실린더 헤드에 설치된다.

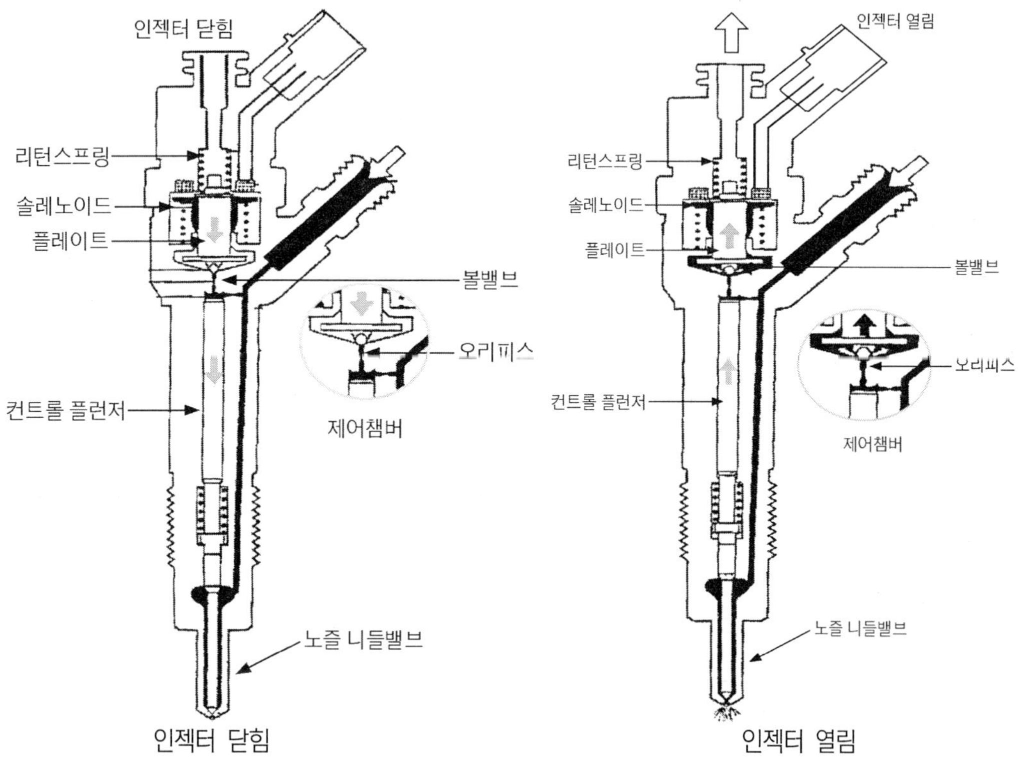

[그림 15-18]

07 CRDI 엔진 전자 제어 장치

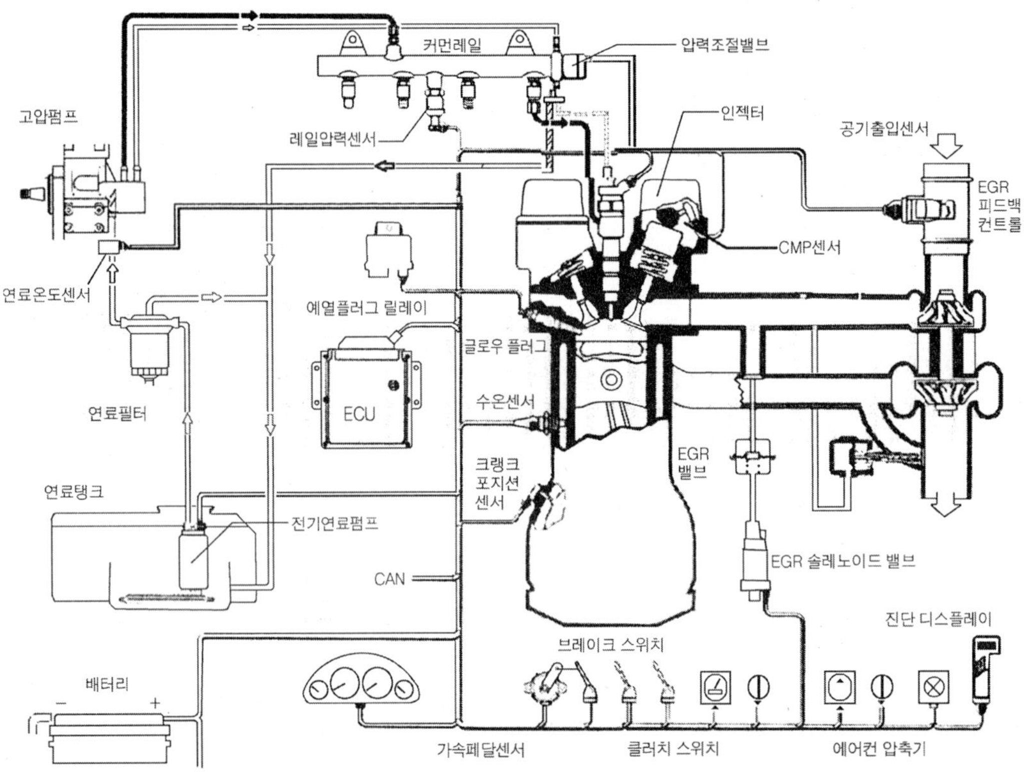

[그림 15-19] **전자 제어 서킷 다이어그램**

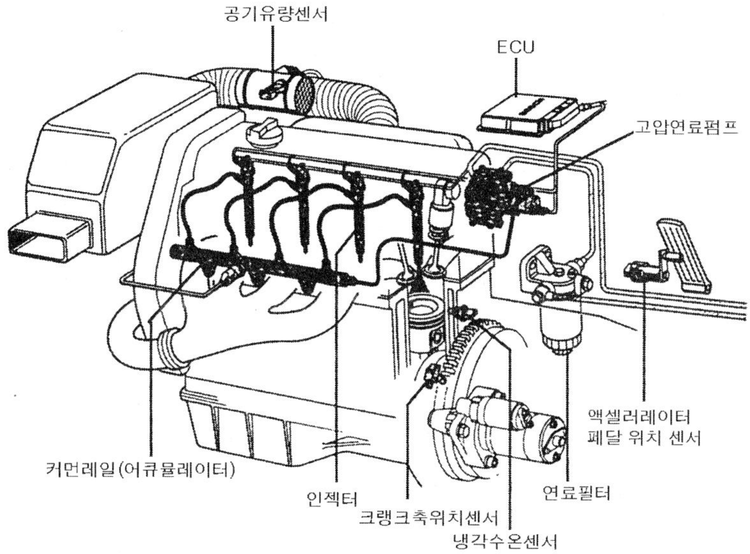

[그림 15-20] **연료 분사 장치**

7.1 입력 요소

(1) 공기 유량 센서(AFS)와 흡기 온도 센서(ATS)

① 공기 유량 센서 : AFS의 기능은 공기의 질량을 직접 감지한다. EGR(배기가스 재순환 장치)의 피드백 제어이다.

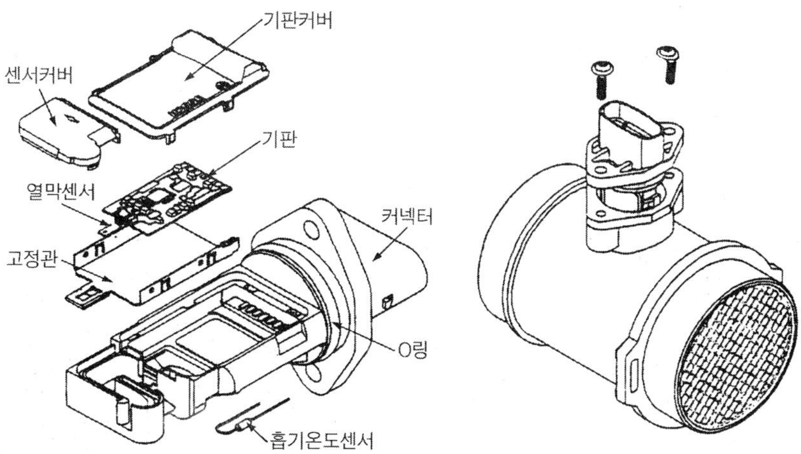

[그림 15-21] **AFS와 ATS의 내부 구조**

② **흡기 온도 센서** : 흡입 공기 온도를 감지하여 연료량, 분사시기, 시동시 연료량제어 등의 보정 신호로 사용된다.

(2) 수온 센서(WTS ; Water Temperature Sensor)

냉각수 온도를 검출하여 냉각수 온도의 변화를 전압으로 변화시켜 컴퓨터로 입력시킨다.

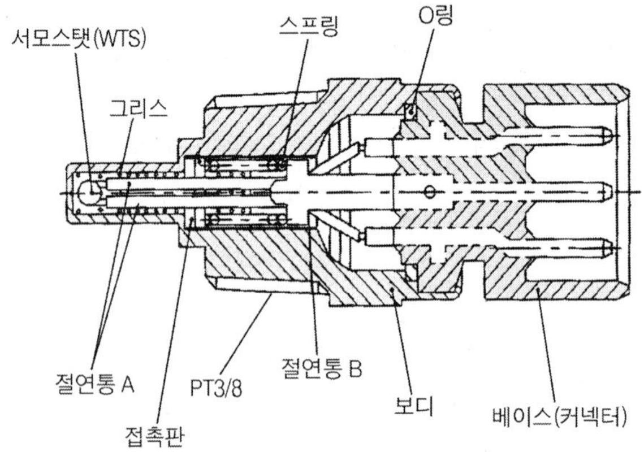

[그림 15-22] **수온 센서의 내부 구조**

(3) 가속 페달 위치 센서 1, 2(APS ; Accelerator pedal Position Sensor)

가속 페달 위치 센서는 스로틀 포지션 센서의 원리를 이용하여 페달의 밟힌 량을 감지하는 센서로 가속 페달과 일체로 설치되어 있으며, 운전자가 요구하는 가속의 입력을 가속 페달 위치 센서에 의해 기록되어 ECU에 입력된다. 이 신호는 기본으로 연료 분사량 및 연료 분사시기를 제어한다.

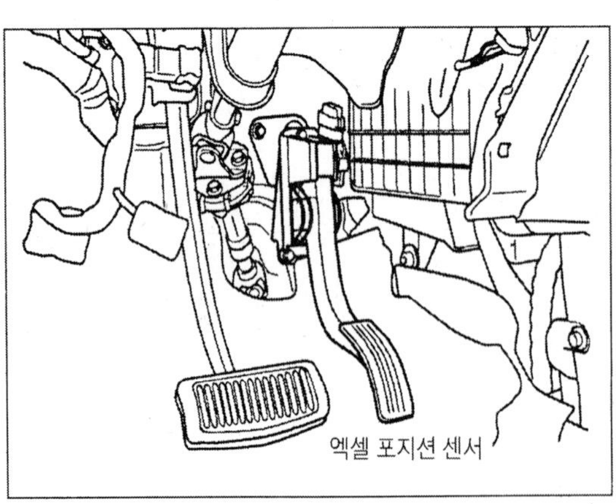

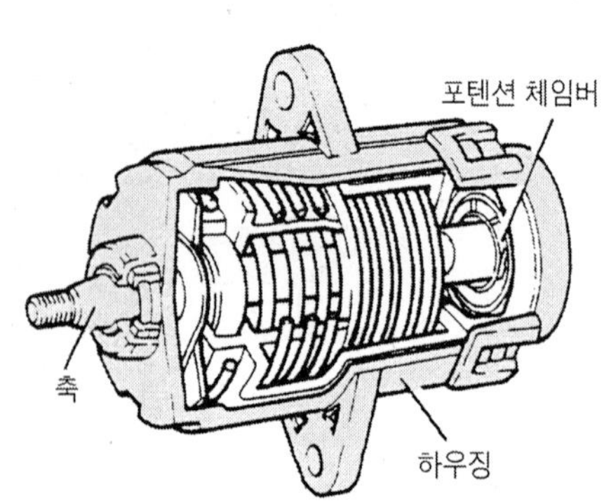

[그림 15-23] **가속 페달 위치 센서의 내부 구조**

(4) 크랭크축 위치 센서(CPS ; Crank Position Sensor)

크랭크축 위치 센서는 마그네틱 인덕티브 방식(magnetic inductive type)으로 실린더 블록에 설치되어 크랭크축과 일체로 되어 있는 센서 휠의 돌기를 감지하여 크랭크축의 각도 및 피스톤의 위치, 엔진의 회전속도 등을 감지한다.

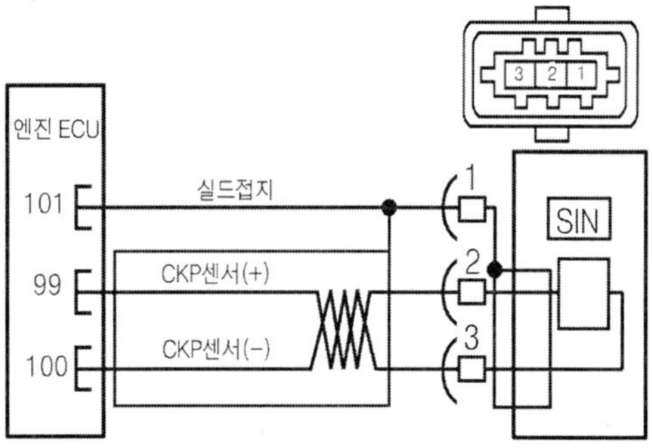

크랭크축 위치 센서의 회로도

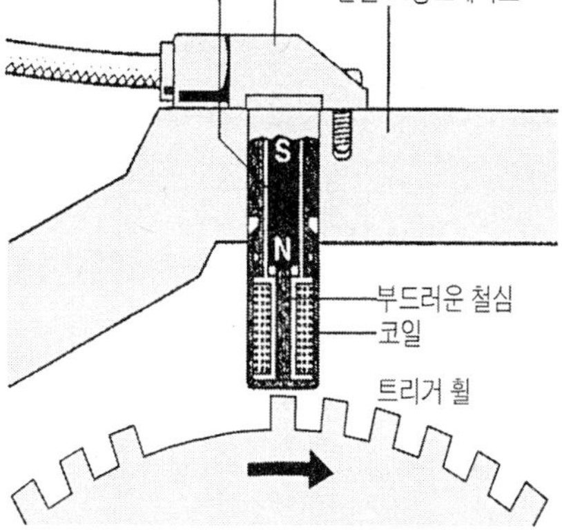

크랭크축 위치 센서의 내부 구조

[그림 15-24]

(5) 캠축 위치 센서(Cam Position Sensor)

캠축 위치 센서는 홀 센서 방식(hall sensor type)으로 캠축에 설치되어 캠축 1회전(크랭크축 2회전)당 1개의 펄스 신호를 발생시켜 컴퓨터로 입력시킨다. 컴퓨터는 이 신호에 의해 1번 실린더 압축 상사점을 검출하게 되며, 연료 분사의 순서를 결정한다.

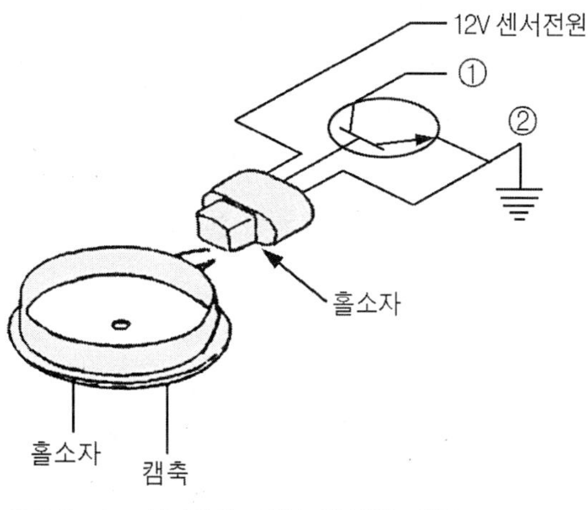

[그림 15-25] **캠축 위치 센서의 내부 구조**

엔진이 시동된 후에는 크랭크축 위치 센서에 의해 생성된 정보는 엔진의 모든 실린더를 학습한다. 그리고 캠축 센서가 차량을 구동하는 동안에 고장이 발생되어도 엔진은 구동된다.

캠축에는 1개의 돌기가 설치되어 있으며, 원리는 다음과 같다.

- 이그니션 S/W를 ON으로 하면 컴퓨터로부터 공급된 5V의 전원은 단자 ①을 통하여 단자 ②로 접지 되고 공급 전원 12V는 트랜지스터의 컬렉터에서 대기하게 된다.
- 캠축이 회전하면서 캠축에 있는 돌기가 감응 부분에 도달하게 되면 감응 부분에 자력이 형성되고 홀 소자에 전압이 발생한다.
- 홀 소자에서 발생된 전압에 의해 트랜지스터를 구동하게 되고 컬렉터에 있던 센서 전원은 이미터로 흐르게 되므로 이 신호를 컴퓨터가 감지한다.

(6) 레일 압력 센서(RPS ; Rail Pressure Sensor)

레일 압력 센서는 커먼 레일의 중앙부에 설치되어 있으며, 연료 압력을 측정하여 컴퓨터로 입력시킨다. 컴퓨터는 이 신호를 받아 연료의 분사량, 분사시기를 조정하는 신호로 사용한다.

연료 압력 센서의 내부는 반도체 피에조 압전소자 방식이며, 압력을 전기 신호로 바꾸는 센서이다. 따라서 다이어프램의 형상이 변화될 때 다이어프램에 부착된 피에조 압전 소자의 전기적 저항도 변화되는 원리를 이용한다. 전압의 변화는 0.5~5V로 변화된다.

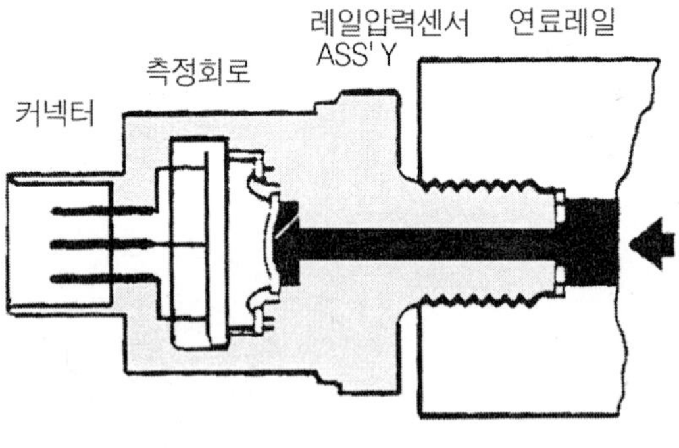

[그림 15-26] **레일 압력 센서의 내부 구조**

(7) 클러치 스위치 신호

클러치 페달의 작동 여부를 감지하여 엔진 ECU에 입력한다. 클러치 스위치는 접점방식이며 스위치 신호에 따라 엔진 ECU는 이 신호를 기본으로 변속시점을 인식하여 연료량을 보정하며, 차량의 울렁거림에 대한 보정 및 스모크 컨트롤을 보정한다. 정속주행 제어 차량의 경우 정속 주행의 해제 기능으로 사용된다.

(8) 브레이크 스위치 신호

브레이크 스위치는 브레이크 페달의 작동 여부를 감지하여 엔진 ECU로 입력되며, 구조는 2개의 스위치가 조합된 2중 구조로 브레이크 스위치 1과 2가 있다. 엔진 ECU는 이 2개의 신호가 입력되어야 정상적인 브레이크 신호로 인식하여 제동시 연료량의 제어에 이용된다.

(9) 차량 속도 센서

차량 속도 센서는 변속기 하우징에 설치되어 센서 1회전 당 4개의 펄스 신호로 출력하여 컴퓨터에 입력한다. 이 신호는 자동차의 주행속도를 계산하는데 사용됨과 동시에 타코미터에 차속 표시용으로 사용된다. 엔진의 컴퓨터는 차량 속도 센서의 신호를 이용하여 연료 분사량 및 분사시기를 보정한다.

(10) 대기압 센서

컴퓨터에 내장되어 있으며, 대기 압력에 따라 연류의 분사시기 설정 및 연료 분사량을 보정한다.

(11) 블로워 모터(blower motor) 스위치

전기 부하에 따른 엔진의 회전속도가 떨어지는 현상을 방지하기 위해 연료량을 보정하는 신호로 사용된다.

(12) 에어컨 스위치

에어컨 작동시 엔진 회전속도가 저하되는 현상을 방지하기 위해 연료량을 보정하는 신호로 사용된다.

(13) 에어컨 압력 스위치(Low, High 스위치)

압축기를 보호하기 위해 에어컨 라인에 가스량 및 막힘 유무를 판단하여 에어컨 압축기를 작동시키는 신호로 사용된다.

(14) 에어컨 압력 스위치(중간 압력 스위치)

에어컨 라인에 압력이 15kgf/cm^2 이상으로 상승할 때 냉각 팬을 구동시키는 신호로 사용된다.

7.2 출력 요소

(1) 인젝터

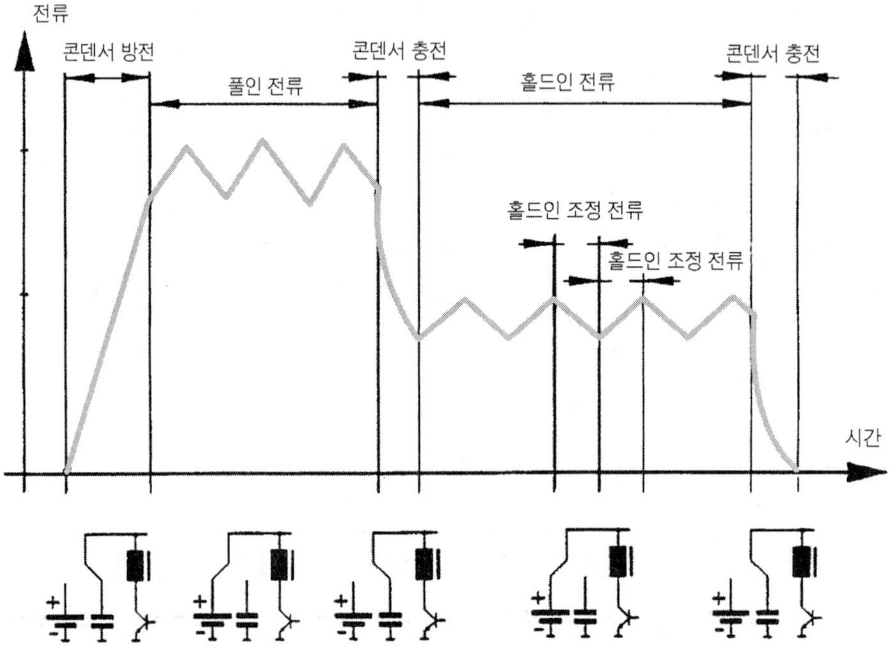

[그림 15-27] **인젝터의 전류 파형**

인젝터의 제어는 ECU 내부 구동 부분에서 전류 제어에 의해 결정된다. 초기 작동에서는 20A의 전류(풀인 전류)로 제어하고 분사구간에서는 12A(홀드인 전류) 정도의 비교적 적은 전류로 제어한다.

(2) 예열 제어

실린더 헤드에 예열 플러그가 설치되는 형식으로 냉간 시동성 향상 및 냉간시 발생되는 유해 배기가스 배출을 감소하는 역할을 한다. 예열장치는 냉각수 온도와 엔진 회전속도를 입력받아 제어한다.

(3) 냉각수 히터

프리 히터는 겨울철에 글로 플러그가 전류에 의해 발열되어 엔진 냉각수를 가열하여 실내 히터의 열 교환기로 보내는 장치로 냉각수 온도가 65℃ 이상 되면 엔진 ECU는 프리 히터 전원을 OFF시킨다.

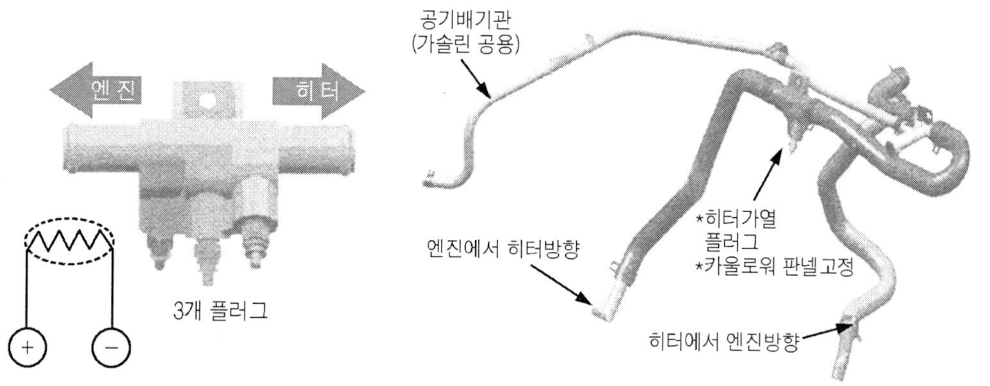

[그림 15-28] **글로 플러그의 구조 및 글로 플러그 라인**

(4) EGR 제어

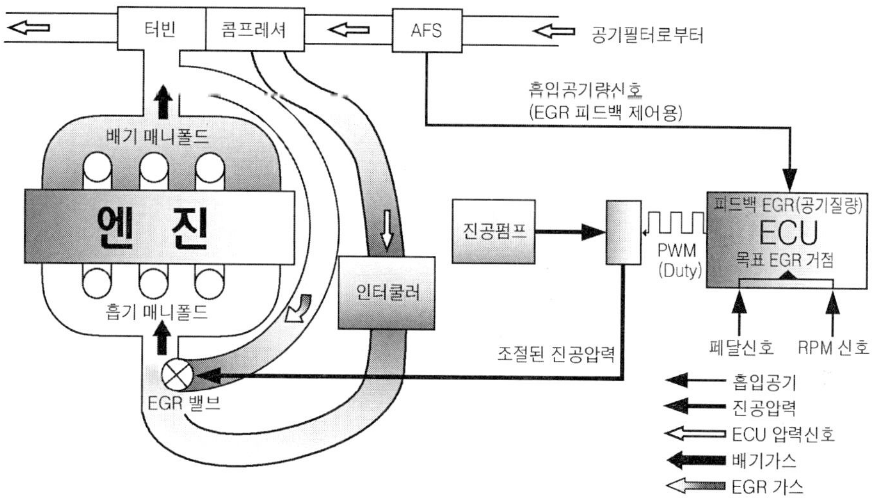

[그림 15-29] **배기가스 순환도**

① **EGR(Exhaust Gas Recirculation) 밸브** : EGR 밸브는 엔진에서 배출되는 질소산화물의 배출을 억제하기 위한 것이다.

② **EGR 솔레노이드 밸브** : EGR 솔레노이드 밸브는 ECU에서 계산된 값을 PWM(듀티제어)방식으로 제어하며, 제어 값에 따라 EGR 밸브의 작동량이 결정되는데 각종 입력되는 값과 흡입 공기량을 계산하여 실제 제어 값을 출력하도록 되어 있다. EGR을 제어하는 동안 기타 보조 장치(연료량 제어 등)의 경우 공기량의 실제 값이 추가로 계산되도록 되어 있다. 또한 EGR 작동 시간은 부하를 감소시키기 위해 회전속도를 제한한다.